U0371632

Python
大数据分析与应用实战

余本国 刘 宁 李春报／著

電子工業出版社
Publishing House of Electronics Industry
北京•BEIJING

内 容 简 介

本书主要介绍大数据分析、人工智能的实战应用。全书共 9 章，通过 8 个大型的数据分析案例，系统地介绍常用的数据分析方法。

这 8 个大型案例涉及数据可视化方法，回归、聚类、决策树、朴素贝叶斯等机器学习算法，以及深度学习算法等内容。各章程序在 Python 3.8.5 环境下编写完成，在案例编写过程中，涉及 Pandas、NumPy、Matplotlib 等 Python 中常用的依赖库，最大限度地帮助读者掌握相关知识内容。每个案例之间相互独立，读者可以根据自己的兴趣选择相关章节进行学习。

本书内容丰富，通俗易懂，以实操为目的帮助用户快速掌握相关技能。书中案例程序全码解析，注释完备，在编程环境下经过简单的修改便可以使用。本书不仅适合大数据分析、人工智能相关领域的入门读者使用，也适合有一定基础的读者进行实战时参考，同时适合本科生、研究生及对 Python 感兴趣的读者阅读。

图书在版编目（CIP）数据

Python 大数据分析与应用实战 / 余本国，刘宁，李春报著. —北京：电子工业出版社，2021.12

ISBN 978-7-121-42197-6

Ⅰ. ①P… Ⅱ. ①余… ②刘… ③李… Ⅲ. ①软件工具－程序设计 Ⅳ. ①TP311.561

中国版本图书馆 CIP 数据核字（2021）第 207179 号

责任编辑：刘　伟　　　特约编辑：田学清
印　　刷：三河市华成印务有限公司
装　　订：三河市华成印务有限公司
出版发行：电子工业出版社
　　　　　北京市海淀区万寿路 173 信箱　　　邮编：100036
开　　本：787×980　1/16　印张：22.25　字数：497 千字
版　　次：2021 年 12 月第 1 版
印　　次：2021 年 12 月第 1 次印刷
定　　价：109.00 元

凡所购买电子工业出版社图书有缺损问题，请向购买书店调换。若书店售缺，请与本社发行部联系，联系及邮购电话：（010）88254888，88258888。

质量投诉请发邮件至 zlts@phei.com.cn，盗版侵权举报请发邮件至 dbqq@phei.com.cn。

本书咨询联系方式：010-51260888-819，faq@phei.com.cn。

前言

随着大数据、人工智能技术的发展，从天气预报到垃圾分类，从“12345”市民服务热线工单自动转办、热点问题挖掘到短视频推荐，越来越多的领域在使用大数据和人工智能技术。本书用多个实际案例来帮助读者掌握数据分析和人工智能技术的方法。相关案例遵循先进行数据可视化，在直观地观察数据分布之后，再介绍难度更大的机器学习、深度学习等数据处理方法，实现对数据的预测、分类、聚类、降维等目标。读者不理解相关的数学原理也没有关系，可以先将程序调试通过，再进行更深入的学习。在找问题、看代码的过程中掌握相关算法的原理及 Python 编程的技巧，这也是一种高效的学习方法。

本书中的各章相互独立，在安装好必要的依赖库之后，程序可以单独运行，读者可以选择自己感兴趣的章节进行学习。但各章节的难度逐步提升，因此，建议读者按照顺序学习。本书尽可能用简单的案例介绍相应的数学原理，将模型简化，方便读者理解。而对更复杂的数学原理，如最小二乘、梯度下降、反向传播等，本书均一笔带过，想要了解算法细节的读者可以自行查阅相关资料。

- 关于编程环境。本书所有的程序均使用 Anaconda 下的 Spyder 和 Jupyter Notebook 调试，计算机的操作系统为 Windows 10，选择的软件版本为 Python 3.8.5。大部分依赖库可以通过在 Anaconda Prompt 中输入“pip install 库名”的方式完成安装，但仍有部分依赖库无法直接使用该语句完成安装，如决策树的可视化、深度学习库 Keras 等。此时需要读者发现问题，并一个一个地解决。相信随着学习的深入，看似困难的问题都能迎刃而解。
- 关于数据。本书中的源数据大都由笔者整理并保存于本地，涉及数值数据、文本数据、图像数据等多种数据格式。其仅用于案例使用，是为了让读者学到相应的技能和使用方法。如果读者使用其他类似的数据，也不会影响书中案例结果的呈现，本书只是讲解通用的学习方法而非提供某一段数据，敬请知悉。
- 关于示例代码路径：本书中的示例代码，在数据读取、数据保存等涉及路径的语句中，均省略了笔者计算机的具体路径，读者在参考、调试代码的过程中，需改为自己的计算机的路径。

由于 Python 版本及各个依赖库的更新，书中难免存在不足之处，敬请广大读者批评指正。本书相应的数据资源均可在 QQ 群（25844276）内获取。

余本国

2021 年 10 月

目录

第 1 章 Python 语法基础

随着 Python 3.0 版本的发布和各种库的完善，其更受程序员的青睐，因此吸引了更多的人来使用 Python。Python 以其代码简洁易懂，扩展性强，广泛地用在数据分析、科学计算、人工智能等领域。

本章简要介绍 Python 语法基础，有一定的语法基础的读者可以直接学习第 2 章。

1.1 安装 Anaconda

Windows 用户可以在 Python 官网下载 Python，官网当前版本为 Python 3.9.2（见图 1-1），笔者下载的是 Python 3.8.5。Python 的安装过程与其他 Windows 软件的安装过程类似，此处不再介绍。如果要编写代码，则在“开始”菜单栏内直接选择“IDLE”命令即可。

打开 Python 的原生编辑器 IDLE，启动 Python 解释器。

在提示符“>>>”后面输入“print("hello world")”，如图 1-2 所示，然后按 Enter 键，可以看到输出结果是“hello world”。

在 Python 的原生编辑器 IDLE 中，“>>>”表示输入提示符，等待输入代码，输入代码后，按 Enter 键即可执行该代码，它的下一行表示输出结果。在不做特殊说明的情况下，本书用“>>>”表示的是在 Python 的原生编辑器 IDLE 中输入代码。

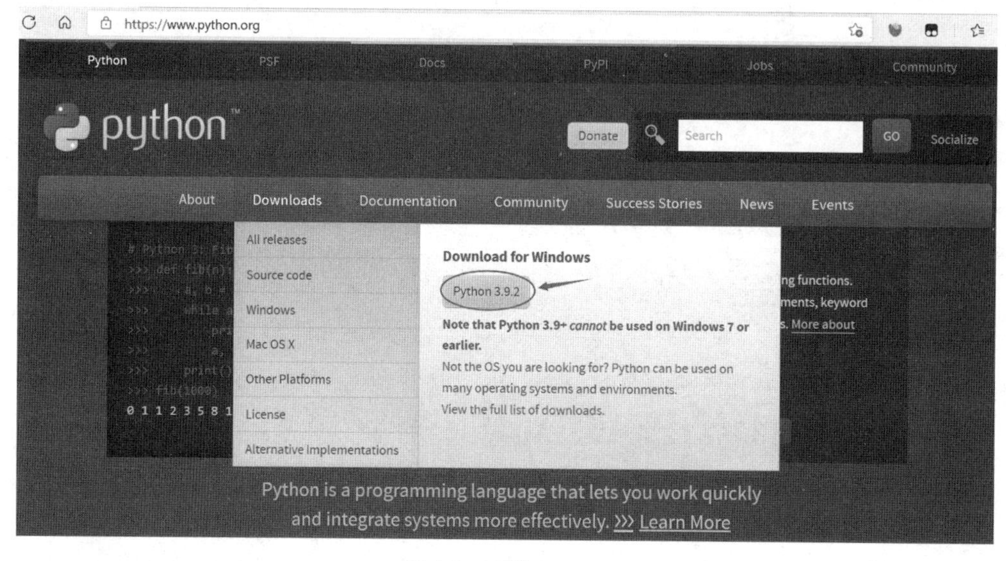

图 1-1　下载 Python

```
Type "help", "copyright", "credits" or "license()" for more information.
>>> print("hello world")
hello world
>>> import this
The Zen of Python, by Tim Peters

Beautiful is better than ugly.
Explicit is better than implicit.
Simple is better than complex.
Complex is better than complicated.
Flat is better than nested.
Sparse is better than dense.
Readability counts.
```

图 1-2　IDLE 界面图

但是，使用原生编辑器对于初学者来说非常麻烦，如需要安装第三方库。因此，笔者建议读者使用 Anaconda。本书将基于 Anaconda 下的 Spyder 和 Jupyter Notebook 运行代码，因为 Spyder 和 Jupyter Notebook 已成为数据分析的标准环境。

用户可以直接在 Anaconda 官网下载 Anaconda。因为 Anaconda 更新较快，所以用户可以按照自己的计算机配置情况下载适配的版本。另外，Python 也是如此。本书使用的 Anaconda 如图 1-3 所示，下载的安装文件的文件名为 Anaconda3-2020.11-Windows-x86_64.exe。

双击安装文件，用户可以自定义安装位置。安装完成后，在“开始”菜单中可以看到如图 1-4 所示的 Anaconda 菜单。

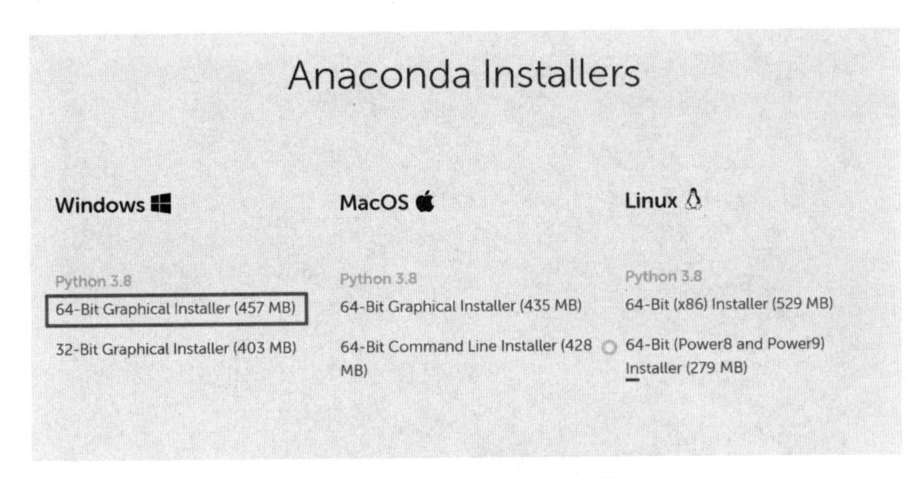

图 1-3　Anaconda 官网的下载页面

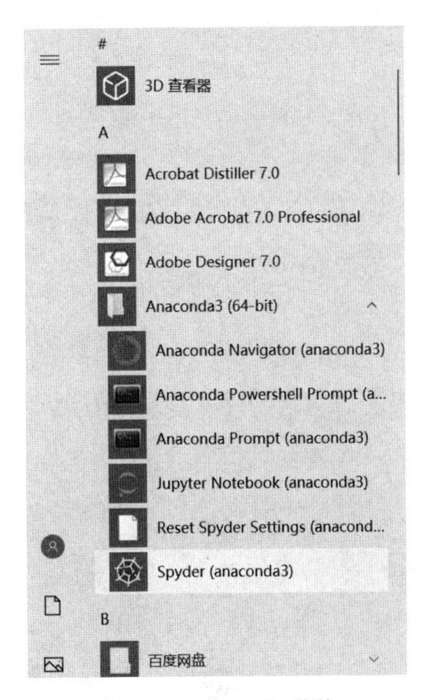

图 1-4　Anaconda 菜单

Spyder 的使用比较简单，其界面如图 1–5 所示。

在代码编辑区编辑代码，运行选定的代码，按 F9 键即可，在该版本（Anaconda 3–2020.11）之前使用 Ctrl+Enter 快捷键也可以运行代码。由于 Anaconda 版本不同，因此界面按钮及快捷键可能略有不同。

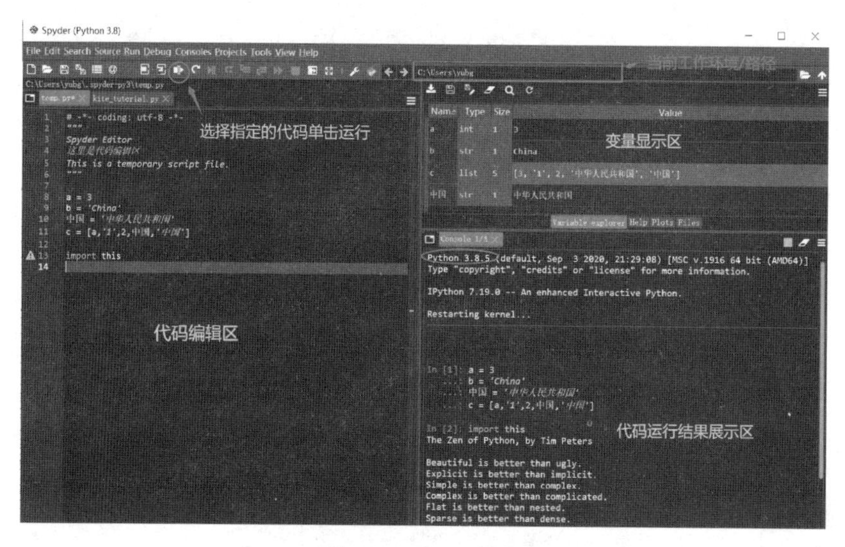

图 1-5　Spyder 界面

1.1.1　代码提示

代码提示是开发工具必备的功能，在 Spyder 界面的代码编辑区只要输入函数名或关键字的前几个字母，就会出现待选函数名和关键字（见图 1-6），将鼠标指针移到待选行再按 Tab 键，即可选中该函数。

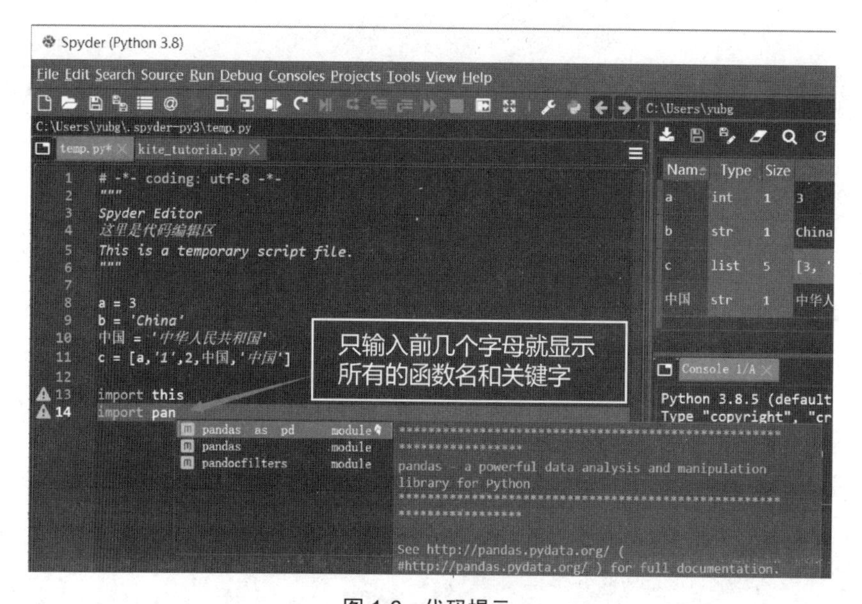

图 1-6　代码提示

1.1.2　变量浏览

在代码执行过程中，暂时留在内存中的数据就是变量，可以通过 Spyder 对变量承载的数据进行查看，以便对数据进行处理。

变量浏览框中包含变量的名称（Name）、类型（Type）、大小（尺寸，Size）及基本预览，双击对应变量名所在的行，即可打开变量的详细数据进行查看。Spyder 界面中的变量显示区如图 1-5 所示。

1.1.3　安装第三方库

Anaconda 之所以颇受用户喜欢，是因为它整合了大量的依赖库。尽管 Anaconda 整合了很多常用的库，但它并没有整合所有的库，如 Scrapy。

Anaconda 安装第三方库很简单，只需要在“开始”菜单中选择“Anaconda Prompt”命令就可以，在弹出的窗口命令行中输入“conda install scrapy”即可安装 Scrapy。但有时候用“conda install”命令安装一些第三方库时，却被提示“PackageNotFoundError”，此时可以改为使用“pip install”命令安装。

安装第三方库 Scrapy 的界面如图 1-7 所示。

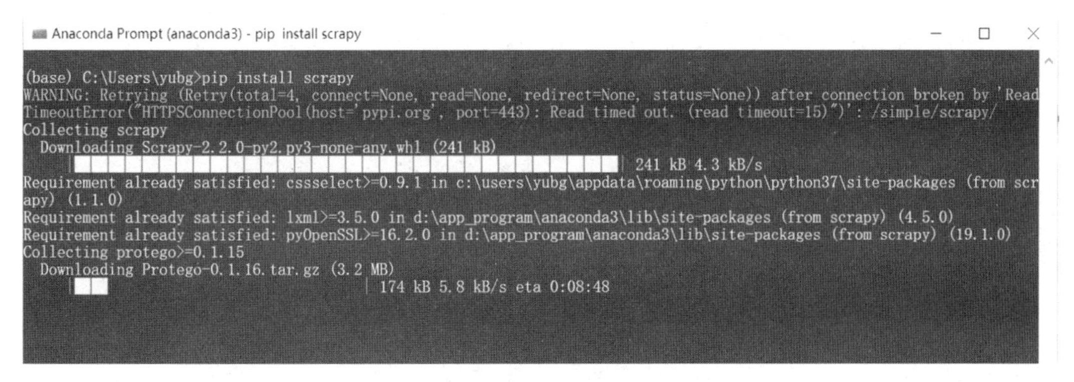

图 1-7　安装第三方库 Scrapy 的界面

在安装第三方库或模块时，如果库较大且下载速度较慢，可能会导致安装不成功，此时可以使用镜像方式来安装，常用的镜像有清华镜像和豆瓣镜像，用户根据自己的需求搜索即可。

如果用户使用镜像方式安装 TensorFlow，则在命令行输入相应的命令。利用镜像方式安装 TensorFlow 的界面如图 1-8 所示。

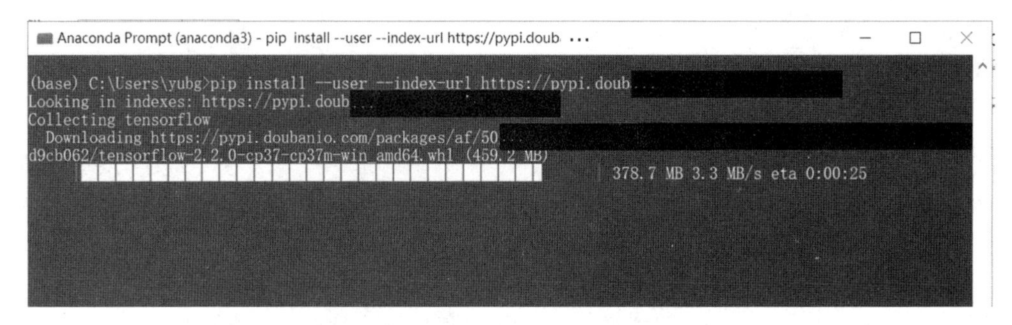

图 1-8　利用镜像安装 TensorFlow 的界面

当然，有些库还需要自行下载源码安装文件后才能安装，用户可以自行搜索并下载相应的开源库。

1.2　语法基础

Python 作为一种被广泛使用的解释型、高级编程、通用型编程语言，其设计哲学强调的是代码的可读性和简洁性，使用空格缩进划分代码块，而非使用花括号或关键词。与 C++或 Java 相比，Python 让开发者能够用更少的代码表达想法。不管是小型程序还是大型程序，Python 都试图让程序的结构清晰、明了。

本节主要介绍 Python 中的语法基础，从而帮助读者快速入门。本节将介绍如何使用 Python 中的字符串、列表、元组、字典和集合等数据类型，以及 Python 中的条件判断、循环和函数等内容。

1.2.1　字符串、列表、元组、字典和集合

下面介绍 Python 中的字符串、列表、元组、字典和集合等数据类型，这些是 Python 中的基础数据类型，可以帮助用户快速进行数据分析、机器学习等。

1. 字符串

字符串（String）是由数字、字母、下画线组成的一串字符，包括标点符号、汉字等。字符串需要用单引号、双引号或三引号引起来，如'abc'和"abc"。

字符串中的每个字符都是有顺序编号的，把这个编号称为索引（Index）。索引顺序是从 0 开始的，由左往右按顺序排列，0,1,2,…,n。索引也可以是逆序，从右往左排列，−1,−2,−3,…,−n。

例如，字符串 name="扎依·穆罕默德"，共有 7 个字符。如果提取“扎依”两个字符，则可以使用其索引，即 name[0:2]，这种方式称为切片，具体的使用方式在列表中给出。

2. 列表

列表是 Python 中最基本的数据类型之一。列表中的每个元素都有一个数字作为它的索引。列表也可以通过索引获取列表中的元素。

在 Python 中生成一个列表可以通过 list()函数或方括号“[]”来完成，如生成包含 5 个元素的列表 A 的代码如下所示：

```
In[1]: ##生成一个列表
    A = [1,2,3,4,5]
    A
Out[1]: [1, 2, 3, 4, 5]
```

可以使用 len()函数计算列表的长度，如下面的程序计算出的列表 A 的长度为 5：

```
In[2]: ##计算列表的长度
    len(A)
Out[2] 5
```

生成一个列表后，可以通过索引获取列表中的元素，其中从前往后的索引是从 0 开始的，而从后往前的索引是从−1 开始的，如下所示：

```
In[3]: ##从前往后的索引是从 0 开始的
    A[3]
Out[3]: 4
In[4]: ##从后往前的索引是从-1 开始的
    A[-2]
Out[4]: 4
```

获取列表中的一个范围内的元素，可以通过切片来完成。例如，使用切片“0:3”，表示要获取索引为 0～3 的元素（不包含索引为 3 的元素）。使用下面的程序可以获取列表中的多个元素：

```
In[5]: ##获取列表中的一段
    print(A[0:3])
    print(A[1:-1])    #输出的结果中不包含索引为 3 和-1 的元素
Out[5]: [1, 2, 3]
    [2, 3, 4]
```

可以使用 append()方法在已经生成的列表的后面添加新的元素，并且元素的数据类型可以多种多样，数字、字符串和列表都是可以的。例如，下面的程序在列表 A 的末尾添加了新的数字和字符串：

```
In[6]:                    ##在列表的末尾添加新的元素
   A.append(7)            ##添加一个元素
   A.append("eight")      ##再添加一个元素
   A
Out[6]: [1, 2, 3, 4, 5, 7, 'eight']
```

在列表的指定位置插入新的内容可以使用 insert()方法，该方法的第一个参数是内容要插入的位置，第二个参数是要插入的内容。例如，在列表 A 的索引为 5 的位置插入一个字符串的程序如下所示：

```
In[7]: ##在列表的指定位置添加新的元素
   A.insert(5,"Name")
   A
Out[7]: [1, 2, 3, 4, 5, 'Name', 7, 'eight']
```

删除列表中的末尾元素可以使用 pop()方法，该方法每次删除列表中的最后一个元素。例如，删除列表 A 中的末尾元素可以使用下面的程序：

```
In[8]:                ##删除列表中的末尾元素
   A.pop()            ##删除一个元素
   A.pop()            ##再次删除一个元素
   A
Out[8]: [1, 2, 3, 4, 5, 'Name']
```

还可以使用 del 删除列表中指定位置的元素。例如，删除列表 A 中索引为 2 的元素：

```
In[9]: ##使用 del 删除列表中指定位置的元素
   del A[2]
   A
Out[9]: [1, 2, 4, 5, 'Name']
```

列表中的元素可以是 Python 中的任何数据类型。例如，下面生成的列表 B 中包含字符串和列表：

```
In[10]: ##列表中的元素还可以是列表
   B = ["A","B",A,[7,8]]
   B
Out[10]:['A', 'B', [1, 2, 4, 5, 'Name'], [7, 8]]
In[11]: ##获取列表中的第三个元素
   B[2]
Out[11]:[1, 2, 4, 5, 'Name']
```

可以使用加号“+”将多个列表进行组合，使用乘号“*”则可以将列表中的内容进行重复，从而生成新的列表，如下所示：

```
In[12]: ##列表组合
    [1,2,3] + [4,5,6]
Out[12]: [1, 2, 3, 4, 5, 6]
In[13]: ##列表重复
    [1,2,"three"] * 2
Out[13]: [1, 2, 'three', 1, 2, 'three']
```

使用 reverse()方法可以获取列表的逆序，使用 count()方法可以计算列表中相应元素出现的次数，使用 sort()方法可以对列表中的元素进行排序，使用 min()函数和 max()函数可以计算出列表中的最小值和最大值。相关程序示例如下所示：

```
In[14]:        ##输出列表 A 的内容
    A = [15,2,31,10,12,9,2]
    ##列表的逆序
    A.reverse()
    A
Out[14]: [2, 9, 12, 10, 31, 2, 15]
In[15]:        ##计算列表中元素出现的次数
    A.count(2)
Out[15]: 2
In[16]:        ##对列表进行排序
    A.sort()
    A
Out[16]: [2, 2, 9, 10, 12, 15, 31]
In[17]:        ##获取列表中的最小值和最大值
    print("A 最小值:",min(A))
    print("A 最大值:",max(A))
Out[17]:A 最小值: 2
    A 最大值: 31
```

3. 元组

元组和列表非常类似，但是元组中的元素一旦初始化就不能被修改。创建元组可以使用圆括号“()”或 tuple()函数。在使用圆括号时，只有一个元素的元组在定义时必须在第一个元素后面加一个逗号“,”，如下所示：

```
##初始化一个元祖
In[18]:C = (1,2,3,4,5)
    C
Out[18]: (1, 2, 3, 4, 5)
In[19]:##只有一个元素的元组在定义时必须加一个逗号
```

```
    C1 = (1,)
    C1
Out[19]: (1,)
```

和列表一样，使用索引可以获取元组中的元素，使用 len()函数可以计算元组的长度，如下所示：

```
In[20]:##通过索引获取元组中的元素
    print(C[1])
    print(C[-1])
    print(C[1:5])
Out[20]: 2
    5
    (2, 3, 4, 5)
In[21]:##输出元组中元素的个数
    len(C)
Out[21]:5
```

可以使用加号“+”将多个元组进行拼接，如将元组 C 和("A","B","C")进行拼接可以获得新元组 D，如下所示：

```
In[22]:##将元组进行组合获得新的元组
    D = C + ("A","B","C")
    D
Out[22]: (1, 2, 3, 4, 5, 'A', 'B', 'C')
```

使用 del 可以将指定的元组删除。例如，在删除元组 C1 之后，变量环境中将不再存在 C1，自然也无法输出 C1 的内容：

```
In[23]:##可以通过 del 删除整个元组
    del C1
# C1    此时 C1 已经被删除，无法输出 C1
```

获取重复的元组可以使用乘号“*”来完成。例如，将元组(1,2,"A","B")重复两次，可以使用(1,2,"A","B") * 2。使用 min()函数和 max()函数可以分别获取元组中的最小值和最大值。相关示例如下所示：

```
In[24]:##元组定义是可以重复的
    (1,2,"A","B") * 2
Out[24]: (1, 2, 'A', 'B', 1, 2, 'A', 'B')
In[25]:##获取元组中的最小值和最大值
    print("C 最小值:",min(C))
    print("C 最大值:",max(C))
Out[25]:C 最小值: 1
```

```
C 最大值: 5
```

4. 字典

字典是 Python 中最重要的数据类型之一，其中字典的每个元素的键值对（key:value）使用冒号“:”分隔，键值对之间用逗号“,”分隔，整个字典包括在花括号“{}”中。例如，初始化字典 D 可以使用如下形式：

```
In[26]:##初始化一个字典
    D = {"A":1, "B":2,"C":3,"D":4,"E":5}
    D
Out[26]:{'A': 1, 'B': 2, 'C': 3, 'D': 4, 'E': 5}
```

在字典 D 中，可以通过字典的 keys()方法查看字典中的键，通过 values()方法查看字典中的值，并且可以通过字典中的键获取对应的值，如下所示：

```
In[27]:##查看字典中的键 key
    D.keys()
Out[27]:dict_keys(['A', 'B', 'C', 'D', 'E'])
In[28]:##查看字典中的值 value
    D.values()
Out[28]:dict_values([1, 2, 3, 4, 5])
In[29]:##通过字典中的键获取对应的值
    print('D["B"]:',D["B"])
    print('D["D"]:',D["D"])
Out[29]:D["B"]: 2
    D["D"]: 4
```

获取字典中的内容还可以使用 get()方法，该方法通过字典中的键获取对应的元素，如果没有对应的键值对则输出 None，如下所示：

```
In[30]:##通过 get()方法获取字典中的内容，如果没有对应的元素则输出 None
    print('D.get("C"):',D.get("C"))
    print('D.get("F"):',D.get("F"))
Out[30]:D.get("C"): 3
    D.get("F"): None
```

pop()方法可以利用字典中的键删除对应的键值对。针对字典中的键值对，可以将相应的键赋予新的值。计算字典中键值对的数量可以使用 len()函数。相关示例如下所示：

```
In[31]:##使用 pop(key)方法删除对应的键值对
    D.pop("A")
    D
Out[31]:{'B': 2, 'C': 3, 'D': 4, 'E': 5}
```

```
In[32]:##更新字典中的取值
    D["B"] = 10
    D
Out[32]:{'B': 10, 'C': 3, 'D': 4, 'E': 5}
In[33]:##在字典中添加新的内容
    D["F"] = 11
    D
Out[33]:{'B': 10, 'C': 3, 'D': 4, 'E': 5, 'F': 11}
In[34]:##计算字典中元素的数量
    len(D)
Out[34]:5
```

5. 集合

大多数程序语言都提供集合。集合中不能保存重复的数据，所以它具有过滤重复数据的功能。下面创建一个集合：

```
>>> s={1,2,3,4,1,2,3}  #创建一个集合
>>> s
{1, 2, 3, 4}
```

对于一个数组或元组来说，也可以使用 set()函数去重，如下所示：

```
>>> L=[1,1,1,2,2,2,3,3,3,4,4,5,6,2]
>>> T=1,1,1,2,2,2,3,3,3,4,4,5,6,2
>>> L
[1, 1, 1, 2, 2, 2, 3, 3, 3, 4, 4, 5, 6, 2]
>>> T
(1, 1, 1, 2, 2, 2, 3, 3, 3, 4, 4, 5, 6, 2)
>>> SL=set(L)       #将 L 转化为集合，其中重复元素将被舍弃
>>> SL
{1, 2, 3, 4, 5, 6}
>>> ST=set(T)       #将 T 转化为集合
>>> ST
{1, 2, 3, 4, 5, 6}
```

注意：集合中的元素是无序的，因此不能用 set[i]这样的方式获取其中的元素。

集合中的操作如下所示：

```
>>> s1=set("abcdefg")   #将字符串"abcdefg"转化为集合
```

```
>>> s2=set("defghijkl")
>>> s1
{'g', 'f', 'b', 'e', 'a', 'd', 'c'}
>>> s2
{'g', 'f', 'j', 'i', 'k', 'e', 'l', 'd', 'h'}
>>> s1-s2                    #集合的差，删除 s1 中的 s2 的元素
{'c', 'a', 'b'}
>>> s2-s1
{'i', 'l', 'h', 'j', 'k'}
>>> s1|s2                    #集合的并集，计算 s1 与 s2 的并集
{'f', 'b', 'j', 'k', 'e', 'a', 'g', 'i', 'l', 'd', 'c', 'h'}
>>> s1&s2                    #集合的交集，计算 s1 与 s2 的交集
{'e', 'g', 'f', 'd'}
>>> s1^s2                    #取出 s1 与 s2 的并集，但不包括交集部分
{'j', 'i', 'k', 'b', 'l', 'a', 'h', 'c'}
>>> 'a' in s1                #判断'a'是否在 s1 中
True
>>> 'a' in s2
False
```

1.2.2 条件判断、循环和函数

Python 中重要且常用的语法结构主要有条件判断、循环和函数。本节将对相关的常用内容进行简单介绍，帮助读者快速了解 Python 的语法结构。

1. 条件判断

条件判断语句通过一条或多条语句的执行结果（True 或 False）来决定执行的代码块。条件判断语句是 Python 中的基础内容之一，常用的判断语句是 if 语句。例如，判断数字 A 是不是偶数可以使用下面的程序：

```
In[35]:##if 语句
    A = 10
    if A % 2 == 0:
        print("A 是偶数")
Out[35]:A 是偶数
```

if/else 语句常用的结构如下所示：

```
if 判断条件：
    执行语句 1……
else：
```

```
执行语句 2……
```

也就是说，如果满足判断条件，则执行语句 1，否则执行语句 2。例如，如果 A 是偶数则输出“A 是偶数”，否则输出“A 是奇数”，程序如下所示：

```
In[36]:##if/else 语句
    A = 9
    if A % 2 == 0:
        print("A 是偶数")
    else:
        print("A 是奇数")
Out[36]:A 是奇数
```

在 Python 的条件判断中，可以使用 elif 语句进行多次判断，并输出对应的内容。例如，判断一个数能否同时被 2 或 3 整除，可以使用 if 语句判断能否被 2 整除，使用 elif 语句判断能否被 3 整除，程序如下所示：

```
In[37]:##elif 语句
    A = 1
    if A % 2 == 0:
        print("A 能被 2 整除")
    elif A % 3 == 0 :
        print("A 能被 3 整除")
    else:
        print("A 不能被 2 和 3 整除")
Out[37]:A 不能被 2 和 3 整除
```

2. 循环

循环也是 Python 中常用的语法结构，下面介绍 for 循环和 while 循环的示例。其中，for 循环是要重复执行语句，while 循环则是在给定的判断条件为真时执行循环，否则退出循环。例如，使用 for 循环计算 1～100 的累加和，可以使用下面的程序，在程序中会依次从 1～100 中取出一个数相加：

```
In[38]:##通过循环计算 1～100 的累加和
    A = range(1,101)  ##生成 1～100 的向量
    Asum = 0
    for ii in A:
        Asum = Asum+ii
    Asum
Out[38]:5050
```

计算 1～100 的累加和还可以使用 while 循环来完成。例如，在下面的程序中，从 100 开

始相加，当 A 不大于 0 时，则会跳出相加的程序语句：

```
In[39]:##使用 while 循环计算 1～100 的累加和
    A = 100
    Asum = 0
    while A > 0:
        Asum = Asum + A
        A = A - 1
    Asum
Out[39]:5050
```

同时，在循环语句中还可以通过 break 语句跳出当前循环。例如，下面的累加 while 循环语句中使用了条件判断，如果累加和大于 2000 则会使用 break 语句，跳出当前的 while 循环：

```
In[40]:##通过 break 语句跳出循环
    A = 100
    Asum = 0
    while A > 0:
        Asum = Asum + A
        ##如果累加和大于 2000 则跳出循环
        if Asum > 2000:
            break
        A = A - 1
    print("Asum:",Asum)
    print("A:",A)
Out[40]:Asum: 2047
    A: 78
```

在 Python 中，还可以在列表中使用循环和判断等语句，称为列表表达式。例如，下面的程序在生成列表 B 时，第一个列表表达式通过 for 循环只保留了 A 中的偶数，第二个列表表达式则是获取对应偶数的幂次方：

```
In[41]:##在列表中使用列表表达式
    A = list(range(10))
    ##只保留偶数
    B = [ii for ii in A if ii % 2 == 0]
    B
Out[41]: [0, 2, 4, 6, 8]
In[42]:##计数的幂次方运算
    B = [ii**ii for ii in A if ii % 2 == 1]
    B
Out[42]: [1, 27, 3125, 823543, 387420489]
```

3. 函数

函数也是编程中经常会使用的内容，其是已经组织好的、可重复使用的、实现单一功能的代码段。函数不仅能提高应用程序的模块性，还能增强代码的重复利用率。Python 中提供了许多内建函数，如 print()、len()等。在 Python 中也可以自定义新的函数，其中定义函数的结构如下：

```
def functionname( parameters ):
   "函数_文档字符串，对函数进行功能说明"
   function_suite             #函数的内容
   return expression          #函数的输出
```

下面定义一个计算 1～x 的累加和的函数，程序如下所示：

```
In[43]:##定义一个计算 1～x 的累加和的函数
    def sumx(x):
        x = range(1,x+1)  ##生成 1～x 的向量
        xsum = 0
        for ii in x:
            xsum = xsum+ii
        return xsum
    ##调用上面的函数
    x = 200
    sumx(x)
Out[43]:20100
```

在上面定义的函数中，sumx 是函数名，x 是使用函数时需要输入的参数，调用函数可以使用 sumx(x)来完成。

在 Python 中，lambda 函数也叫匿名函数，即没有具体名称的函数，它可以快速定义单行函数，完成一些简单的计算。可以使用下面的方式定义 lambda 函数：

```
In[44]:##lambda 函数，一个参数
    f = lambda x: x**2
    f(5)
Out[44]:25
In[45]:##lambda 函数，多个参数
    f = lambda x,y,z: (x+y)*z
    f(5,6,7)
Out[45]:77
```

在 lambda 函数中，冒号前面是参数，可以有多个，用逗号分隔，冒号右边是函数的计算主体，并返回其计算结果。

1.2.3　异常

在 Python 中，try/except 结构主要用于处理程序在正常运行过程中出现的一些异常情况，如语法错误、数据除零错误、从未定义的变量上取值等；而 try/finally 结构则主要用于监控和捕获错误。尽管 try/except 结构和 try/finally 结构的作用不同，但是在编程实践中通常可以把它们组合在一起，使用 try/except/else/finally 结构来实现更好的稳定性和灵活性。在 Python 中，try/except/else/finally 结构的完整格式如下所示：

```
try:
    Normal execution block
except A:
    Exception A handle
except B:
    Exception B handle
except:
    Other exception handle
else:      #可无，若有则必有 except x 或 except 存在，仅在 try 后无异常时执行
    if no exception, get here
finally:  #此语句务必放在最后，无论前面的语句是如何执行的，最后必执行此语句
    print("finally")
```

将需要正常执行的程序放在 try 语句下的 Normal execution block 语句块中，在运行时如果发生了异常，则中断当前的运行，跳转到对应的异常处理语句块 except x(x 表示 A 或 B)中开始执行，Python 从第一个 except x 处开始查找，如果找到了对应的 exception 类型，则进入其提供的 Exception x handle 中进行处理，如果没有则依次进入第二个，如果都没有找到，则直接进入 except 语句块进行处理。except 语句块是可选项，如果没有提供，那么该 exception 将会被提交给 Python 进行默认处理，处理方式则是终止应用程序并打印提示信息。

如果 Normal execution block 语句块在运行过程中没有发生任何异常，则在运行完 Normal execution block 语句块后会进入 else 语句块中（若存在）运行。

无论是否发生异常，若有 finally 语句，上述 try/except/else 结构的最后一步总是运行 finally 语句所对应的代码块。

1. try/except

try/except 是最简单的异常处理结构，其结构如下所示：

```
try:
    需要处理的代码
except Exception as e:
```

```
处理代码发生异常，在这里进行异常处理
```

例如，运行 1/0 会出现以下情况：

```
>>>1/0
Traceback (most recent call last):
  File "<iPython-input-11-05c9758a9c21>", line 1, in <module>
    1/0
ZeroDivisionError: division by zero
```

程序会报错。下面继续触发除以 0 的异常，然后捕捉并处理：

```
try:
    print(1 / 0)
except Exception as e:
    print('代码出现除 0 异常，这里进行处理！')
print("我还在运行")
```

测试及运行结果如下所示：

```
代码出现除 0 异常，这里进行处理！
我还在运行
```

“except Exception as e:”，即捕获错误，并输出信息。程序捕获错误后并没有“死掉”或终止，而是继续运行后面的代码，这就是 try/except 结构的作用。

2. try/except/finally

这种异常处理结构通常用于无论程序是否发生异常，都运行必须要执行的操作，如关闭数据库资源、关闭打开的文件资源等，但必须运行的代码需要放在 finally 语句块中，如下所示：

```
try:
    print(1 / 0)
except Exception as e:
    print("除 0 异常")
finally:
    print("必须执行")
print("-----------------")

try:
    print("这里没有异常")
except Exception as e:
    print("这句话不会输出")
finally:
```

```
    print("这里是必须执行的")
```

测试及运行结果如下：

```
除 0 异常
必须执行
-----------------
这里没有异常
这里是必须执行的
```

3. try/except/else

该结构的运行过程如下：程序进入 try 语句块，如果 try 语句块发生异常则进入 except 语句块，否则进入 else 语句块，如下所示：

```
try:
    print("正常代码！")
except Exception as e:
    print("将不会输出这句话")
else:
    print("这句话将被输出")
print("-------------------")

try:
    print(1 / 0)
except Exception as e:
    print("进入异常处理")
else:
    print("不会输出")
```

4. try/except/else/finally

该结构是 try/except/else 结构的升级版，在原有的基础上增加了必须要执行的部分，示例代码如下所示：

```
try:
    print("没有异常！")
except Exception as e:
    print("不会输出！")
else:
    print("进入 else")
finally:
    print("必须输出！")
print("-------------------")
```

```
try:
    print(1 / 0)
except Exception as e:
    print("引发异常！")
else:
    print("不会进入else")
finally:
    print("必须输出！")
```

测试及运行结果如下所示：

```
没有异常!
进入 else
必须输出!
-------------------
引发异常!
必须输出!
```

注意：（1）在上面所示的完整语句中，try/except/else/finally 结构出现的顺序必须是 try→except x→except→else→finally，即所有的 except 语句必须在 else 语句和 finally 语句之前，else 语句（若有）必须在 finally 语句之前，而 except x 语句又必须在 except 语句之前，否则会出现语法错误。

（2）对于上面展示的 try/except 结构来说，else 语句和 finally 语句都是可选的，而不是必需的。但若存在 else 语句，则必须在 finally 语句之前，finally 语句（如果存在）必须在整个结构的最后位置。

（3）在上面完整的结构中，else 语句的存在必须以 except x 语句或 except 语句为前提，如果没有 except 语句而使用 else 语句，就会引发语法错误，即有 else 语句则必有 except x 语句或 except 语句。集合中元素的位置是无序的，因此不能采用 set[i]这样的方式获取其元素。

1.2.4 特殊函数

1. 匿名函数 lambda

在 Python 中允许用 lambda 关键字定义一个匿名函数。所谓的匿名函数是指调用一次或几次就不需要的函数，属于“快餐”函数。

lambda 函数的格式如下：

```
lambda 变量名 : 运算式
```

多个变量之间用逗号隔开，变量名和运算式之间用冒号隔开。

```
#求两个数的和，定义函数 f(x,y)=x+y
f = lambda x, y: x + y  #x 和 y 是变量
print(f(2, 3))

#或者求两个数的平方和
print((lambda x, y: x**2 + y**2)(3, 4))
```

测试及运行结果如下所示：

```
5
25
```

2. map()函数、filter()函数、reduce()函数

map()和 filter()属于内置函数，但 reduce()函数从 Python 3 开始移到了 functools 模块中，使用时需要从 functools 模块中导入。

1）遍历函数 map()

可以使用 map()函数遍历序列，即对序列中的每个元素进行操作，最终获取新的序列。

map()函数的格式如下：

```
map(func,S)
```

其中，func 是功能函数，S 表示所要应用的序列。例如，对列表 li 中的每个元素都增加 100：

```
>>> li=[11, 22, 33]
>>> new_list = map(lambda a: a + 100, li) #定义对某个数增加 100 的函数，并将其用于列表 li 上
>>> list(new_list)
[111, 122, 133]
>>>
>>> li = [11, 22, 33]
>>> sl = [1, 2, 3]
>>> new_list = map(lambda a, b: a + b, li, sl)
>>> list(new_list)
[12, 24, 36]
>>>
```

2）筛选函数 filter()

使用 filter()函数对序列中的元素按条件进行筛选可以获取符合条件的序列。

filter()函数的格式如下：

```
filter(func,S)
```

其中，func 是功能函数，S 表示所要筛选的序列。例如，对列表中的元素进行过滤，将大于 22 的元素筛选出来：

```
>>> li = [11, 22, 33]
>>> new_list = filter(lambda x: x > 22, li)
>>> list(new_list)
[33]
>>>
```

3）累计函数 reduce()

使用 reduce()函数可以对序列中所有的元素进行累计操作。

对于某个序列，从中取第一个元素与第二个元素做运算，将结果再与第三个元素做运算，再次将新的结果与第四个元素做运算，以此类推，直到所有的元素都运算完毕，这里的运算既可以是加、减、乘、除，也可以是其他的操作。

```
>>> from functools import reduce    #从 functools 模块中导入 reduce()函数
>>> li = [11, 22, 33, 44]
>>> reduce(lambda arg1, arg2: arg1 + arg2, li)
110
>>>
# reduce()函数的第一个参数是有两个参数的 lambda 函数，即 lambda 函数必须有两个参数
# reduce()函数的第二个参数是将要循环的序列 li
# reduce()函数的第三个参数是初始值
```

上述计算过程如下。

第一步：先计算序列 li 中的前两个元素，即 11+22，结果为 33。

第二步：计算第一步的结果 33 和第三个元素，即 33+33，结果为 66。

第三步：计算第二步的结果 66 和第四个元素，即 66+44，结果为 110。

1.3 Python 基础库应用入门

前面对 Python 的基础进行了简要介绍，本节主要介绍 Python 中常用的第三方库。这些

库都是实现了各种计算功能的开源库，它们极大地丰富了 Python 的应用场景和计算能力。本节主要介绍 NumPy、Pandas 和 Matplotlib 这 3 个库的基础内容。其中，NumPy 是 Python 用来做矩阵运算、高维度数组运算的数学计算库；Pandas 是 Python 用来做数据预处理、数据操作和数据分析的库；Matplotlib 是简单易用的数据可视化库，包含丰富的数据可视化功能。

1.3.1　NumPy 库应用入门

NumPy 库提供了很多高效的数值运算工具，同时在矩阵运算等方面提供了很多高效的函数，尤其是 *N* 维数组，在数据科学等计算方面应用广泛。接下来简单介绍 NumPy 库的相关使用。

为了便于使用，在导入 NumPy 库时可以使用别名 np 代替（本书中的 NumPy 库均使用 np 作为别名），如下所示：

```
In[1]:import numpy as np
```

导入 NumPy 库之后，针对该库的入门使用，主要分为数组生成、数组中的索引与数组中的一些运算函数进行介绍。

1. 数组生成

在 NumPy 库中生成数组有多种方式，如可以使用 np.array()函数生成一个数组：

```
In[2]:##一个一维数组
    A = np.array([1,2,3,4,5,6,7,8])
    A
Out[2]:array([1, 2, 3, 4, 5, 6, 7, 8])
In[3]:##通过列表生成二维数组
    A = np.array([[1,2,3,4],[5,6,7,8]])
    A
Out[3]:array([[1, 2, 3, 4],
              [5, 6, 7, 8]])
In[4]:##查看数组的形状
    A.shape
Out[4]: (2, 4)
In[5]:##查看数组的维度
    A.ndim
Out[5]:2
```

上述程序使用 np.array()函数将列表生成数组，并且可以使用数组 A 的 shape 属性查看数组的形状，使用 ndim 属性查看数组的维度。

在 NumPy 库中，可以使用 np.zeros()函数生成指定形状的全 0 数组，使用 np.ones()函数生成指定形状的全 1 数组，使用 np.eye()函数生成指定形状的单位矩阵（对角线的元素为 1），示例如下所示：

```
In[6]:##使用其他函数生成数组
    ##全 0 数组
    np.zeros((2,4))
Out[6]:array([[0., 0., 0., 0.],
              [0., 0., 0., 0.]])
In[7]:##全 1 数组
    np.ones((2,3))
Out[7]:array([[1., 1., 1.],
              [1., 1., 1.]])
In[8]:##单位矩阵
    np.eye(3,3)
Out[8]:array([[1., 0., 0.],
              [0., 1., 0.],
              [0., 0., 1.]])
```

在使用 np.array()函数生成数组时，可以使用参数 dtype 指定其数据类型。例如，使用 np.float64 指定数据为 64 位浮点型，使用 np.float32 指定数据为 32 位浮点型，使用 np.int32 指定数据为 32 位整型。另外，也可以使用数组的 astype()方法修改数据的类型。相关示例如下所示：

```
In[9]:##指定数组的数据类型
    A1 = np.array([[1,2,3,4],[5,6,7,8]],dtype = np.float64)
    A2 = np.array([[1,2,3,4],[5,6,7,8]],dtype = np.float32)
    A3 = np.array([[1,2,3,4],[5,6,7,8]],dtype = np.int32)
    print("A1.dtype:",A1.dtype)
    print("A2.dtype:",A2.dtype)
    print("A3.dtype:",A3.dtype)
Out[9]:A1.dtype: float64
    A2.dtype: float32
    A3.dtype: int32
In[10]:##变换数据的数据类型
    B1 = A1.astype(np.int32)
    B2 = A2.astype(np.int8)
    B3 = A3.astype(np.float32)
    print("B1.dtype:",B1.dtype)
    print("B2.dtype:",B2.dtype)
    print("B3.dtype:",B3.dtype)
```

```
Out[10]:B1.dtype: int32
    B2.dtype: int8
    B3.dtype: float32
```

2. 数组中的索引

可以利用切片获取数组中的元素。其中，索引可以是获取一个元素的基本索引，也可以是获取多个元素的切片索引，还可以是根据布尔值获取元素的布尔索引。使用切片获取元素的相关程序如下所示：

```
In[11]:##通过索引获取数组中的元素
    A = np.arange(12).reshape(3,4)
    A
Out[11]:array([[ 0,  1,  2,  3],
               [ 4,  5,  6,  7],
               [ 8,  9, 10, 11]])
In[12]:##获取数组中的某个元素
    A[1,1]
Out[12]:5
In[13]:##对数组中的某个元素重新赋值
    A[1,1] = 100
    A
Out[13]:array([[  0,   1,   2,   3],
               [  4, 100,   6,   7],
               [  8,   9,  10,  11]])
In[14]:##获取数组中的某行
    A[1,:]
Out[14]:array([  4, 100,   6,   7])
In[15]:##获取数组中的某列
    A[:,1]
Out[15]:array([  1, 100,   9])
In[16]:##获取数组中的某部分
    A[0:2,1:4:]
Out[16]:array([[  1,   2,   3],
               [100,   6,   7]])
In[17]:##根据布尔值进行索引
    index = A % 2 == 1
    index
Out[17]:array([[False,  True, False,  True],
               [False, False, False,  True],
               [False,  True, False,  True]])
In[18]:##根据索引获取数组中的奇数
```

```
    A[index]
Out[18]:array([ 1,  3,  7,  9, 11])
In[19]:##不使用中间结果的方式
    A[A % 2 == 1]
Out[19]:array([ 1,  3,  7,  9, 11])
```

在 NumPy 库中使用 np.where()函数可以找到符合条件的值，并找到符合条件的值的位置，如输出满足条件的行索引和列索引，并且也可以输出满足指定条件时的内容，与不满足指定条件时的内容。相关程序示例如下所示：

```
In[20]:##通过 np.where()函数找到符合条件的值
    a,b = np.where(A % 2 == 1)
    print("行索引:",a)
    print("列索引:",b)
    print("数组中的奇数:",A[a,b])
Out[20]:行索引: [0 0 1 2 2]
    列索引: [1 3 3 1 3]
    数组中的奇数: [ 1  3  7  9 11]
In[21]:##A 中如果是奇数就正常输出，否则输出对应数值的 10 倍
    np.where(A % 2 == 1, A, 10*A)
Out[21]:array([[   0,    1,   20,    3],
              [  40, 1000,   60,    7],
              [  80,    9,  100,   11]])
```

获得的数组可以使用*.T 方法进行转置，而使用 transpose()函数可以对数组的轴进行变换，如将 3×4×2 的数组转换为 2×4×3 的数组，可以使用下面的方式：

```
In[22]:##数组的转置
    A.T
Out[22]:array([[  0,   4,   8],
              [  1, 100,   9],
              [  2,   6,  10],
              [  3,   7,  11]])
In[23]:##数组的轴的转换
    B = np.arange(24).reshape(3,4,2)
    print("B.shape:",B.shape)
    C = B.transpose((2,1,0))
    print("C.shape",C.shape)
Out[23]:B.shape: (3, 4, 2)
    C.shape (2, 4, 3)
```

3. 数组中的一些运算函数

NumPy 库中有很多关于数组运算的函数，如计算数组的均值可以使用 mean()函数，计算

数组的和可以使用 sum()函数，计算累加和可以使用 cumsum()函数，相关程序如下所示：

```
In[24]:A = np.arange(12).reshape(3,4)
   A
Out[24]:array([[ 0,  1,  2,  3],
        [ 4,  5,  6,  7],
        [ 8,  9, 10, 11]])
In[25]:##计算均值
   print("数组的均值:",A.mean())
   print("数组每列的均值:",A.mean(axis = 0))
   print("数组每行的均值:",A.mean(axis = 1))
Out[25]:数组的均值: 5.5
   数组每列的均值: [4. 5. 6. 7.]
   数组每行的均值: [1.5 5.5 9.5]
In[26]:##计算和
   print("数组的和:",A.sum())
   print("数组每列的和:",A.sum(axis = 0))
   print("数组每行的和:",A.sum(axis = 1))
Out[26]:数组的和: 66
   数组每列的和: [12 15 18 21]
   数组每行的和: [ 6 22 38]
In[27]:##计算累加和
   print("数组的累加和:\n",A.cumsum())
   print("数组每列的累加和:\n",A.cumsum(axis = 0))
   print("数组每行的累加和:\n",A.cumsum(axis = 1))
Out[27]:数组的累加和:
    [ 0  1  3  6 10 15 21 28 36 45 55 66]
   数组每列的累加和:
    [[ 0  1  2  3]
    [ 4  6  8 10]
    [12 15 18 21]]
   数组每行的累加和:
    [[ 0  1  3  6]
    [ 4  9 15 22]
    [ 8 17 27 38]]
```

数组的标准差和方差在一定程度上反映了数据的离散程度，可以使用 std()函数计算标准差，使用 var()函数计算方差。同时，使用 max()函数和 min()函数可以计算最大值和最小值，相关程序如下所示：

```
In[28]:##计算标准差和方差
   print("数组的标准差:",A.std())
```

```
    print("数组每列的标准差:",A.std(axis = 0))
    print("数组每行的标准差:",A.std(axis = 1))
    print("数组的方差:",A.var())
    print("数组每列的方差:",A.var(axis = 0))
    print("数组每行的方差:",A.var(axis = 1))
Out[28]:数组的标准差: 3.452052529534663
    数组每列的标准差: [3.26598632 3.26598632 3.26598632 3.26598632]
    数组每行的标准差: [1.11803399 1.11803399 1.11803399]
    数组的方差: 11.916666666666666
    数组每列的方差: [10.66666667 10.66666667 10.66666667 10.66666667]
    数组每行的方差: [1.25 1.25 1.25]
In[29]:##计算最大值和最小值
    print("数组的最大值:",A.max())
    print("数组每列的最大值:",A.max(axis = 0))
    print("数组每行的最大值:",A.max(axis = 1))
    print("数组的最小值:",A.min())
    print("数组每列的最小值:",A.min(axis = 0))
    print("数组每行的最小值:",A.min(axis = 1))
Out[29]:数组的最大值: 11
    数组每列的最大值: [ 8  9 10 11]
    数组每行的最大值: [ 3  7 11]
    数组的最小值: 0
    数组每列的最小值: [0 1 2 3]
    数组每行的最小值: [0 4 8]
```

随机数是在机器学习中经常会使用的内容，所以 NumPy 库中提供了很多生成各类随机数的方法，其中，设置随机数种子可以使用 np.random.seed()函数，随机数种子可以保证在使用随机数函数生成随机数时，随机数是可以重复出现的。

生成服从正态分布的随机数可以使用 np.random.randn()函数，生成 0～n 的整数的随机排序可以使用 np.random.permutation()函数，生成服从均匀分布的随机数可以使用 np.random.rand()函数。在指定的范围内生成随机数可以使用 np.random.randint()函数。这些函数的示例如下所示：

```
In[30]:##生成随机数
    ##设置随机数种子
    np.random.seed(11)
    ##生成服从正态分布的随机数矩阵
    np.random.randn(3,3)
Out[30]:array([[ 1.74945474, -0.286073  , -0.48456513],
           [-2.65331856, -0.00828463, -0.31963136],
```

```
            [-0.53662936,  0.31540267,  0.42105072]])
In[31]:##将 0~10（不包括 10）的数进行随机排序
    np.random.seed(11)
    np.random.permutation(10)
Out[31]:array([7, 8, 2, 6, 4, 5, 1, 3, 0, 9])
In[32]:##生成服从均匀分布的随机数矩阵
    np.random.seed(11)
    np.random.rand(2,3)
Out[32]:array([[0.18026969, 0.01947524, 0.46321853],
            [0.72493393, 0.4202036 , 0.4854271 ]])
In[33]:##在指定的范围内生成随机数
    np.random.seed(12)
    np.random.randint(low = 2, high=10, size=15)
Out[33]:array([5, 5, 8, 7, 3, 4, 5, 5, 6, 2, 8, 3, 6, 7, 7])
```

NumPy 库中还提供了保存和导入数据的函数 np.save()和 np.load()。其中，np.save()函数通常用于将一个数组保存为.npy 文件；np.savez()函数通常用于保存多个数组，并且可以为每个数组指定名称，方便导入数组后获取数据。相关程序的使用如下所示：

```
In[34]:##数据的保存和导入
    ##将数组保存为.npy 文件，命名为 Aarray.npy
    np.save("data/chap1/Aarray.npy",A)
    ##导入数据文件 Aarray.npy
    B = np.load("data/chap1/Aarray.npy")
    B
Out[34]:array([[ 0,  1,  2,  3],
            [ 4,  5,  6,  7],
            [ 8,  9, 10, 11]])
In[35]:##将多个数组保存为一个压缩文件
    np.savez("data/chap1/ABarray.npz",x = A, y = B)
    ##导入保存的数据
    data = np.load("data/chap1/ABarray.npz")
    print('data["y"]:\n',data["y"])
Out[35]:data["y"]:
     [[ 0  1  2  3]
     [ 4  5  6  7]
     [ 8  9 10 11]]
```

1.3.2　Pandas 库应用入门

Pandas 在数据分析中是非常重要和常用的库，它让数据的处理和操作变得简单与快捷，在数据预处理、缺失值填补、时间序列、可视化等方面都有应用。接下来简单介绍 Pandas 库的一些应用，如如何生成序列和数据表、数据聚合与分组运算及数据可视化函数。Pandas 库在导入后经常使用 pd 进行代替，如下所示：

```
In[36]:import pandas as pd
```

1. 如何生成序列和数据表

Pandas 库中的序列（Series）是一维标签数组，能够容纳任何类型的数据。可以使用 pd.Series(data, index,…)的方式生成序列，其中，data 指定序列中的数据，通常使用数组或列表，index 通常指定序列中的索引。例如，使用下面的程序可以生成序列 s1，并且可以通过 s1.values 和 s1.index 获取序列的数值和索引：

```
In[37]:##生成一个序列
   s1 = pd.Series(data = [1,2,3,4,5],index = ["a","b","c","d","e"],
                  name = "var1")
   s1
Out[37]:a    1
   b    2
   c    3
   d    4
   e    5
   Name: var1, dtype: int64
In[38]:##获取序列的数值和索引
   print("数值:",s1.values)
   print("索引:",s1.index)
Out[38]:数值: [1 2 3 4 5]
   索引: Index(['a', 'b', 'c', 'd', 'e'], dtype='object')
```

可以通过切片和索引获取序列中的对应值，也可以对获取的数值进行重新赋值操作，如下所示：

```
In[39]:##通过索引获取序列中的内容
   s1[["a","c"]]
Out[39]:a    1
   c    3
   Name: var1, dtype: int64
In[40]:##通过索引改变数据的取值
   s1[["a","c"]] = [10,12]
   s1
Out[40]:a    10
   b     2
```

```
    c    12
    d     4
    e     5
    Name: var1, dtype: int64
```

通过字典也可以生成序列，其中字典的键将作为序列的索引，字典的值将作为序列的值，下面的 s2 就是利用字典生成的序列，可以使用 value_counts()方法计算序列中每个取值出现的次数：

```
In[41]:##通过字典生成序列
    s2 = pd.Series({"A":100,"B":200,"C":300,"D":200})
    s2
Out[41]:A    100
    B    200
    C    300
    D    200
    dtype: int64
In[42]:##计算序列中每个取值出现的次数
    s2.value_counts()
Out[42]:200    2
    300    1
    100    1
    dtype: int64
```

数据表是 Pandas 库提供的一种二维数据结构，数据按行和列的表格方式排列，是数据分析经常使用的数据保存方式。数据表的生成通常使用 pd.DataFrame(data, index, columns,…)，其中，data 可以使用字典、数组等内容，index 用于指定数据表的索引，columns 用于指定数据表的列名。

在使用字典生成数据表时，字典的键会作为数据表的列名，字典的值会作为对应列的内容。可以使用 df1["列名"]的形式为数据表 df1 添加新的列，或者获取对应列的内容。使用 df1.columns 属性则可以输出数据表的列名。相关程序如下所示：

```
In[43]:##生成数据表，将字典转化成数据框
    data = {"name":["Anan","Adam","Tom","Jara","AqL"],
            "age":[20,15,10,18,25],
            "sex":["F","M","F","F","M"]}
    df1 = pd.DataFrame(data = data)
    print(df1)
Out[43]:    name  age sex
    0  Anan   20   F
```

```
    1  Adam   15   M
    2   Tom   10   F
    3  Jara   18   F
    4   AqL   25   M
In[44]:##为数据表添加新的变量
    df1["high"] = [175,170,165,180,178]
    print(df1)
Out[44]:    name  age sex  high
    0  Anan   20   F   175
    1  Adam   15   M   170
    2   Tom   10   F   165
    3  Jara   18   F   180
    4   AqL   25   M   178
In[45]:##获取数据表的列名
    df1.columns
Out[45]:Index(['name', 'age', 'sex', 'high'], dtype='object')
In[46]:##通过列名获取数据表中的数据
    print(df1[["age","high"]])
Out[46]:    age  high
    0   20   175
    1   15   170
    2   10   165
    3   18   180
    4   25   178
```

数据表 df 可以使用 df.loc 获取指定的数据，使用方式为 df.loc[index_name , col_name]，选择指定位置的数据，相关程序如下所示：

```
In[47]:##输出某一行
    print(df1.loc[2])
Out[47]:name     Tom
    age      10
    sex       F
    high    165
    Name: 2, dtype: object
In[48]:##输出多行
    print(df1.loc[1:3])  #包括第一行和第三行
Out[48]:    name  age sex  high
    1  Adam   15   M   170
    2   Tom   10   F   165
    3  Jara   18   F   180
In[49]:##输出指定的行和列
```

```
    print(df1.loc[1:3,["name","sex"]])  #包括第一行和第三行
Out[49]:   name sex
    1  Adam   M
    2   Tom   F
    3  Jara   F
In[50]:##输出性别为 F 的行和列
    print(df1.loc[df1.sex == "F",["name","sex"]])
Out[50]:   name sex
    0  Anan   F
    2   Tom   F
    3  Jara   F
```

而数据表的 df.iloc 则是基于位置的索引获取对应的内容，相关程序如下所示：

```
In[51]:##获取指定的行
    print("指定的行:\n",df1.iloc[0:2])
    ##获取指定的列
    print("指定的列:\n",df1.iloc[:,0:2])
Out[51]:指定的行:
        name  age sex  high
    0  Anan   20   F   175
    1  Adam   15   M   170
    指定的列:
        name  age
    0  Anan   20
    1  Adam   15
    2   Tom   10
    3  Jara   18
    4   AqL   25
In[52]:##获取指定位置的数据
    print("指定位置的数据:\n",df1.iloc[0:2,1:4])
Out[52]:指定位置的数据:
        age sex  high
    0   20   F   175
    1   15   M   170
In[53]:##根据条件索引获取数据需要将索引转化为列表或数组
    print(df1.iloc[list(df1.sex == "F"),0:3])
    print(df1.iloc[np.array(df1.sex == "F"),0:3])
Out[53]:   name  age sex
    0  Anan   20   F
    2   Tom   10   F
    3  Jara   18   F
```

```
      name  age sex
   0  Anan   20   F
   2   Tom   10   F
   3  Jara   18   F
In[54]:list(df1.sex == "F")
Out[54]: [True, False, True, True, False]
In[55]:##为数据表中的内容重新赋值
   df1.high = [170,175,177,178,180]
   print(df1)
Out[55]:   name  age sex  high
   0  Anan   20   F   170
   1  Adam   15   M   175
   2   Tom   10   F   177
   3  Jara   18   F   178
   4   AqL   25   M   180
In[56]:##选择指定的区域并重新赋值
   df1.iloc[0:1,0:2] = ["Apple",25]
   print(df1)
Out[56]:    name  age sex  high
   0  Apple   25   F   170
   1   Adam   15   M   175
   2    Tom   10   F   177
   3   Jara   18   F   178
   4    AqL   25   M   180
```

2. 数据聚合与分组运算

Pandas 库提供了强大的数据聚合和分组运算能力。例如，可以使用 apply()方法将指定的函数或方法作用在数据的行或列上，而使用 groupby()方法可以对数据进行分组统计，这些功能对数据表的变换、分析和计算都非常有用。下面使用鸢尾花数据集介绍如何使用 apply()方法将函数应用于数据计算：

```
In[57]:##读取用于演示的数据
   Iris = pd.read_csv("data/chap1/Iris.csv")
   print(Iris.head())
Out[57]:   Id  SepalLengthCm  SepalWidthCm  PetalLengthCm  PetalWidthCm Species
   0   1            5.1           3.5            1.4           0.2  setosa
   1   2            4.9           3.0            1.4           0.2  setosa
   2   3            4.7           3.2            1.3           0.2  setosa
   3   4            4.6           3.1            1.5           0.2  setosa
   4   5            5.0           3.6            1.4           0.2  setosa
In[58]:##使用 apply()方法将函数应用于数据
```

```
    ##计算每列的均值
    Iris.iloc[:,1:5].apply(func = np.mean,axis = 0)
Out[58]:SepalLengthCm    5.843333
    SepalWidthCm     3.054000
    PetalLengthCm    3.758667
    PetalWidthCm     1.198667
    dtype: float64
In[59]:##计算每列的最小值和最大值
    min_max = Iris.iloc[:,1:5].apply(func = (np.min,np.max),axis = 0)
    print(min_max)
Out[59]:      SepalLengthCm  SepalWidthCm  PetalLengthCm  PetalWidthCm
    amin           4.3           2.0            1.0           0.1
    amax           7.9           4.4            6.9           2.5
In[60]:##计算每列的样本数量
    Iris.iloc[:,1:5].apply(func = np.size,axis = 0)
Out[60]:SepalLengthCm    150
    SepalWidthCm     150
    PetalLengthCm    150
    PetalWidthCm     150
    dtype: int64
In[61]:##根据行进行计算，只演示前五个样本
    des = Iris.iloc[0:5,1:5].apply(func = (np.min, np.max, np.mean, np.std, np.var), axis = 1)
    print(des)
Out[61]:   amin  amax   mean       std       var
    0   0.2   5.1  2.550  2.179449  4.750000
    1   0.2   4.9  2.375  2.036950  4.149167
    2   0.2   4.7  2.350  1.997498  3.990000
    3   0.2   4.6  2.350  1.912241  3.656667
    4   0.2   5.0  2.550  2.156386  4.650000
```

通过上面的程序可以发现，利用 apply()方法可以使函数的应用变得简单，从而方便对数据进行更多的认识和分析。使用 groupby()方法则可以进行分组统计，其应用比 apply()方法的应用更加广泛，如可以根据数据的不同类型计算数据的一些统计性质，获得数据透视表。相关程序如下所示：

```
In[62]:##利用 groupby()方法进行分组统计
    ##分组计算均值
    res = Iris.drop("Id",axis=1).groupby(by = "Species").mean()
    print(res)
Out[62]:             SepalLengthCm  SepalWidthCm  PetalLengthCm  PetalWidthCm
    Species
```

```
    setosa          5.006      3.418      1.464      0.244
    versicolor      5.936      2.770      4.260      1.326
    virginica       6.588      2.974      5.552      2.026
In[63]:##分组计算偏度
    res = Iris.drop("Id",axis=1).groupby(by = "Species").skew()
    print(res)
Out[63]:          SepalLengthCm  SepalWidthCm  PetalLengthCm  PetalWidthCm
    Species
    setosa           0.120087      0.107053       0.071846      1.197243
    versicolor       0.105378     -0.362845      -0.606508     -0.031180
    virginica        0.118015      0.365949       0.549445     -0.129477
```

数据表的聚合运算可以使用 agg()方法，并且该方法可以和 groupby()方法结合使用，从而完成更复杂的数据描述和分析工作，如可以计算不同数据特征的不同统计性质等。相关程序如下所示：

```
In[64]:##对数据进行聚合计算
    res = Iris.drop("Id",axis=1).agg({"SepalLengthCm":["min","max","median"],
                                     "SepalWidthCm":["min","std","mean",],
                                     "Species":["unique","count"]})
    print(res)
Out[64]:       SepalLengthCm  SepalWidthCm                        Species
    count             NaN           NaN                            150
    max               7.9           NaN                            NaN
    mean              NaN      3.054000                            NaN
    median            5.8           NaN                            NaN
    min               4.3      2.000000                            NaN
    std               NaN      0.433594                            NaN
    unique            NaN           NaN  [setosa, versicolor, virginica]
In[65]:##分组后对数据的相关列进行聚合运算
    res = Iris.drop("Id",axis=1).groupby(
        by = "Species").agg({"SepalLengthCm":["min","max"],
                      "SepalWidthCm":["std"],
                      "PetalLengthCm":["skew"],
                      "PetalWidthCm":[np.size]})
    print(res)
Out[65]:          SepalLengthCm     SepalWidthCm PetalLengthCm PetalWidthCm
                       min  max          std          skew         size
    Species
    setosa             4.3  5.8     0.381024      0.071846         50.0
    versicolor         4.9  7.0     0.313798     -0.606508         50.0
```

```
virginica          4.9  7.9    0.322497     0.549445        50.0
```

3. 数据可视化函数

Pandas 库提供了针对数据表和序列的简单的可视化方式，其可视化是基于 Matplotlib 库进行的。在对 Pandas 库中的数据表进行数据可视化时，只需要使用数据表的 plot()方法，该方法包含散点图、折线图、箱线图、条形图等数据可视化方式。下面使用数据演示 Pandas 库中的一些数据可视化方法，获得数据可视化图像：

```
In[66]:##输出高清图像
    %config InlineBackend.figure_format = 'retina'
    %matplotlib inline
    ##可视化分组箱线图
    Iris.iloc[:,1:6].boxplot(column=["SepalLengthCm", "SepalWidthCm"],
                             by = "Species",figsize = (12,6))
```

上述程序使用数据表的 boxplot()方法获得箱线图。用箱线图可视化两列数据"SepalLengthCm"和"SepalWidthCm"，同时针对每个变量或使用类别特征"Species"对其进行分组，最终获得的图像如图 1-9 所示。

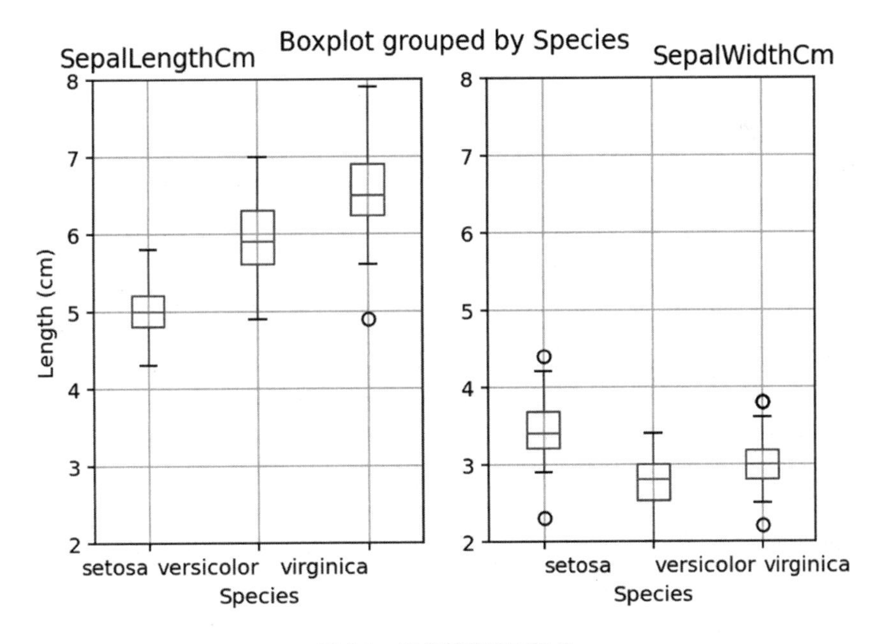

图 1-9　数据箱线图可视化

在使用 plot()方法对数据表进行可视化时，通常使用参数 kind 指定数据可视化图像的类型，使用参数 x 指定横轴使用的变量，使用参数 y 指定纵轴使用的变量，还会使用其他的参数来调整数据的可视化结果。例如，可以使用参数 s 和参数 c 指定散点图中点的大小颜色。利用数据表获得散点图的程序如下所示：

```
In[67]:##可视化散点图，设置颜色映射
    col = Iris.Species.map({"setosa":"blue", "versicolor":"red",
                          "virginica":"green"})
    Iris.plot(kind = "scatter",x = "SepalLengthCm",y = "SepalWidthCm",
             s = 30, c = col,figsize = (10,6))
```

运行程序获得的图像如图 1–10 所示。

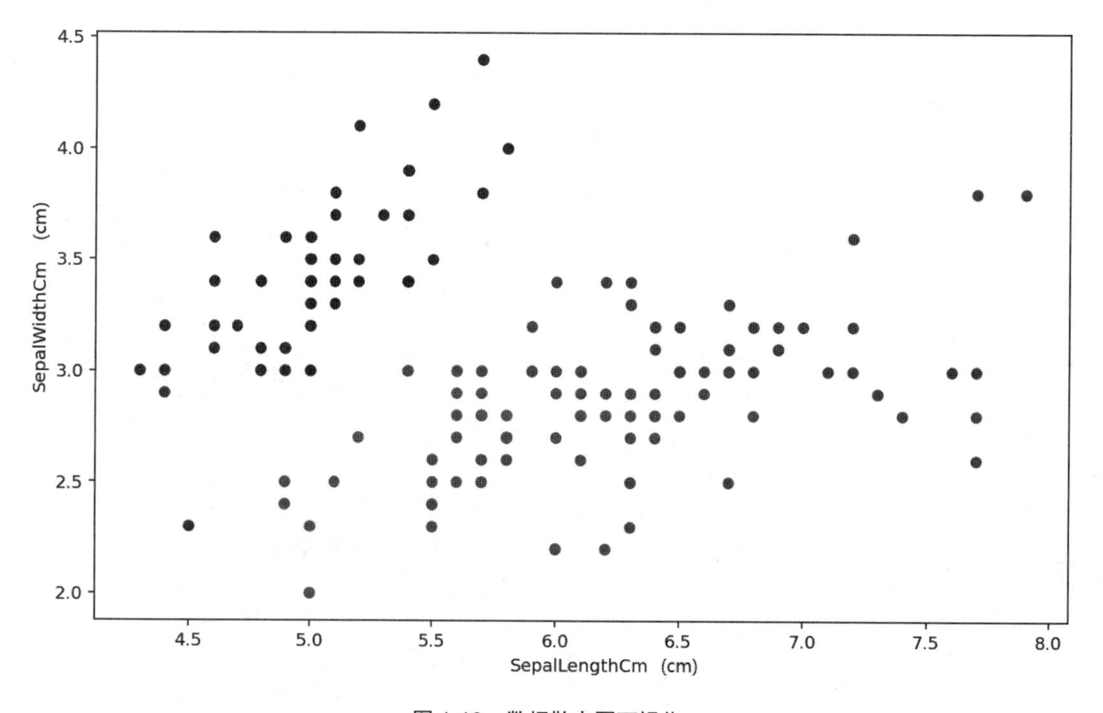

图 1-10 数据散点图可视化

在使用 plot()方法时，如果指定参数 kind = "hexbin"，则使用六边形热力图对数据进行可视化。例如，针对鸢尾花数据中的变量 SepalLengthCm 和 SepalWidthCm 的六边形热力图，可以使用下面的程序进行可视化：

```
In[68]:##可视化六边形热力图
    Iris.plot(kind = "hexbin",x = "SepalLengthCm",y = "SepalWidthCm",
             gridsize = 15,figsize = (10,7),sharex = False)
```

运行程序获得的图像如图 1–11 所示。

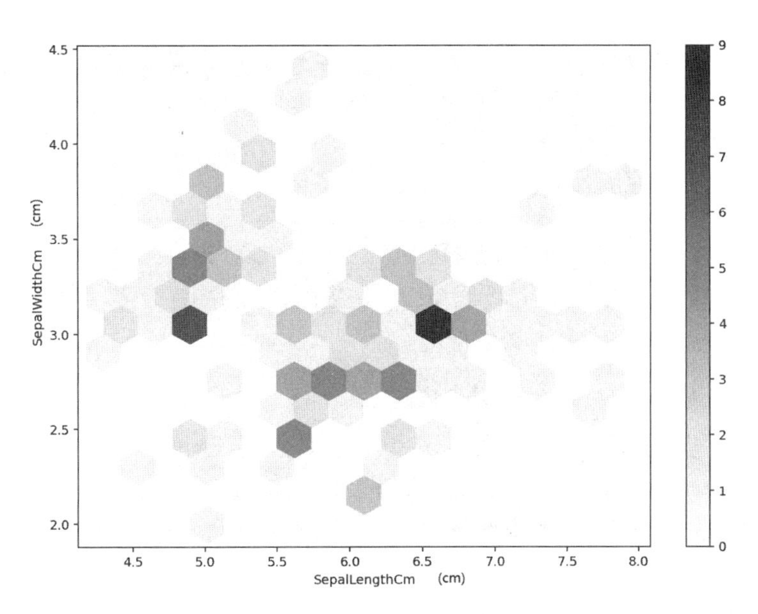

图 1-11　数据六边形热力图

在可视化时，指定参数 kind = "line"表示使用折线图对数据进行可视化。例如，针对鸢尾花数据中的 4 个变量的变化情况的折线图，可以使用下面的程序进行可视化：

```
In[69]:##折线图
  Iris.iloc[:,0:5].plot(kind = "line",x = "Id",figsize = (10,6))
```

运行程序获得的图像如图 1-12 所示。

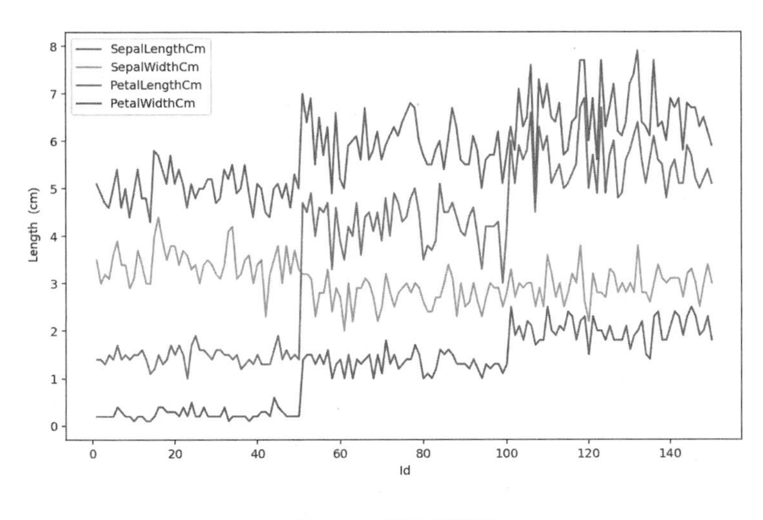

图 1-12　数据折线图

Pandas 库的入门内容本节就不再深入介绍，如果读者想了解更多的内容请参考官方文档进行探索和学习。

1.3.3 Matplotlib 库应用入门

Matplotlib 是 Python 的绘图库，具有强大的绘图功能。pyplot 是 Matplotlib 库中的一个模块，它提供了类似于 MATLAB 的绘图接口，是数据可视化的好帮手，能够绘制 2D、3D 等图像。接下来简单介绍 Matplotlib 库的使用。

下面先介绍使用 Matplotlib 库绘图的准备工作：

```
In[70]:##导入相关的可视化模块
    import matplotlib.pyplot as plt
    from mpl_toolkits.mplot3d import Axes3D
    ##图像显示中文的问题
    import matplotlib
    matplotlib.rcParams['axes.unicode_minus']=False
    ##设置图像在可视化时使用的主题
    import seaborn as sns
    sns.set(font= "Kaiti",style="ticks",font_scale=1.4)
```

上述程序先导入 Matplotlib 库中的 pyplot 模块，并命名为 plt。为了在 Jupyter Notebook 中显示图像，需要使用“%matplotlib inline”命令；为了绘制 3D 图像，需要引入三维的坐标系系统 Axes3D。由于 Matplotlib 库默认不支持中文文本在图像中的显示，为了解决这个问题，可以使用 matplotlib.rcParams['axes.unicode_minus']=False 语句，同时可以导入 Seaborn 数据可视化库，使用其中的 set()方法设置可视化图像时的基础设置。例如，参数 font 指定图中文本使用的字体，参数 style 设置坐标系的样式，参数 font_scale 设置字体的显示比例。

1. 二维可视化图像

针对使用 Matplotlib 库的二维数据可视化，下面先展示一个简单的曲线可视化的示例，程序如下所示：

```
In[71]:##绘制一条曲线
    X = np.linspace(1,15)
    Y = np.sin(X)
    plt.figure(figsize=(10,6))                    #图像的大小（宽：10，高：6）
    plt.plot(X,Y,"r-*")                           #绘制 X 轴和 Y 轴的坐标，红色、连接线、星形
    plt.xlabel("X 轴")                            #X 轴的标签名称
    plt.ylabel("Y 轴")                            #Y 轴的标签名称
```

```
    plt.title("y = sin(x)")                                   #图像的名称
    plt.grid()                                                #在图像中添加网格线
    plt.show()                                                #显示图像
```

在上面的程序中，首先生成 X 轴和 Y 轴的坐标数据，然后使用 plt.figure()定义一个图像窗口，并使用参数 figsize=(10,6)指定图像的宽和高，使用 plt.plot()绘制图像对应的坐标 X 和 Y，其中第三个参数"r-*"代表绘制红色曲线星形图，使用 plt.xlabel()定义 X 轴的标签名称，使用 plt.ylabel()定义 Y 轴的标签名称，使用 plt.title()指定图像的名称，使用 plt.grid()在图像中显示网格线，最后使用 plt.show()查看图像。得到的曲线图如图 1-13 所示。

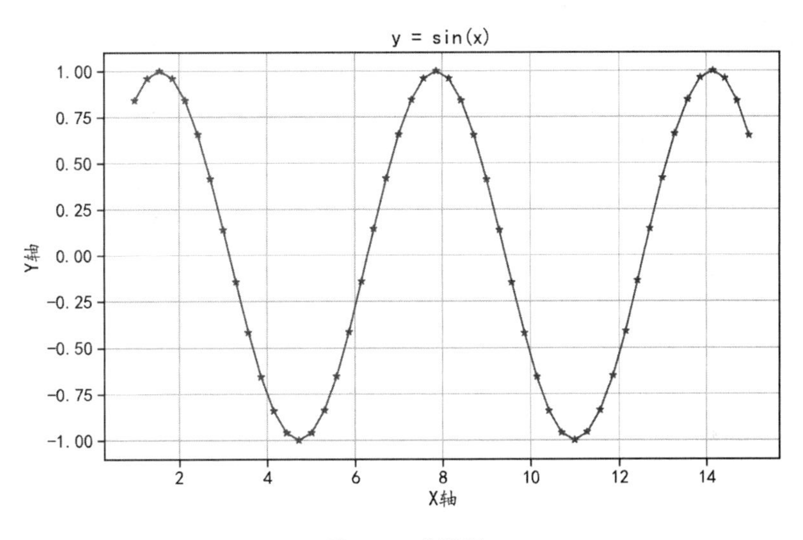

图 1-13　曲线图

使用 Matplotlib 库还可以在一个图像上绘制多个子图，以便从多方面、多角度对数据进行观察。下面可视化一个包含 3 个子图的图像，程序如下所示：

```
In[72]:##在可视化时将窗口切分为多个子窗口，分别绘制不同的图像
    plt.figure(figsize=(15,12))                   #图像的大小（宽：15，高：12）
    plt.subplot(2,2,1)                            #4 个子窗口中的第一个子窗口
    plt.plot(X,Y,"b-.s")                          #绘制 X 轴和 Y 轴的坐标，蓝色、虚线、矩形点
    plt.xlabel(r"$\alpha$")                       #X 轴的标签名称，使用 latex 公式
    plt.ylabel(r"$\beta$")                        #Y 轴的标签名称，使用 latex 公式
    plt.title("$y = \sum sin(x)$")                #图像的名称，使用 latex 公式

    plt.subplot(2,2,2)                            #4 个子窗口中的第二个子窗口
    histdata = np.random.randn(200,1)             #生成数据
    plt.hist(histdata, 10)                        #可视化直方图
    plt.xlabel("取值")                            #X 轴的标签名称，使用中文
```

```
    plt.ylabel("频数")                                    #Y 轴的标签名称，使用中文
    plt.title("直方图")                                   #图像的名称，使用中文

    plt.subplot(2,1,2)                                    #4 个子窗口中的第三个和第四个子窗口合为一个窗口
    plt.step(X,Y,c="r",label = "sin(x)",linewidth=3) #阶梯图，红色，线宽为 3，添加标签
    plt.plot(X,Y,"o--", color="grey", alpha=0.5)          #添加灰色曲线
    plt.xlabel("X",)                                      #X 轴的标签名称
    plt.ylabel("Y",)                                      #Y 轴的标签名称
    plt.title("Bar",)                                     #图像的名称
    plt.legend(loc = "lower right",fontsize = 16)         #图例在右下角，字号大小为 16
    xtick = [0,5,10,15]                                   #单独设置 X 轴的取值
    xticklabel = [str(x)+"辆" for x in xtick]
    plt.xticks(xtick,xticklabel,rotation = 45)            #X 轴的坐标取值，倾斜 45 度
    plt.subplots_adjust(hspace = 0.35)                    ##调整子图像之间的水平空间距离
    plt.show()
```

这个例子分别绘制了曲线图、直方图和阶梯图。plt.subplot(2,2,1)表示将当前图像分成4（2×2）个区域，并在第一个区域绘图。在第一个子图中指定 X 轴的标签名称时，使用plt.xlabel(r"α")来显示，其中 "α" 表示 latex 公式。plt.subplot(2,2,2)表示开始在第二个区域绘制图像，plt.hist(histdata, 10)表示将数据 histdata 分成 10 份来绘制直方图。而在可视化第三个子图时，使用 plt.subplot(2,1,2)表示将图形区域重新划分为 2（2×1）个窗口，并且指定在第三个窗口中作图，这样原始的 2×2 的 4 个子图的第三个和第四个子图组合为一个新的子图窗口。plt.step(X,Y,c="r",label = "sin(x)",linewidth=3)表示绘制阶梯图，并且指定线的颜色为红色，线宽为 3；plt.legend(loc = "lower right",fontsize = 16)可以为图像在指定的位置添加图例，字号大小为 16；plt.xticks(xtick,xticklabel,rotation = 45)表示通过plt.xticks()来指定 X 轴的刻度所显示的内容，并且可以通过 rotation = 45 将其逆时针旋转 45°；plt.subplots_adjust(hspace = 0.35)表示调整子图之间的水平间距，使子图之间没有遮挡，最终的数据可视化图像如图 1-14 所示。

2. 三维可视化图像

使用 Matplotlib 库还可以绘制三维图像。绘制三维图像曲面图和空间散点图的示例如下所示：

```
In[73]:##准备要使用的网格数据
    x = np.linspace(-4,4,num=50)
    y = np.linspace(-4,4,num=50)
    X,Y = np.meshgrid(x,y)
    Z = np.sin(np.sqrt(X**2+Y**2))
    ##可视化三维曲面图
```

```
fig = plt.figure(figsize=(10,6))
##将坐标系设置为 3D
ax1 = fig.add_subplot(111, projection= "3d")
##绘制曲面图，rstride 表示行的跨度，cstride 表示列的跨度，cmap 表示颜色，alpha 表示透明度
ax1.plot_surface(X, Y, Z, rstride=1, cstride=1,alpha= 0.5 ,cmap = plt.cm.coolwarm)
##绘制 Z 轴方向的等高线，投影位置在 Z = 1 的平面上
cset = ax1.contour(X, Y, Z, zdir="z", offset = 1,cmap = plt.cm.CMRmap)
ax1.set_xlabel("X")
ax1.set_xlim(-4, 4)            ##设置 X 轴的绘图范围
ax1.set_ylabel("Y")
ax1.set_ylim(-4, 4)            ##设置 Y 轴的绘图范围
ax1.set_zlabel("Z")
ax1.set_zlim(-1, 1)            ##设置 Z 轴的绘图范围
ax1.set_title("曲面图和等高线")
plt.show()
```

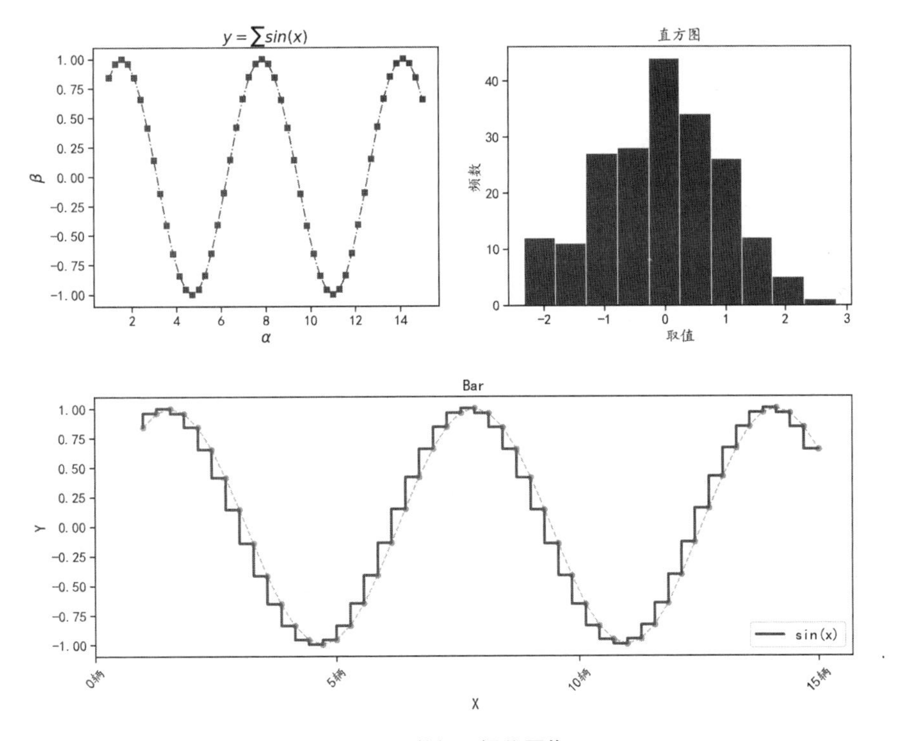

图 1-14　数据可视化图像

在上面的可视化程序中，先使用 np.meshgrid()函数准备可视化需要的网格数据；然后针对图像窗口使用 fig.add_subplot(111, projection= "3d")初始化一个 3D 坐标系 ax1；接着使

用 ax1.plot_surface()函数绘制曲面图，使用 ax1.contour()函数为图像添加等高线；最后设置各个轴的标签和可视化范围。运行程序获得的图像如图 1−15 所示。

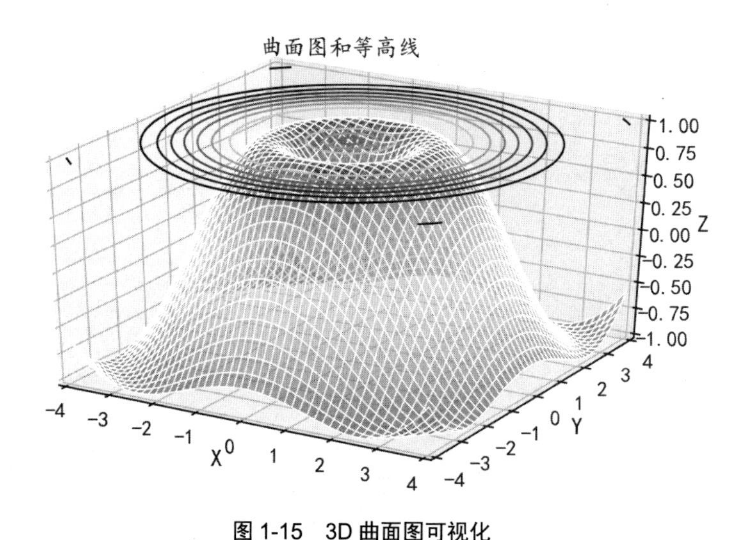

图 1-15 3D 曲面图可视化

同样，在一幅图像中可以绘制多个 3D 图像，可视化 3D 曲线图和 3D 散点图的程序如下所示：

```
In[74]:##准备数据
    theta = np.linspace(-4 * np.pi, 4 * np.pi, 100)  #角度
    z = np.linspace(-2, 2, 100)                       #Z 坐标
    r = z**2 + 1                                      #半径
    x = r * np.sin(theta)                             #X 坐标
    y = r * np.cos(theta)                             #y 坐标
    ##在子图中绘制 3D 图像
    fig = plt.figure(figsize=(15,6))
    ##将坐标系设置为 3D
    ax1 = fig.add_subplot(121, projection= "3d")      #子图 1
    ax1.plot(x, y, z,"b-")                            #绘制蓝色 3D 曲线图
    ax1.view_init(elev=20,azim=25)                    #设置轴的方位角和高程
    ax1.set_title("3D 曲线图")

    ax2 = plt.subplot(122,projection = "3d")          #子图 2
    ax2.scatter3D(x,y,z,c = "r",s = 20)               #绘制红色 3D 散点图
    ax2.view_init(elev=20,azim=25)                    #设置轴的方位角和高程
    ax2.set_title("3D 散点图")
    plt.subplots_adjust(wspace = 0.1)                 ##调整子图像之间的空间距离
```

```
    plt.show()
```

上面的程序在可视化 3D 图像时使用的是 3 个一维向量数据，分别指定 X 轴、Y 轴和 Z 轴的坐标位置，然后可视化 3D 曲线图和 3D 散点图。运行程序获得的图像如图 1–16 所示。

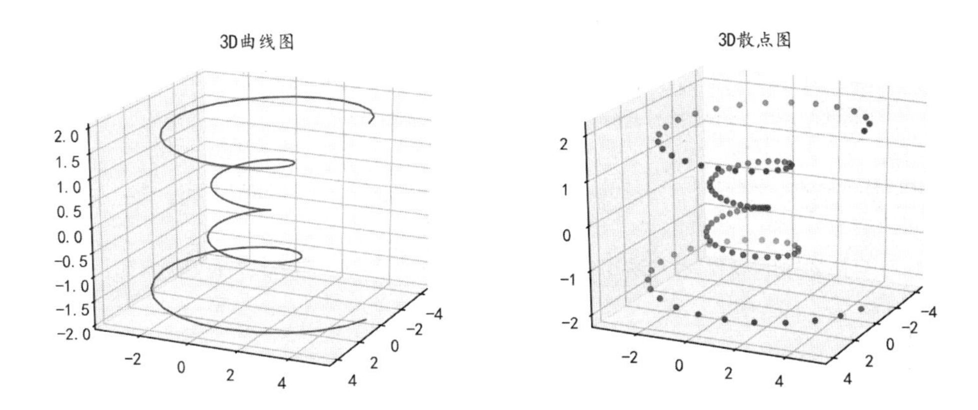

图 1-16　3D 曲线图和 3D 散点图

1.4　本章小结

本章知识点较多，重点是列表、元组、字典、集合，以及 for 循环遍历的方法和函数的编写。

（1）测试变量类型，如下所示：

```
type(变量)
```

（2）转换变量类型，如下所示：

```
str(变量)      #将变量转化为 str
int(变量)      #将变量转化为 int
```

（3）查询已安装的模块或函数，如下所示：

```
help(modules)
```

对于初学者而言，dir()函数和 help()函数可能是最实用的。使用 dir()函数可以查看指定模块或函数中所包含的所有成员或指定对象类型所支持的操作，而使用 help()函数则返回指定模块或函数的说明文档，如下所示：

```
>>> help(list)
```

```
Help on class list in module builtins:
 |  ...
 |  append(...)
 |   L.append(object)-> None -- append object to end
 |  pop(...)
 |   L.pop([index])->item--remove and return item at index (default last).
 |     Raises IndexError if list is empty or index is out of range.
 |  sort(...)
 |     L.sort(key=None, reverse=False) -> None -- stable sort *IN PLACE*
>>>
```

（4）查询相关命令的属性和方法可以使用 dir()函数。例如，使用 dir()函数可以确定列表和元组中是否都有 pop()方法：

```
>>> dir(list)

['__add__', '__class__', '__contains__', '__delattr__', '__delitem__', '__dir__', '__doc__',
'__eq__', '__format__', '__ge__', '__getattribute__', '__getitem__', '__gt__', '__hash__',
'__iadd__', '__imul__', '__init__', '__iter__', '__le__', '__len__', '__lt__', '__mul__',
'__ne__', '__new__', '__reduce__', '__reduce_ex__', '__repr__', '__reversed__', '__rmul__',
'__setattr__', '__setitem__', '__sizeof__', '__str__', '__subclasshook__', 'append', 'clear',
'copy', 'count', 'extend', 'index', 'insert', 'pop', 'remove', 'reverse', 'sort']
>>>
```

由此可以看出，使用 pop 属性和 remove 属性可以删除列表中的元素（pop 属性默认删除最后一个元素，remove 属性删除首次出现的指定元素）。

（5）查询两个变量的存储地址是否一致使用 id()即可。

（6）查询字符的 ASCII 码（十进制整数）：

```
>>> ord('a')
97
>>>
```

反之，也可以根据十进制整数找出对应的字符，如下所示：

```
>>> chr(97)
'a'
>>>
```

（7）计算字符串的长度可以使用 len()函数。

（8）str 通过索引能找出对应的元素，反之通过元素也可以找出索引，如下所示：

```
>>>s='python good'
>>>s[1]
'y'
>>>s.index('y')
1
>>>
```

（9）元组、列表、字符串的相同点。

元组、列表、字符串中的每个元素都可以通过索引来读取，可以使用 len()函数、加法“+”和数乘“*”。数乘表示将元组、列表、字符串重复数倍。

列表的 append()、insert()、pop()、del 和 list[n]赋值等方法/属性均不能用于元组与字符串。

（10）split()方法用于将字符串切分，并将切分结果保存在列表中，如下所示：

```
>>> s='I love python，and\nyou\t?hehe'  #注意中间是中文的逗号
>>> print(s)
I love python，and
you  ?hehe
>>> s.split(",")    #英文的逗号，没有被分隔
['I love python，and\nyou\t?hehe']
>>> s.split("，")   #中文的逗号，结果被分隔
['I love python', 'and\nyou\t?hehe']
>>>
```

当省略分隔符时，会按所有的分隔符分隔，包括“\n”(换行)和“\t”(tab 缩进)等。

```
>>> s.split()
['I', 'love', 'python，and', 'you', '?hehe']
>>>
```

（11）split()方法的逆运算为 jion()方法，如下所示：

```
'sep'.join(list)     #sep 是指分隔符
```

（12）列表和元组之间是可以相互转化的，如 list(tuple)、tuple(list)。

元组的操作速度比列表快；列表可以改变，元组不可以改变，所以可以将列表转化为元组“写保护”；字典中的 key 也要求不可变，所以元组可以作为字典的 key，但元素不能重复。

（13）对字符串检测开头和结尾：

```
string.endswith('str')、string.startswith('str')
```

例如：

```
>>> file = 'F:\\ data\\catering_dish_profit.xls'
>>> file.endswith('xls')          #判断 file 是否以 xls 结尾
True
>>>
>>> url = 'http://www.phei.com.cn'
>>> url.startswith('https')       #判断 url 是否以 https 开头
False
>>>
14.S.replace(被查找词,替换词)      #查找与替换
>>> S='I love python, do you love python?'
>>> S.replace('python','R')
'I love R, do you love R?'
>>>
```

（14）正则 sub 方法。

对于字符串中拟被替换掉的字符可以采用下面的 re.sub()函数。

re.sub(被替词,替换词,替换域, flags=re.IGNORECASE)

re.sub()函数在字符串中查找并进行替换，参数 flags=re.IGNORECASE 表示忽略大小写。

```
>>> import re                                        #导入正则模块
>>> S='I love Python, do you love Python?'
>>> re.sub('Python','R',S)                           #在 S 中用 R 替换 Python
'I love Python, do you love R?'
>>> re.sub('Python','R',S, flags=re.IGNORECASE)      #替换时忽略大小写
'I love R, do you love R?'
>>> re.sub('Python','R',S[0:15], flags=re.IGNORECASE)
'I love R, '
>>>
```

（15）Python 中的命名规则。

Python 变量的命名规则如下。

- 变量名可以由 a～z、A～Z、数字、下画线组成，首字母不能是数字和下画线。
- 大小写敏感，即区分大小写。
- 变量名不能为 Python 中的保留字，如 and、continue、lambda、or 等。
- 其他的包括库名、模块名、局部变量名、函数名：全小写+下画线式驼峰，如 this_is_var。
- 全局变量：全大写+下画线式驼峰，如 GLOBAL_VAR。

- 类名：首字母大写式驼峰，如 ClassName()。

以单下画线开头，是弱内部使用标识，当采用“from M import *”时，将不会导入该对象；以双下画线开头的变量名，主要用于类内部标识类私有，不能直接访问。双下画线开头且双下画线结尾的命名方法尽量不要用，这是标识。

核心提示：避免用下画线作为变量名的开头。Python 用下画线作为变量前缀和后缀有特殊的含义。

_xxx：不能用“from module import *”导入。

__xxx：类中的私有变量名。

__xxx__：系统定义名字。

因为下画线对解释器有特殊的意义，并且是内建标识符所使用的符号，所以一般不使用下画线作为变量名的开头。

一般来讲，单下画线开始的变量名_xxx 被看作“私有的”，在模块或类外不可以使用，意思是只有类对象和子类对象能访问这些变量，以单下画线开头（如_foo）的代表不能直接访问的类属性，需要通过类提供的接口进行访问，也不能用“from xxx import *”导入。当变量是私有时，可以用_xxx 来表示变量。

双下画线开始的是私有成员，表示只有类对象自己能访问，子类对象不能访问，以双下画线开头的（如__foo）代表类的私有成员。

以双下画线开头和结尾的变量名（__xxx__）对 Python 来说有特殊含义，普通变量应当避免使用这种命名风格。以双下画线开头和结尾（__foo__）代表 Python 中特殊方法专用的标识，如__init__()代表类的构造函数。

（16）下面介绍关于 import 的相关内容。

先引入一个问题：

```
>>> a = [0.1, 0.1, 0.1, -0.3]
>>> sum(a)              #计算列表中各元素的和
5.551115123125783e-17
>>>
```

结果为什么约等于 5.55e−17 而不是 0?

浮点数不能精确地表示十进制数，即使是最简单的数学运算也会产生小的误差。

解决方案：使用 math 模块。

具体如下所示：

```
from math import *

a = [0.1, 0.1, -0.2]
fsum(a)
```

输出结果是 0。

这是因为 math 模块中的 fsum()函数解决了这个数学运算产生的误差，所以可以引用 math 模块中的 fsum()函数。当需要引用第三方库和模块时，就需要使用 import 来申明导入。

为了说明问题，下面列举一个例子。假设有 A.py 和 B.py 这两个 Python 文件，其中 A.py 文件中有一个加法函数 add()，现在 B.py 文件要调用 A.py 文件中的 add()函数来计算 2 和 3 的和。

为了使 A.py 文件中定义的函数能够在 B.py 文件中使用，就需要将 A.py 文件导入 B.py 文件中，导入这个命令就是 import，直接在后面跟上文件名 A 就可以，后缀“.py”直接省略。在一般情况下，A.py 文件中定义的函数可能比较多，所以仅仅导入文件还不行，在使用时还要明确指明使用哪个函数，如要计算 2 加 3，在使用时要说明调用 A.py 文件中的 add()函数，故要写成 A.add(2,3)，即图 1-17 中的两行代码就可以解决 2 加 3。

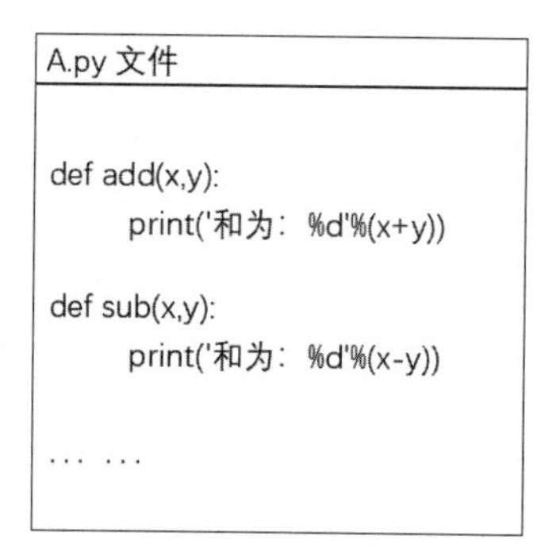

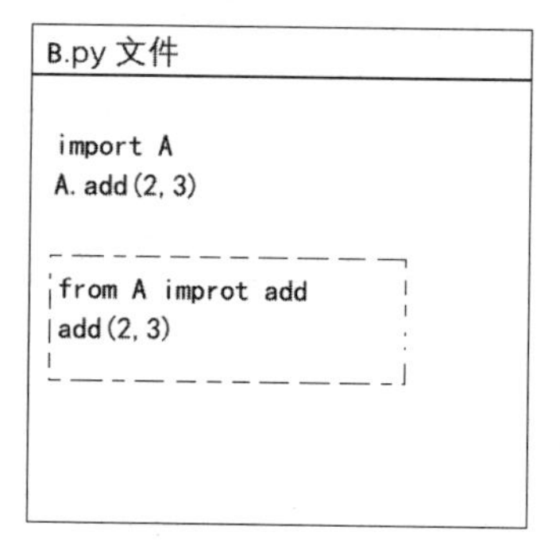

图 1-17 模块的导入

```
import A
A.add(2,3)
```

有时 A.py 文件中可能有大量的函数，但我们只需要其中的一个函数，如上面的 B.py 文件只需要调用 add()函数，此时可以采用下面的写法：

```
from A import add
add(2,3)
```

这种写法的第一行说明了从文件 A 中导入其 add()函数，所以第二行就直接使用 add()函数，不需要说明 add()函数来自文件 A，省略了“A.”的写法。

当然，“from math import *”表示从 math 模块中导入所有的函数。尽管这样可以一次导入所有的函数，方便后面的使用，但是也带来了一些问题，如增加了内存不必要的开销，因为不需要使用其中所有的函数，另外还带来了一个“坑”——函数重名。

函数非常多，不同的文件中可能存在函数重名的现象，假设在 B.py 文件中不仅要导入 A.py 文件，还要导入 C.py 文件或更多的其他文件，而 C.py 文件中也有 add()函数，如果都采用“from math import *”模式导入，就会引起不必要的冲突。所以，在导入文件时尽量不使用这种全导入模式“from math import *”。

需要说明的是，这里用 A.py 文件来说明如何导入文件，其实导入库、模块、函数、类使用的是同样的方法。有时库名、模块名很长，如果每次使用其中的一个函数，写起来就很费劲，如数据可视化作图时会用到 matplotlib.pyplot 模块中的 plot()函数，首先要导入 import matplotlib.pyplot，再调用 plot()画图，即使用 matplotlib.pyplot.plot()，每次都要写 matplotlib.pyplot，这显然不方便，所以为了减少按键的次数，可以采用别名 as，matplotlib.pyplot 的别名使用 plt，用 as 进行说明，于是就可以将 import matplotlib.pyplot 改写成 import matplotlib.pyplot as plt，故 matplotlib.pyplot.plot()就可以写成 plt.plot()，这样就非常方便。例如，NumPy 库常用的别名为 np，Pandas 库常用的别名为 pd。

第 2 章 天气数据的获取与建模分析

天气数据在日常生活中随处可见，并且在商业和日常生活中均有非常广泛的用途。虽然气象数据具有一定的专业性，但是日常的天气数据非常直观且易于理解。本章作为本书数据分析的起点，主要介绍 Python 编程、数据分析、机器学习的入门，并未涉及过多气象方面的专业知识，使用的也是人们容易理解的数据。天气数据既可以通过国家气象官网下载获得，也可以通过网络抓取得到。本章主要包括以下几方面内容：数据抓取；通过折线图、柱状图、气泡云图、饼图、风玫瑰图等方式，展示深圳的历史天气情况；利用机器学习，通过一元线性回归、多元线性回归的方法，对气温进行预测。各节之间既相对独立又循序渐进，由浅入深，构成一个完整的数据分析与建模过程。每段程序在 Anaconda Spyder 编辑器下经过简单修改就可以运行，方便读者参考学习。本章中数据获取网站为笔者自己架设，原始数据来自国家气象局，并且经过笔者整理。

2.1 准备工作

1. 编程环境

（1）操作系统：Windows 10 64 位操作系统。

（2）运行环境：Python 3.8.5，Anaconda 下的 Spyder 编辑器。

2. 涉及的依赖库

本节对涉及的依赖库 Pandas、NumPy、Matplotlib、Seaborn 等不做介绍，读者可以查找相关资料作为参考，下面简要介绍以下几个库。

1）BeautifulSoup 库

BeautifulSoup 是使用 Python 编写的 HTML 和 XML 解析库，语法简练，简单易学，对初学者比较友好。在 Anaconda Prompt 中输入“pip install bs4”即可安装 BeautifulSoup 库。

2）Requests 库

Requests 是一个用于向网页发送请求的第三方 HTTP 库。在 Anaconda Prompt 中输入“pip install requests”即可安装 Requests 库。

3）scikit-learn 库

scikit-learn 不仅是基于 Python 的机器学习工具包，还是简单高效的数据挖掘和数据分析工具。其包含回归、分类、聚类、降维等传统机器学习模块，可供用户在各种环境中调用。在 Anaconda Prompt 中输入“pip install scikit-learn”即可安装 scikit-learn 库。

4）statsmodels 库

statsmodels 是一个统计分析包，不仅包含经典统计学、经济学算法，还包含多种统计模型。在 Anaconda Prompt 中输入“pip install statsmodels”即可安装 statsmodels 库。

5）windrose 库

windrose 是一个用于绘制风向、风力等级的 Python 库，风玫瑰图可以形象地展示风向、风力的分布。在 Anaconda Prompt 中输入“pip install windrose”即可安装 windrose 库，如图 2-1 所示。

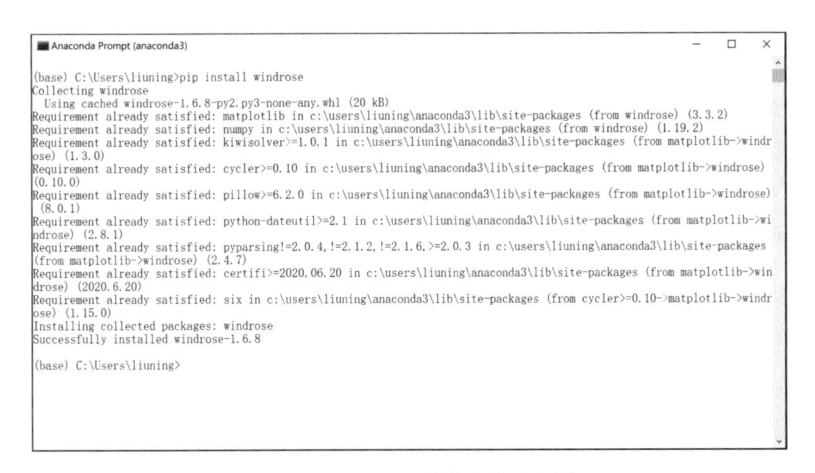

图 2-1　windrose 库的安装示意图

2.2 利用抓取方法获取天气数据

网络抓取数据（又称爬虫）涉及的知识点相对较多，随着技术的更迭，多数网站都有“反爬”机制。结合需求，本节选择笔者自己架设的天气网页作为爬取对象，一方面，因网站为笔者架设，仅为学习使用，所以仅提供了简洁的数据格式，方便初学者理解；另一方面，因仅为案例教学使用，不需要真实数据。

本节虽然是比较基础的抓取方法入门实践，但是也需要读者对网页构成等知识有一定的了解。即使读者不了解相关知识，也可以先运行程序，待程序调试成功，再反过来查询每行代码的含义。对于本章的每段程序，读者仅仅需要将相关参数（存储路径等）改为自己计算机的参数就可以运行，方便实践。

对网站数据的抓取一般建立在对网页有一定认识的基础之上，从抓取一个网页开始，待抓取成功后，再推广到抓取所有数据（见图 2–2）。

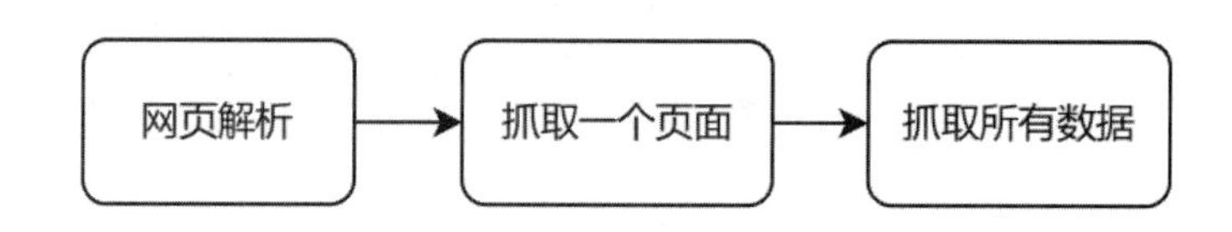

图 2-2　抓取的基本流程

2.2.1　网页解析

1. 解析一个静态网页

本节使用的是谷歌的 Chrome 浏览器，进入该天气网 2020 年 11 月深圳天气页面，在网页中右击，在弹出的快捷菜单中选择“检查”命令，弹出如图 2–3 所示的界面（2021 年 1 月查看时的网页）。

当鼠标指针在代码上移动时，网页中相应的元素被选中，当鼠标指针移动至图 2–4 中的 A 处（<ul class="thrui">）时，左侧边框中 2020 年 11 月历史天气数据被选中。

日期	最高气温	最低气温	天气	风向
2020-11-01 星期日	27℃	20℃	多云	东南风 2级
2020-11-02 星期一	27℃	21℃	阴~多云	东北风 3级
2020-11-03 星期二	25℃	20℃	多云	东北风 3级
2020-11-04 星期三	25℃	20℃	阴~多云	东风 2级
2020-11-05 星期四	27℃	20℃	晴	东风 2级
2020-11-06 星期五	28℃	21℃	多云	东北风 2级
2020-11-07 星期六	29℃	21℃	多云	东北风 3级
2020-11-08 星期日	27℃	20℃	多云	东北风 3级
2020-11-09 星期一	26℃	21℃	多云	东北风 3级
2020-11-10 星期二	24℃	19℃	阴~多云	东北风 3级
2020-11-11 星期三	26℃	19℃	多云	东北风 2级
2020-11-12 星期四	27℃	19℃	晴~多云	东北风 2级
2020-11-13 星期五	26℃	20℃	阴	东北风 3级
2020-11-14 星期六	24℃	20℃	阴~小雨	东北风 2级

```
Elements  Console  Sources  Network  Performance  Memory  »  1  16
  ▶<div class="crumbs">…</div>
   <div class="blank20"></div>
  ▶<div class="inleft_tian">…</div>
  ▼<div class="tian_three">
    ▶<div class="flex thalin">…</div>
    ▼<ul class="thrui">
      ▼<li>
          <div class="th200">2020-11-01 星期日 </div>
          <div class="th140">27℃</div>
...       <div class="th140">20℃</div> == $0
          <div class="th140">多云</div>
          <div class="th140">东南风 2级 </div>
        </li>
      ▶<li>…</li>
      ▼<li>
          <div class="th200">2020-11-03 星期… </div>
          <div class="th140">25℃</div>
          <div class="th140">20℃</div>
          <div class="th140">多云</div>
html  body  div.main.clearfix  div.main_left.inleft  div.tian_three  ul.thrui  li  div.th140
Styles  Event Listeners  DOM Breakpoints  Properties  Accessibility
Filter                                        :hov  .cls  +
element.style {
}
.inleft .tian_three .thrui li>div:nth-child(3) {      lishi.css:51
  color: #3390FF;
}
.inleft .tian_three .thrui li>div {                   lishi.css:49
  border-right: ▶ 1px solid #E6E6E6;
}
.inleft .tian_three .th140 {                          lishi.css:45
  width: 140px;
}
span, p, div, h1, h2, h3, img {                       lishi.css:5
  box-sizing: border-box;
}
* {                                                   <style>
  font-family: 微软雅黑;

margin  border  padding  138.634 × 46
Filter  Show all
▶ border-right-color
  rgb(230, 230, 230)
▶ border-right-style
  solid
▶ border-right-width
```

图 2-3　某天气网 2020 年 11 月深圳天气页面

ul.thrui 758 × 1420

日期	最高气温	最低气温	天气	风向
2020-11-01 星期日	27℃	20℃	多云	东南风 2级
2020-11-02 星期一	27℃	21℃	阴~多云	东北风 3级
2020-11-03 星期二	25℃	20℃	多云	东北风 3级
2020-11-04 星期三	25℃	20℃	阴~多云	东风 2级
2020-11-05 星期四	27℃	20℃	晴	东风 2级
2020-11-06 星期五	28℃	21℃	多云	东北风 2级
2020-11-07 星期六	29℃	21℃	多云	东北风 3级
2020-11-08 星期日	27℃	20℃	多云	东北风 3级
2020-11-09 星期一	26℃	21℃	多云	东北风 3级
2020-11-10 星期二	24℃	19℃	阴~多云	东北风 3级
2020-11-11 星期三	26℃	19℃	多云	东北风 2级
2020-11-12 星期四	27℃	19℃	晴~多云	东北风 2级
2020-11-13 星期五	26℃	20℃	阴	东北风 3级

```
Elements  Console  Sources  Network  Performance  Memory  »  1  16
<!doctype html PUBLIC "-//W3C//DTD XHTML 1.0 Transitional//EN"
"http://www.w3.org/TR/xhtml1/DTD/xhtml1-transitional.dtd">
<html xmlns="http://www.※※org/1999/xhtml">
▶<head>…</head>
▼<body>
  ▶<div id="BAIDU_DUP_fp_wrapper" style="position: absolute; left: -1px; bottom: -1px; z-
  index: 0; width: 0px; height: 0px; overflow: hidden; visibility: hidden; display: none;">…
  </div>
  ▶<div class="hhx_newheader">…</div>
  ▶<div class="※※※※header_box">…</div>
  ▶<script type="text/javascript">…</script>
  ▶<script>…</script>
   <div style="clear: both;"></div>
  ▶<div class="※※※※pub_nav_box">…</div>
  ▶<script type="text/javascript">…</script>
  ▶<div style="text-align: center;margin-top: 10px;">…</div>
   <div class="blank20"></div>
  ▼<div class="main clearfix">
    ▼<div class="main_left inleft">
      ▶<div class="crumbs">…</div>
       <div class="blank20"></div>
      ▶<div class="inleft_tian">…</div>
      ▼<div class="tian_three">
        ▶<div class="flex thalin">…</div>
...     ▼<ul class="thrui"> == $0                          ← A
          ▼<li>
              <div class="th200">2020-11-01 星期日 </div>
              <div class="th140">27℃</div>
              <div class="th140">20℃</div>
              <div class="th140">多云</div>
              <div class="th140">东南风 2级 </div>
            </li>
          ▶<li>…</li>
html  body  div.main.clearfix  div.main_left.inleft  div.tian_three  ul.thrui
Styles  Event Listeners  DOM Breakpoints  Properties  Accessibility
Filter                                        :hov  .cls  +
element.style {
}
margin  border
```

图 2-4　月度天气块

继续移动鼠标指针，当移动至图 2-5 中的 B 处（<li>）时，对应页面中 2020 年 11 月 1 日的天气情况被选中。

当鼠标指针移动至图 2-6 中的 C 处（<div class="th200">2020-11-01 星期日</div>）时，对应左侧边框中“2020-11-01 星期日”模块被选中。

依次类推就可以解析 2020 年 11 月中每天的天气情况的代码模块。

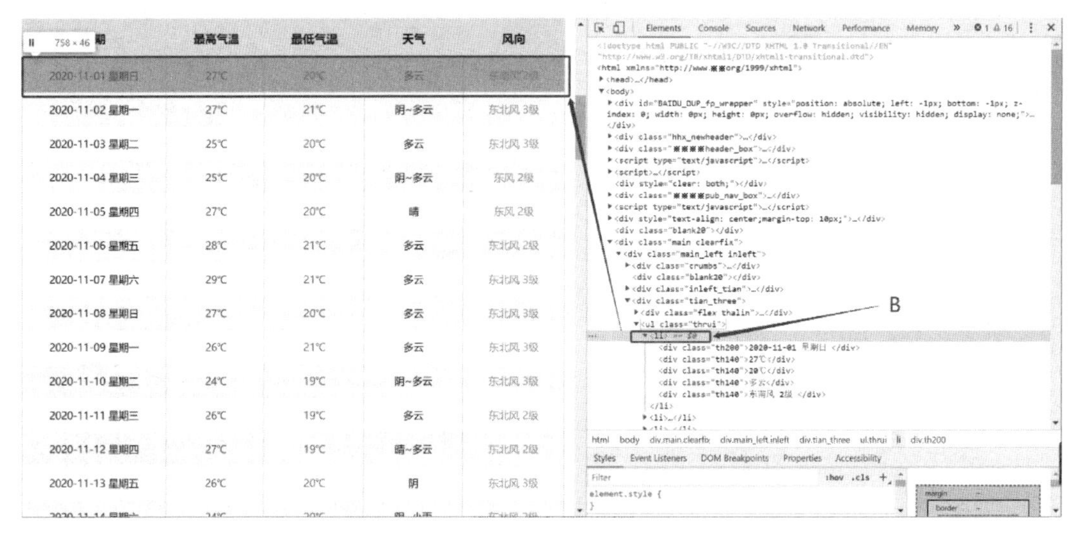

图 2-5　某日天气代码

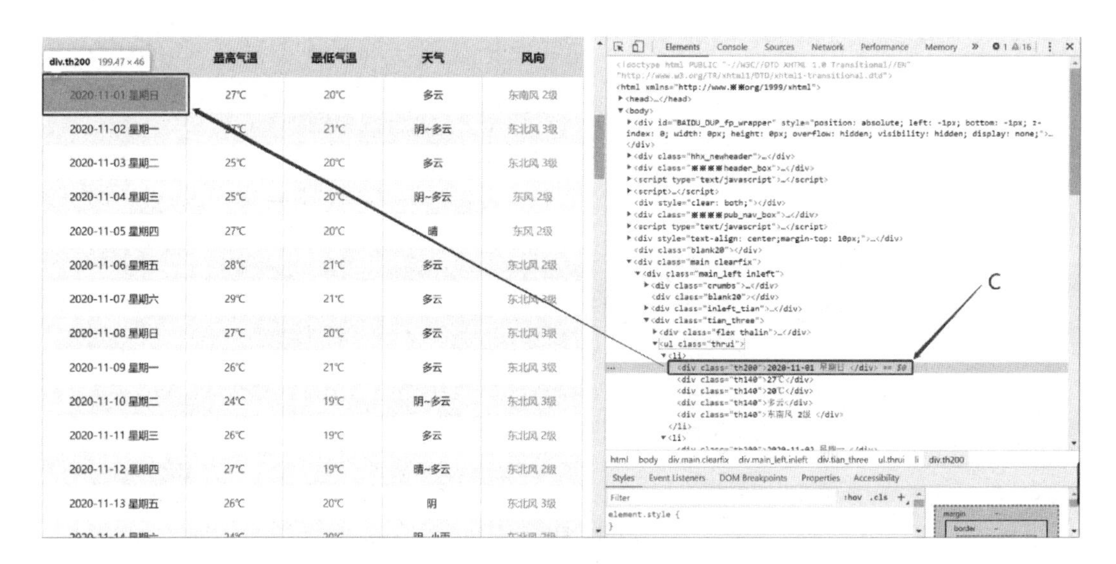

图 2-6　天气的具体数据

2. 解析所有网页的规则

对网址进行分析可以发现，当改变图 2-7 中 D 处的数字（年月数字组合）时，就可以获得对应年月的历史天气数据，也就是说，可以通过改变网址查询不同年月的历史天气数据。

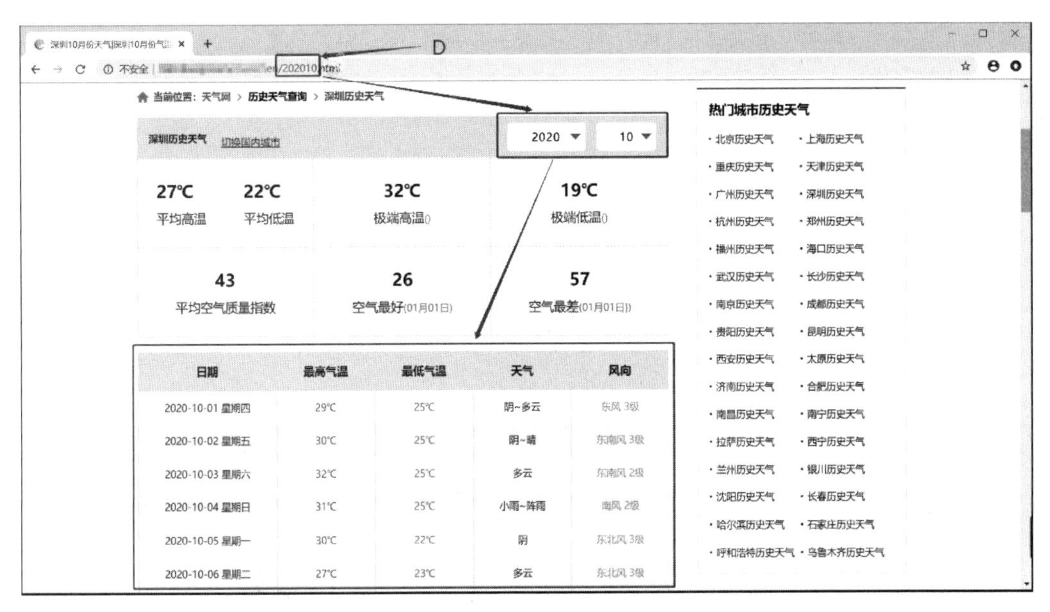

图 2-7　每月天气分布情况

2.2.2　抓取一个静态页面中的天气数据

由于整个历史天气数据按月份分布在多个网页中，为了将问题简化，本节先尝试抓取一个网页（某月）中的天气数据。下面这段代码便实现了对 2020 年 11 月历史天气数据的抓取：

```
import requests #导入 Requests 库
from bs4 import BeautifulSoup
import pandas as pd

url = "http://lishi.******.com/shenzhen/202011.html" #此处*为笔者自己架设的天气官网
headers = {'user-agent':'Mozilla/5.0 (Windows NT 10.0; Win64; x64) AppleWebKit/537.36 (KHTML, like
Gecko) Chrome/78.0.3904.70 Safari/537.36'}
#设置请求头，防止被反爬

html = requests.get(url,headers=headers)            #使用 Requests 库发送网络请求
html.encoding = 'utf-8'                             #设置编码方式
#print(html.text)                                   #以文本形式打印网页源码

soup = BeautifulSoup(html.text, 'lxml')             #转化成 BeautifulSoup 对象
weather_list = soup.select('ul[class="thrui"]')     #选取每日天气的块
#print(weather_list)
```

```
df_empty = pd.DataFrame(columns=['date','maxTem','minTem','weather','wind'])
#创建空 DataFrame
for weather in weather_list:  #weather_list 列表只包含一个元素
    ul_list = weather.select('li')
    for li in ul_list:
        div_list = li.select('div')
        shuchu=[]
        for div1 in div_list:
            df1 = div1.string  #获取内容
            shuchu.append(df1) #将每个字符添加到列表后面，组成一个列表
#        print(shuchu)
         df_empty.loc[len(df_empty)] = shuchu #增加行
print(df_empty)
df_empty.to_excel('……/01_weather202011.xlsx')
#保存为 Excel 表格，此处需要更改计算机路径
```

抓取过程主要包括以下几个步骤。

1．设置请求头信息

由于现行网站大都有一定的反爬措施，为了顺利抓取数据，有时需要将爬虫进行伪装，设置请求头，可以让抓取过程更像是一个用户在使用浏览器浏览数据。关于浏览器请求头信息的获得，可以参照附录 A。

2．使用 Requests 库发送网络请求

本例使用 requests.get()获取一个名为 html 的 Response 对象，访问成功之后就可以获得所有网页的信息，并且可以通过 html.text 进行展示。前几行信息如下：

```
<!DOCTYPE html PUBLIC "-//W3C//DTD XHTML 1.0 Transitional//EN"
"http://www.**.org/TR/xhtml1/DTD/xhtml1-transitional.dtd">
<html xmlns="http://www.**.org/1999/xhtml">
<head>
<meta http-equiv="Content-Type" content="text/html; charset=utf-8">
<title>深圳 11 月份天气|深圳 11 月份气温|深圳 2020 年 11 月份历史天气—全球天气网</title>
<meta name="keywords" content="深圳 11 月份天气,深圳 11 月份气温">
<meta content="全球天气网（www.******.com）提供深圳 11 月份天气数据，深圳 2020 年 11 月份历史天气记录，深圳 11 月份气温走势、风向等数据。了解深圳过去 11 月份天气，让您 11 月出行更方便。" name="description">
<meta http-equiv='mobile-agent' content=''>
<link rel='canonical' href=''>
<link href="//staticls.************.com/static/css/pub.css" rel="stylesheet" type="text/css">
<link href="//staticls.************.com/static/css/lishi.css" rel="stylesheet" type="text/css">
<link href="//staticls.************.com/static/css/global.css" rel="stylesheet"
```

```
type="text/css">
<link href="//staticls.******static.com/static/css/history_weather.css?v=1" rel="stylesheet"
type="text/css">
<script type="text/javascript"
src="//staticls.******static.com/static/js/jQuery.1.8.2.min.js"></script>
<script src="//staticls.******static.com/static/js/echarts.min.js"></script>
<script type="text/javascript"
src="//staticls.******static.com/static/js/lishi_tg.js"></script>
<script>
```

3. 使用 BeautifulSoup 库提取数据

BeautifulSoup 是一个可以从 HTML 或 XML 文件中提取数据的库，其本身并不能访问网页，需要 Requests 等库获取网页代码之后，再由 BeautifulSoup 库处理。这里使用效率更高的 lxml 作为解析器，通过 BeautifulSoup(html.text,'lxml')方法解析这段代码,能够得到一个 BeautifulSoup 对象。

除了可以使用 find()、findall()等函数提取数据，BeautifulSoup 库还支持大部分 CSS 选择器，在 BeautifulSoup 对象的.select()方法中传入字符串参数,可以使用 CSS 选择器的语法找到标签。经过前面对网页的解析，月度天气数据设置在<ul class="thrui">中。每日的天气数据集中在每个<li>中，具体的天气信息分布在每个<div>中。

先通过 soup.select('ul[class="thrui"]')语句，选择了 2020 年 11 月的天气情况数据；然后通过两层循环，使用.select()方法获取了每天的天气数据；最后保存在空 DataFrame 数据框中，生成包含日期（“date”列）、当日最高气温（“maxTem”列）、当日最低气温（“minTem”列）、当日天气情况（“weather”列）、当日风向风力情况（“wind”列）的数据，并以 Excel 表格的形式存储。抓取的 2020 年 11 月深圳历史天气数据如表 2-1 所示。

表 2-1　抓取的 2020 年 11 月深圳历史天气数据

序号	date	maxTem	minTem	weather	wind
0	2020-11-01 星期日	27℃	20℃	多云	东南风 2 级
1	2020-11-02 星期一	27℃	21℃	阴~多云	东北风 3 级
2	2020-11-03 星期二	25℃	20℃	多云	东北风 3 级
3	2020-11-04 星期三	25℃	20℃	阴~多云	东风 2 级
4	2020-11-05 星期四	27℃	20℃	晴	东风 2 级
5	2020-11-06 星期五	28℃	21℃	多云	东北风 2 级
6	2020-11-07 星期六	29℃	21℃	多云	东北风 3 级
7	2020-11-08 星期日	27℃	20℃	多云	东北风 3 级

续表

序号	date	maxTem	minTem	weather	wind
8	2020-11-09 星期一	26℃	21℃	多云	东北风 3 级
9	2020-11-10 星期二	24℃	19℃	阴~多云	东北风 3 级
10	2020-11-11 星期三	26℃	19℃	多云	东北风 2 级
11	2020-11-12 星期四	27℃	19℃	晴~多云	东北风 2 级
12	2020-11-13 星期五	26℃	20℃	阴	东北风 3 级
13	2020-11-14 星期六	24℃	20℃	阴~小雨	东北风 2 级
14	2020-11-15 星期日	26℃	20℃	阴~多云	东北风 2 级
15	2020-11-16 星期一	28℃	21℃	多云	东南风 2 级
16	2020-11-17 星期二	27℃	22℃	多云	东南风 3 级
17	2020-11-18 星期三	30℃	24℃	阴~多云	东南风 2 级
18	2020-11-19 星期四	29℃	24℃	多云	东南风 2 级
19	2020-11-20 星期五	29℃	22℃	多云	东南风 2 级
20	2020-11-21 星期六	27℃	22℃	小雨~多云	东南风 3 级
21	2020-11-22 星期日	30℃	20℃	阴~多云	东南风 2 级
22	2020-11-23 星期一	23℃	20℃	小雨~多云	东风 2 级
23	2020-11-24 星期二	26℃	20℃	阴~多云	东风 2 级
24	2020-11-25 星期三	27℃	21℃	多云	东风 2 级
25	2020-11-26 星期四	29℃	19℃	多云~晴	东北风 2 级
26	2020-11-27 星期五	24℃	17℃	晴	东北风 3 级
27	2020-11-28 星期六	22℃	15℃	多云	东北风 3 级
28	2020-11-29 星期日	22℃	16℃	多云	东北风 3 级
29	2020-11-30 星期一	21℃	15℃	阴~多云	东北风 3 级

关于 BeautifulSoup 库更详细的使用方法，读者可以参考“Beautiful Soup 4.4.0 文档”，以及《Requests：让 HTTP 服务人类》。

2.2.3 抓取历史天气数据

在获取完某月的天气数据之后，接下来尝试抓取整个历史天气数据，网站提供的最早天气数据为 2011 年。如下程序用来抓取 2011 年 1 月—2020 年 12 月的天气数据：

```
from bs4 import BeautifulSoup
import requests
```

```
import pandas as pd
import time

def get_url(city):                                    #定义获取链接函数
    url_list = []
    for year in range(2011, 2021):
        for month in range(1, 13):
            y = year*100 + month
            url1 = "http://lishi.******.com/"+city +"/"+ str(y) + ".html"
            url_list.append(url1)
    return url_list

def get_weather_month(url):                           #定义获取每月天气函数
headers = {'user-agent':'Mozilla/5.0 (Windows NT 10.0; Win64; x64) AppleWebKit/537.36 (KHTML, like
Gecko) Chrome/78.0.3904.70 Safari/537.36'}
#设置请求头，防止被反爬
df_empty = pd.DataFrame(columns=['date','maxTem','minTem','weather',
                        'wind'])                      #创建空 DataFrame
    html = requests.get(url,headers=headers)          #使用 Requests 库发送网络请求
    html.encoding = 'utf-8'                           #设置编码方式
    soup = BeautifulSoup(html.text, 'lxml')           #转化成 BeautifulSoup 对象
    weather_list = soup.select('ul[class="thrui"]')  #选取每月天气的块
    for weather in weather_list:
        ul_list = weather.select('li')                #查找标签为 li 的模块
        for li in ul_list:
            div_list = li.select('div')
            shuchu=[]
            for div1 in div_list:
                df1 = div1.string                     #获取内容
                shuchu.append(df1)                    #将每个字符添加到列表后面，组成一个列表
            df_empty.loc[len(df_empty)] = shuchu      #增加行
    return df_empty

if __name__ == '__main__':                            #主函数
    city = "shenzhen"
    all_url = get_url(city)
all_weather = pd.DataFrame(columns=['date','maxTem','minTem', 'weather',
                        'wind'])                      #创建空 DataFrame
    for url in all_url:
```

```
        every_month_weather = get_weather_month(url)
        all_weather = pd.concat([all_weather,every_month_weather],
                                 ignore_index=True)    #将抓取的每月的数据合并
        print(all_weather)
        time.sleep(3) #抓取每个月的数据后停顿 3 秒，避免频繁发送请求被服务器屏蔽
all_weather.to_excel('…/02_all_weather.xlsx')
#保存为 Excel 表格，此处需要更改计算机路径
```

通过对天气网的页面进行解析可知，每个月的历史天气的命名规则为"http://lishi.******.com/城市名称/年月.html"。上述程序定义了两个函数：一是 get_url(city)函数，用于获取指定城市 2011 年 1 月—2020 年 12 月的天气数据的网址；二是 get_weather_month(url)函数，用于获取特定年月的天气数据。经过主函数的循环调用，进而获取 2011 年 1 月—2020 年 12 月的所有天气数据。部分历史天气数据如表 2-2 所示。

表 2-2　部分历史天气数据

序号	date	maxTem	minTem	weather	wind
0	2011-01-01 星期六	20℃	12℃	晴	无持续风向 微风
1	2011-01-02 星期日	22℃	13℃	多云	无持续风向 微风
2	2011-01-03 星期一	22℃	14℃	多云	无持续风向 微风
3	2011-01-04 星期二	23℃	13℃	多云	无持续风向~东北风 微风~3-4 级
4	2011-01-05 星期三	19℃	10℃	阴~多云	东北风 3-4 级
5	2011-01-06 星期四	16℃	12℃	多云	无持续风向 微风
6	2011-01-07 星期五	19℃	14℃	多云	无持续风向 微风
7	2011-01-08 星期六	20℃	14℃	多云	无持续风向 微风
8	2011-01-09 星期日	18℃	10℃	多云~小雨	无持续风向 微风
9	2011-01-10 星期一	13℃	8℃	小雨~多云	无持续风向 微风
⋮	⋮	⋮	⋮	⋮	⋮
3619	2020-12-27 星期日	26℃	17℃	多云	东北风 1 级
3620	2020-12-28 星期一	26℃	17℃	晴~多云	东南风 2 级
3621	2020-12-29 星期二	26℃	10℃	多云	北风 2 级
3622	2020-12-30 星期三	15℃	5℃	晴	东北风 5 级
3623	2020-12-31 星期四	17℃	8℃	晴	东北风 2 级

至此，抓取到了 2011 年 1 月—2020 年 12 月深圳的天气数据。数据以"02_all_weather.xlsx"的形式保存在计算机指定的文件夹中，同时作为后续数据分析的数据来源。

2.3 天气数据可视化

前面利用爬虫获取了深圳的历史天气数据，如果读者对爬虫还心存疑惑，也不必担心，可以直接下载“02_all_weather.xlsx”数据集，先行实践本节内容，随着学习的深入可以再深入研究爬虫的相关知识。

2.3.1 查看数据基本信息

```
import pandas as pd      #导入 Pandas 库

df1 = pd.read_excel('…/02_all_weather.xlsx',sheet_name='Sheet1',index_col=0)
#读取历史天气数据
print(df1.head(5))       #打印前 5 行数据
print(df1.info())        #快速浏览数据基本信息
```

Pandas 是贯穿于本书的一个基本库。由于 Pandas 库具有灵活的数据操作能力，因此其在数据读取、清洗、切片、聚合等方面经常被用到。Pandas 库包含两个常用的数据结构，即 Series（一维数组型对象）和 DataFrame（表示矩阵的数据表），在后续章节中会多次使用这两个数据结构。

前面通过爬虫的方式获取数据，所以读者对数据格式已经有了基本了解。在数据分析中，我们得到的经常是一份陌生的数据，如果希望对数据有简单的了解，则可以使用 head()函数查看前几行数据的分布情况。这里使用 df1.head(5)查看前 5 行数据，其和前面抓取的结果是一致的：

```
        date          maxTem  minTem  weather          wind
0  2011-01-01 星期六   20℃     12℃     晴          无持续风向 微风
1  2011-01-02 星期日   22℃     13℃     多云        无持续风向 微风
2  2011-01-03 星期一   22℃     14℃     多云        无持续风向 微风
3  2011-01-04 星期二   23℃     13℃     多云     无持续风向~东北风 微风~3-4 级
4  2011-01-05 星期三   19℃     10℃    阴~多云        东北风 3-4 级
```

dataframe.info()函数可以用于获取 DataFrame 的简要摘要，通过 df1.info()可以基本了解数据集的统计信息。数据集为 3600 行、5 列；5 列的数据类型均为“object”，其中“weather”列的数据仅为 3599 个，这说明出现了缺失。接下来使用 print(df1.info())语句打印历史天气数据摘要信息：

```
<class 'pandas.core.frame.DataFrame'>
Int64Index: 3600 entries, 0 to 3599
Data columns (total 5 columns):
 #   Column   Non-Null Count  Dtype
---  ------   --------------  -----
 0   date     3600 non-null   object
 1   maxTem   3600 non-null   object
 2   minTem   3600 non-null   object
 3   weather  3599 non-null   object
 4   wind     3600 non-null   object
dtypes: object(5)
memory usage: 168.8+ KB
None
```

随着学习的深入，需要处理的数据集也越来越复杂。dataframe.info()函数可以帮助开发者快速了解数据结构，在后续章节中会多次用到该函数。

2.3.2 变换数据格式

为了适应后续的数据分析，需要对数据格式进行变换：

```
import pandas as pd #导入 Pandas 库
import numpy as np

df = pd.read_excel('…/02_all_weather.xlsx',sheet_name='Sheet1',index_col=0)
#读取历史天气数据

#一、日期变换，分列
df_date = df['date'].str.split(expand=True)      #未指定分列方式，按空格进行拆分
# print(df_date.head())
df['date'] = df_date.get(0)
# print(df.head())
# print(df.info())                                #快速浏览数据基本信息

#二、气温数值化
df['maxTem'] = df['maxTem'].str.replace('℃','').astype(np.float64)
#采用 replace()函数将温度单位（℃）替换为空字符，实现将“maxTem”列字符串转换为浮点数
df['minTem'] = df['minTem'].str.extract('(\d+)').astype(np.float64)
#采用 extract()函数提取“minTem”列中的数值，实现将“minTem”列字符串转换为浮点数
# print(df1.head(5))
```

```
#三、风向处理
df_wind = df['wind'].str.split(expand=True)
df_wind_split = df_wind.rename(columns={0:'wind_direction',1:'wind_speed'})#改变列名称
# print(df_wind_split.head())

#四、连接多个数据帧
df2 = pd.concat([df,df_wind_split],axis=1)        #连接数据帧
df_new = df2.drop('wind',axis=1)
# print(df_new.head())
# print(df_new.info())                            #快速浏览数据基本信息
print(df_new.describe())                          #描述数据

#df_new.to_excel('…/03_newDate.xlsx')             #保存为 Excel 表格，此处需要更改计算机地址
```

1）“date”列数据拆分

在后续的数据分析中，星期字段的数据并没有用到，因此这里使用 split()函数，以空格作为分隔符，对“date”列数据进行拆分，并使用 get()函数提取日期数据，处理后的“date”列仅保留“年-月-日”形式的数据。

2）气温数值化

由于前面抓取的数据均为“object”格式，而在后面的数据分析中多次用到数值型数据。这里提供了两种对“maxTem”列、“minTem”列数据进行处理的方法。对“maxTem”列的数据处理采用的是 replace()函数，将单位“℃”替换成空字符。而对“minTem”列的数据处理采用的是 extract()函数，提取其中的数字部分。这两种方法均实现了将字符转换成数字的目的。

3）风向、风速数据处理

对“wind”列的数据处理使用的是 split()函数，以空格作为分隔符，将“wind”列数据拆分成“wind_direction”（风向）和“wind_speed”（风速）两列数据。最后通过 concat()函数将拆分后的数据连接到原始数据中，实现对数据格式的基本变换。格式处理后的数据集如表 2-3 所示。

表 2-3 格式处理后的数据集

序号	date	maxTem	minTem	weather	wind_direction	wind_speed
0	2011-01-01	20	12	晴	无持续风向	微风
1	2011-01-02	22	13	多云	无持续风向	微风
2	2011-01-03	22	14	多云	无持续风向	微风

续表

序号	date	maxTem	minTem	weather	wind_direction	wind_speed
3	2011-01-04	23	13	多云	无持续风向~东北风	微风~3-4 级
4	2011-01-05	19	10	阴~多云	东北风	3-4 级
⋮	⋮	⋮	⋮	⋮	⋮	⋮
3619	2020-12-27	26	17	多云	东北风	1 级
3620	2020-12-28	26	17	晴~多云	东南风	2 级
3621	2020-12-29	26	10	多云	北风	2 级
3622	2020-12-30	15	5	晴	东北风	5 级
3623	2020-12-31	17	8	晴	东北风	2 级

describe()函数可以用来获取数值型数据的描述性统计量，因为本节的数据集中只有“maxTem”列和“minTem”列为数值型数据。处理后有 3624 行数据，“maxTem”列的均值为 26.746 413，标准差为 5.406 877，最小值为 5，第 25 百分位数为 23，第 50 百分位数为 28，第 75 百分位数为 31，最大值为 36，如下所示：

```
            maxTem       minTem
count  3624.000000  3624.000000
mean     26.746413    20.985927
std       5.406877     5.699589
min       5.000000     0.000000
25%      23.000000    17.000000
50%      28.000000    22.000000
75%      31.000000    26.000000
max      36.000000    34.000000
```

2.3.3 气温走势的折线图

本节主要在 2.3.2 节的基础上，利用折线图展现深圳 2011—2020 年日最低气温的走势，如下所示：

```
import pandas as pd
import matplotlib.pyplot as plt

df_new = pd.read_excel('…/03_newDate.xlsx',sheet_name='Sheet1',index_col=0)
#读取历史天气数据
df_new.index = df_new['date']                           #索引值修改为日期
```

```
df_new['minTem'].plot(figsize=(20, 10))                          #作图
plt.xlabel('date',fontsize=20)                                   #设置 X 轴名称
plt.ylabel('temperature',fontsize=20)                            #设置 Y 轴名称
plt.title('Min Temperature(2011-2020)',fontsize=20)  #设置图片标题
plt.tick_params(labelsize=15)
plt.show()
```

先将数据索引修改为日期，并通过 plot()函数绘制 2011—2020 年深圳日最低气温的走势（见图 2-8）。通过折线图可以看出，深圳的气温每年表现出较强的周期性，2017 年 10 月 26 日—29 日，最低气温达到 0℃，这和人们的日常经验有一些出入，后续分析可能需要重点关注该类突变数据。另外，数据也出现了一些缺失。

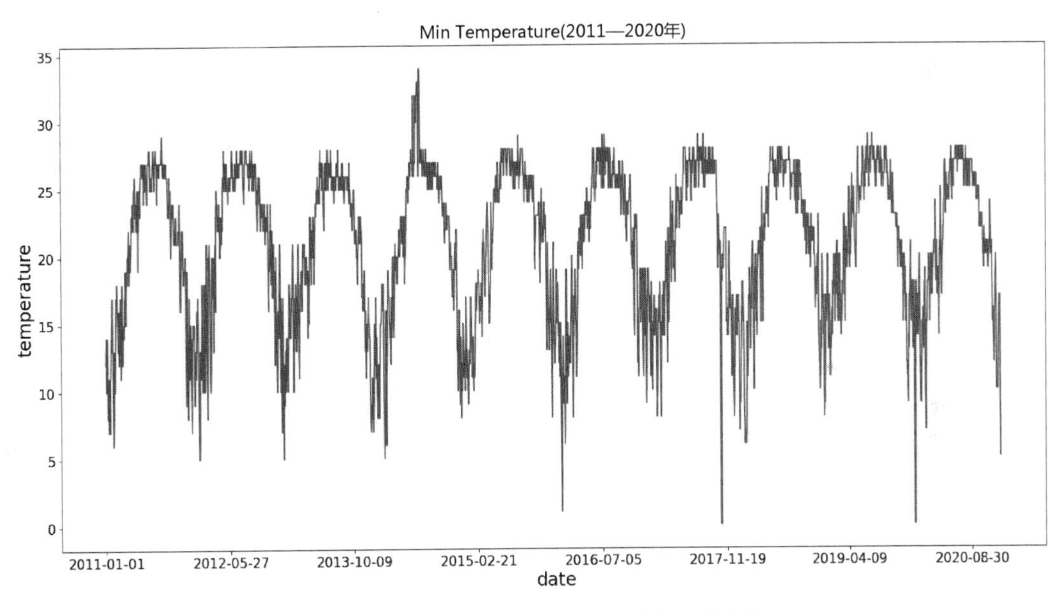

图 2-8　2011—2020 年深圳日最低气温的走势

2.3.4　历年气温对比图

下面绘制深圳日最高气温历年对比图：

```
import pandas as pd
import matplotlib.pyplot as plt
from matplotlib.font_manager import FontProperties

df_new = pd.read_excel('…/03_newDate.xlsx',sheet_name='Sheet1',index_col=0)
```

```
#读取历史天气数据

df_year = df_new['date'].str.split('-',1,expand=True)                #按照 "-" 分列1次
df_year_month = df_year.rename(columns={0:'year',1:'month-day'})    #改变列名称
df2 = pd.concat([df_new,df_year_month],axis=1)  #连接数据帧
df3 = pd.pivot_table(df2,values='maxTem',index='month-day',columns='year')
# print(df3.head())
# df3.to_excel('…/04_yearData.xlsx')                #保存为 Excel 表格，方便图表展示

myfont=FontProperties(fname = "C:/Windows/Fonts/STFANGSO.TTF",size=25)
#设置中文字体为仿宋
df3.plot(figsize=(20, 10),fontsize=15)               #作图
plt.xlabel('日期（月-日）',fontproperties=myfont)     #设置 X 轴名称
plt.ylabel('气温（℃）',fontproperties=myfont)         #设置 Y 轴名称
plt.show()
```

这里先使用了 split()函数，将“date”列数据利用“-”分列 1 次，从而得到“年，月-日”两列数据，再通过 pivot_table()函数进行数据聚合，最终得到的数据如表 2-4 所示。最后通过 plot()函数绘制 2011—2020 年深圳日最高气温对比图，如图 2-9 所示。

表 2-4　日最低气温对照表（2011—2020 年）

month-day	2011	2012	2013	2014	2015	2016	2017	2018	2019	2020
01-01	20	23	16	21	18	21	24	22	14	20
01-02	22	22	18	22	20	22	24	22	14	17
01-03	22	19	18	22	21	23	26	23	14	17
01-04	23	12	15	21	23	22	24	22	20	18
01-05	19	12	15	20	24	21	26	22	21	19
⋮	⋮	⋮	⋮	⋮	⋮	⋮	⋮	⋮	⋮	⋮
12-27	20	20	16	18	16	17	23	23	20	26
12-28	23	20	15	17	19	15	21	19	22	26
12-29	24	20	16	18	19	15	24	13	19	26
12-30	22	15	17	21	20	18	24	12	23	15
12-31	20	14	18	22	20	21	22	12	22	17

通过图 2-9 可以发现，深圳的日最高气温接近 40℃，并且气温分布主要集中在一个拱形通道内，年初及年末的气温变化幅度相对较大，每年 7—9 月的气温变化幅度相对较小。

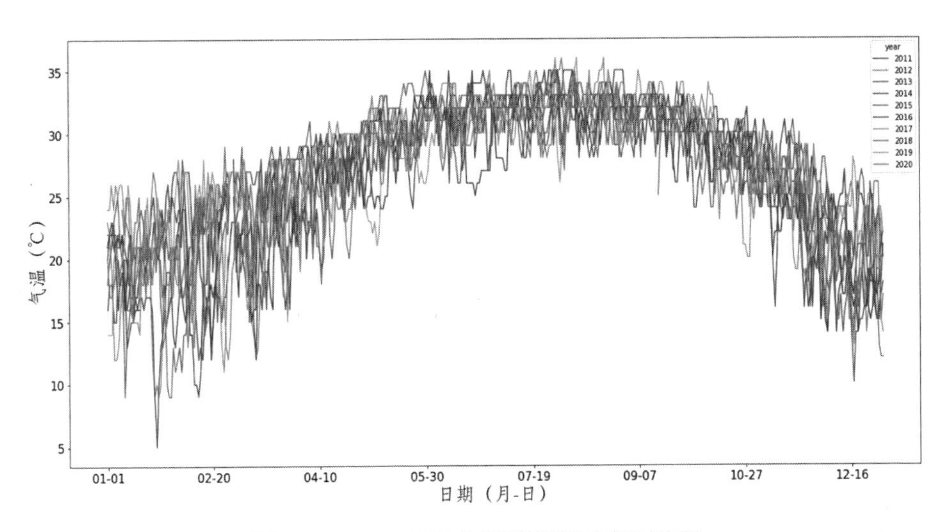

图 2-9　2011—2020 年深圳日最高气温对比图

2.3.5　天气情况的柱状图

本节使用柱状图展示 2020 年深圳的天气分布情况，如下所示：

```
import pandas as pd
import seaborn as sns
import matplotlib.pyplot as plt

df_new = pd.read_excel('…/03_newDate.xlsx',sheet_name='Sheet1',index_col=0)
#读取历史天气数据，这里省略了计算机的具体地址

df_new.index = df_new['date']                         #将索引值修改为日期
df_2020 = df_new["2020-01-01":"2020-12-31"]           #截取 2020 年的全部数据
df_weather_2020 = df_2020["weather"].value_counts()  #统计 2020 年的天气情况

#实现 X 轴坐标竖排显示（非旋转 90 度）
label_list = df_weather_2020.index.tolist()
label = []
for i in range(len(label_list)):
    label_vertical = []
    for j in range(len(label_list[i])):
        label_vertical.append(label_list[i][j]+"\n") #每个中文加入换行符，实现竖排显示
    label.append(''.join(label_vertical)) #列表转换为字符串

sns.set(font_scale=3.5,font='SimHei',style='white') #设置字体大小、字体（这里是黑体）、图片背景色等
```

```
plt.figure(figsize=(40, 20))
plt.bar(label,df_weather_2020.values,color='black') #绘制柱状图
plt.ylabel('件\n数',rotation=360)    #设置 Y 轴名称,并让标签文字上下显示
plt.show()
```

绘制柱状图的方法有很多，这里首先使用 value_counts()统计 2020 年深圳的天气情况，接着使用 plot.bar()绘制柱状图（见图 2-10）。在全年 357 天（出现缺失）中，最多的 5 种天气为多云（141 天）、阴（55 天）、阴~多云（37 天）、晴（26 天）和小雨（14 天）。从结果来看，2020 年深圳的天气主要以多云和阴为主。

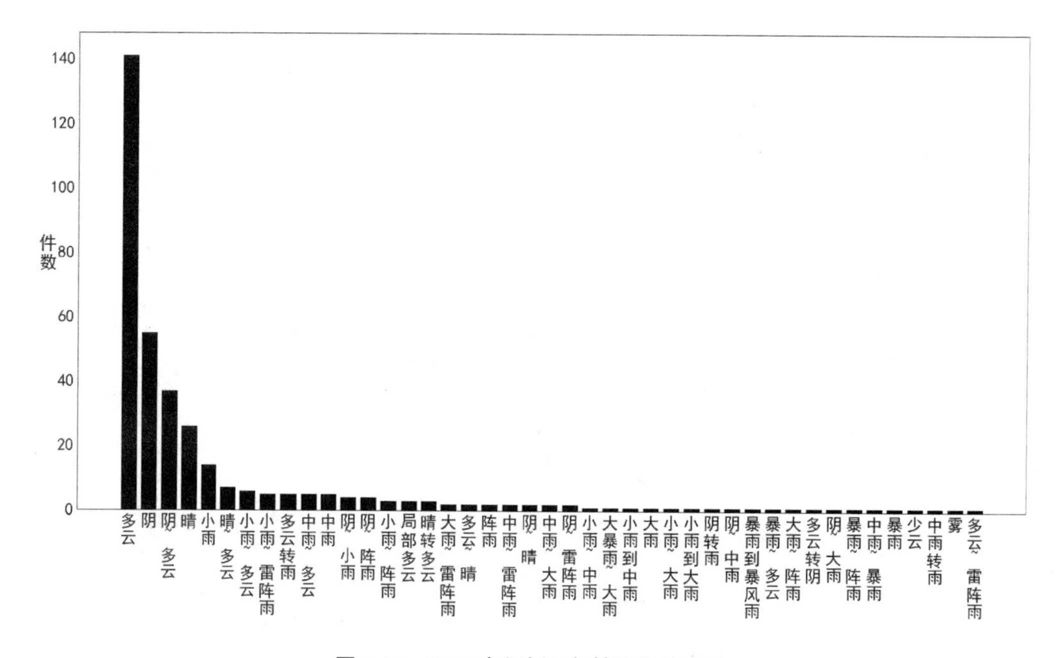

图 2-10　2020 年深圳天气情况的柱状图

2.3.6　使用 Tableau 制作天气情况的气泡云图

为了更形象、更直观地展示 2011—2020 年深圳的天气情况，本节没有使用 Python 的图库进行展示，而是使用 Tableau 进行绘制（笔者使用的版本为 Tableau 2019.1）。Tableau 作为一款优秀的数据可视化软件，提供了丰富多样的图表类型。本节使用气泡云图对天气情况进行展示。

（1）导入前面已经处理完毕的数据集“03_newDate.xlsx”。

Tableau 的打开方式与一般软件的打开方式相同，Tableau 导入数据的界面如图 2-11

所示。执行“文件”→“打开”命令，导入相关数据，并单击 A 处的“工作表 1”进入图表制作界面。

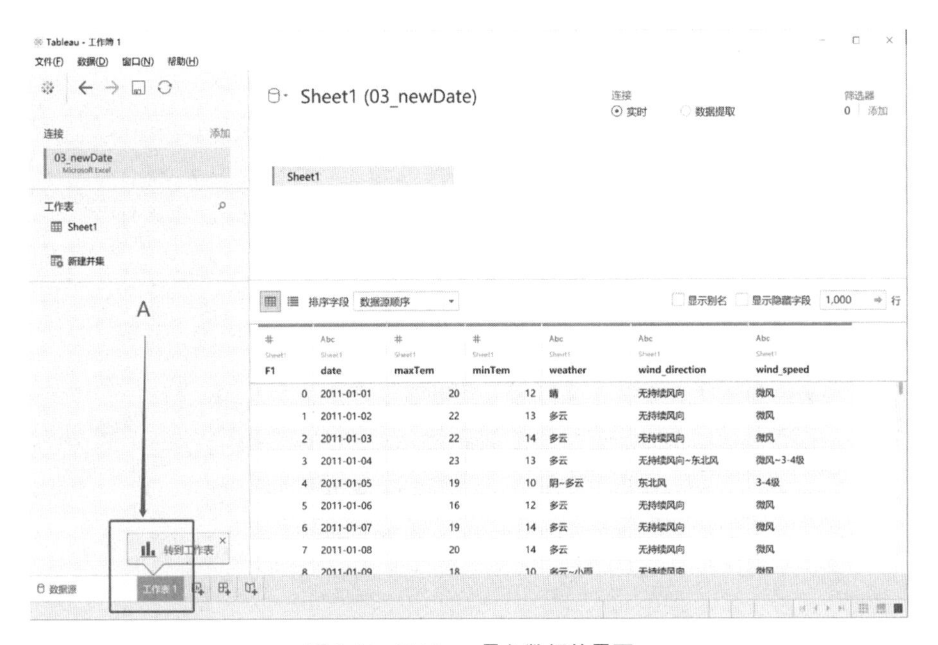

图 2-11　Tableau 导入数据的界面

（2）制作气泡云图。

在进入图表制作界面后，按照图 2-12 中 B→C→D→E 的顺序依次进行操作。首先，按照 B 处的流程，将“维度”框中的“weather”用鼠标左键拖入“标记”框中的“大小”处。其次，按照 C 处的流程，右击执行“度量”→“计数”命令。再次，按照 D 处的流程，将“weather”拖入“标记”框中的“标签”处。最后，按照 E 处的指示，选择“智能显示”面板中的气泡图。至此，一个基本的气泡云图便制作完成。

（3）优化版面。

按照图 2-13 中 F 处的流程，将“weather”拖入“标记”框中的“颜色”处，使气泡云图的颜色对比看起来更加鲜明。

至此，生成的天气气泡云图如图 2-14 所示。通过气泡云图中气泡的大小可以直观地观察天气情况的分布，通过图 2-14 可以发现，2011—2020 年深圳的天气主要以多云为主，阴、阵雨、晴、小雨等天气也相对较多。使用 Tableau 还可以生成更多有趣的图表，感兴趣的读者可以自行深入研究。

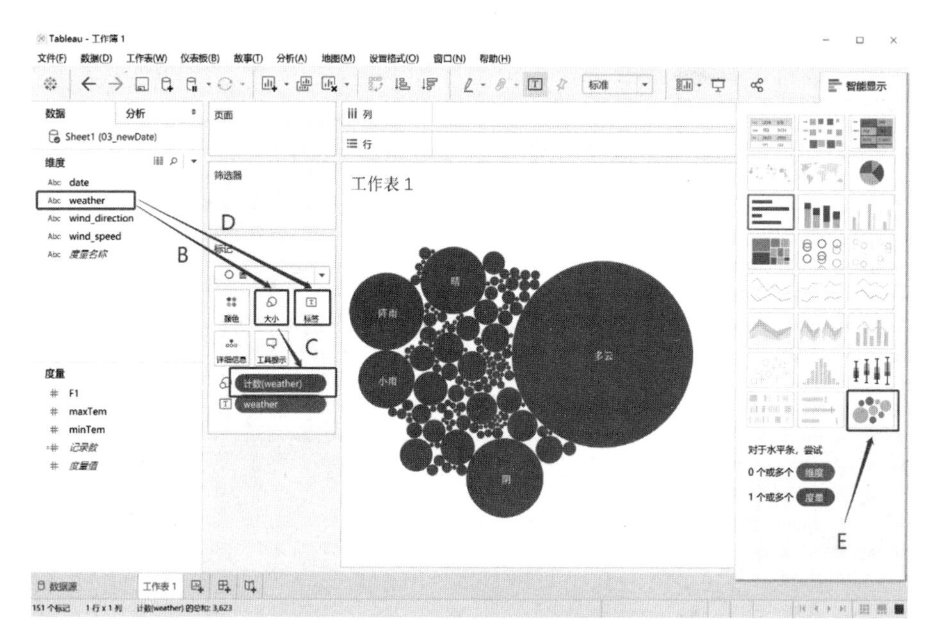

图 2-12　制作气泡云图的过程图

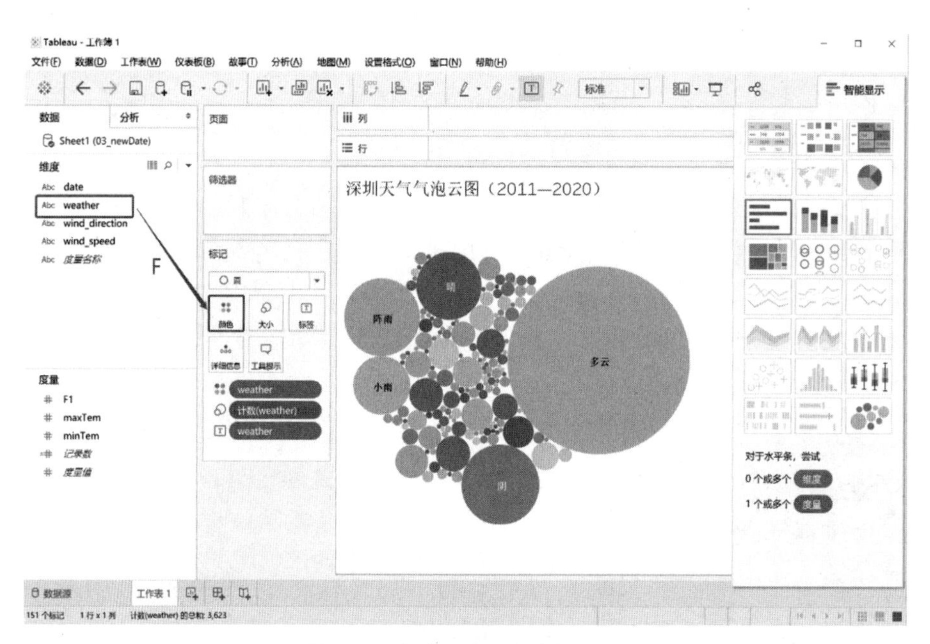

图 2-13　气泡云图的版面优化图

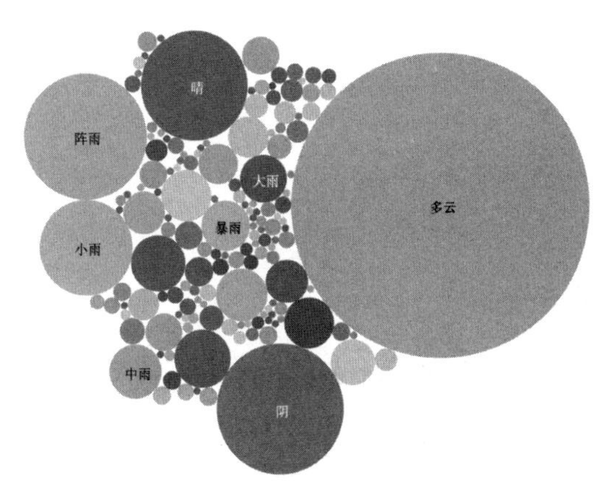

图 2-14　天气气泡云图

2.3.7　风向占比的饼图

作为数据分析中最常见的图表之一，饼图可以直观地展示数据分布及占比情况。下面通过统计风向数据，绘制一款普通的风向占比的饼图：

```
import pandas as pd
import matplotlib.pyplot as plt
import seaborn as sns

df_new = pd.read_excel('…/03_newDate.xlsx',sheet_name='Sheet1',index_col=0)
#读取历史天气数据

sizes=df_new["wind_direction"].value_counts()   #风向统计
labels = sizes.index

sns.set(font_scale=3,font='SimHei')              #设置字号大小、字体（这里是黑体）
plt.style.use('grayscale')                       #设置图片为灰度图
plt.figure(figsize=(25, 16))
plt.pie(sizes,labels=labels,autopct='%1.1f%%',textprops=dict(color="w"))
#其中 labels 是标注，autopct='%1.1f%%'用于显示数字，textprops 用于设置字体颜色
plt.legend(bbox_to_anchor=(0.8,1.1),fontsize=20,ncol=2)
plt.axis('equal')
plt.show()
```

本例先通过 value_counts()统计深圳 10 年间不同风向的天数，再通过 plt.pie()绘制风向占比的饼图（见图 2-15）。通过风向占比的饼图可以发现，深圳主要以微风为主（占比达

41.2%，这可能和早期的风向定义不同）。另外，东北风占比达到 12.2%，无持续风向占比达到 11.1%，东南风占比达到 8.4%，西南风占比达到 6.5%，东风占比达到 5.7%，北风占比达到 5.4%，南风占比达到 5.0%。

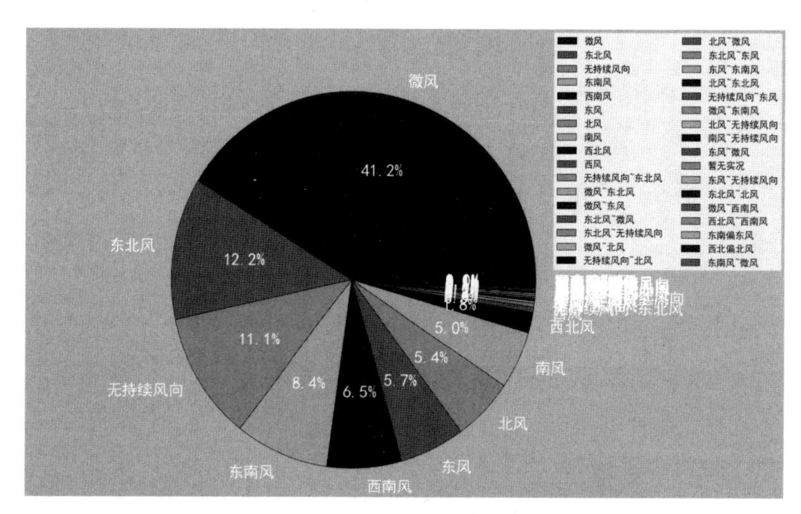

图 2-15　深圳风向占比的饼图（2011—2020 年）

2.3.8　使用 windrose 库绘制风玫瑰图

作为气象专业常见的图表之一，风玫瑰图主要用来统计一段时间内风向、风速发生的频率，其花瓣越长表示该风向的频率越高，单个花瓣上的不同颜色表示风速的分布情况。下面利用 windrose 库绘制深圳市 2020 年的风玫瑰图：

```
import numpy as np
import pandas as pd
from windrose import plot_windrose

df_new = pd.read_excel('…/03_newDate.xlsx',sheet_name='Sheet1',index_col=0)
#读取历史天气数据
df_new.index = df_new['date']                               #将索引值修改为日期
df_2020 = df_new["2020-01-01":"2020-12-31"]                 #截取 2020 年的数据

#df_direction = df_2020["wind_direction"].value_counts()
#统计 2020 年风向的情况，方便后续进行数值替换
# print(df_direction)
# df_speed = df_2020["wind_speed"].value_counts()
#统计 2020 年风速的情况，方便后续进行数值替换
# print(df_speed)
```

```
df_2020.replace({'无持续风向':0,'东北风':45,'东南风':135,'东南偏东风':135,
                '西南风':225,'西北风':315,'西北偏北风':360,'北风':360,'东风':90,
                '南风':180,'西风':270,
                '微风':0,'1 级':1,'2 级':2,'小于 3 级':2.5,'3 级':3,'3～4 级':3.5,
                '4 级':4,'5 级':5,'6 级':6,'7 级':7},inplace = True)
                #将汉字替换成数字

df = df_2020[['wind_speed','wind_direction']]    #选取需要的风速列和风向列
df1 = df.rename(columns={'wind_direction':'direction','wind_speed':'speed'})
#改变列名称，符合 windrose 库的命名规则

plot_windrose(df1, kind='bar')                              #绘制风玫瑰图
plot_windrose(df1, kind='pdf', bins=np.arange(0.1,6,1))  #做出 2020 年风速概率密度图
```

在风玫瑰图的展示中使用了 windrose 库。在 Anaconda Prompt 中输入“pip install windrose”就可以安装 windrose 库。本例主要使用风玫瑰图对 2020 年深圳的风向、风速进行可视化展示。首先通过 replace()函数将“wind_direction”列和“wind_speed”列的汉字替换成数字，并按照 windrose 库的命名规则，将“wind_direction”列和“wind_speed”列的列名改为“direction”和“speed”。最后通过 plot_windrose()函数修改不同的参数，分别绘制风玫瑰图（见图 2-16）和风速概率密度图（见图 2-17）。

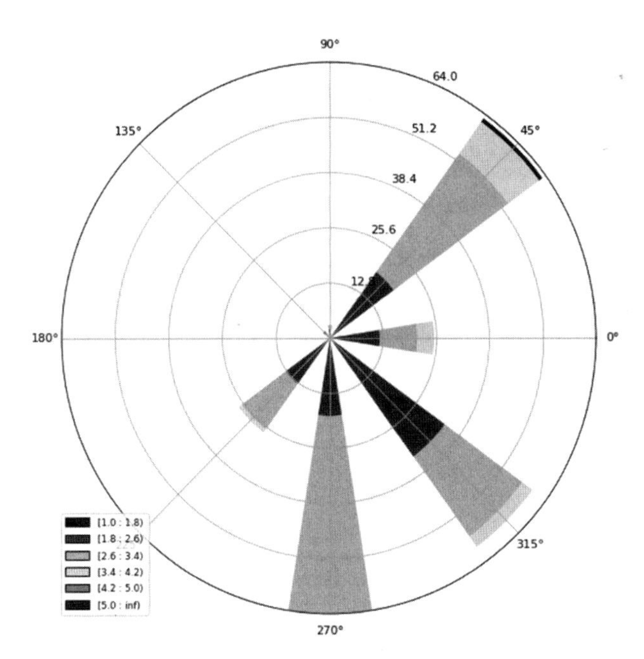

图 2-16　风玫瑰图

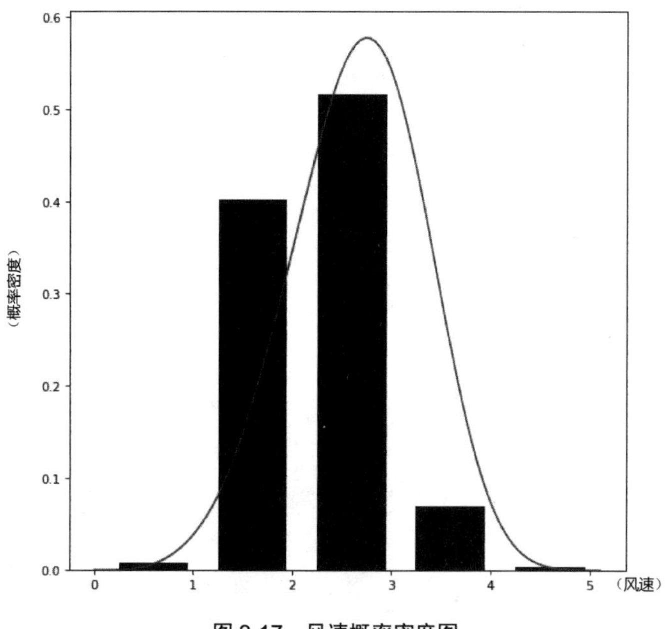

图 2-17　风速概率密度图

风玫瑰图的花瓣的长度可以直观地展示风向、风速及其占比情况。花瓣的长度表示风向的统计量（即花瓣越长，该方向的风也就更多），每个花瓣中的不同颜色表示风等级的分布情况。通过风玫瑰图可以形象地展示风向和风速的分布情况。

由图 2-16 可以看出，2020 年深圳的风向主要以东北风、南风、东南风为主，风速主要集中在 2～3 级。图 2-17 更直观地展示了 2020 年深圳的风速，并且以 2 级、3 级为主。

如果读者想了解更多关于 windrose 库的相关知识点，那么可以参考其官方文档。

2.4　机器学习在天气预报中的应用

天气预报的制作和发布是非常复杂的过程，现行的天气预报的发布一般包括数据收集、数据分析、预报会商、产品发布等环节，其涉及大气运动方程计算、经验总结等，这涉及另一个领域，本节不做过多介绍。本节将尝试使用机器学习中的回归算法，对深圳的次日最高气温进行预测，并评估模型的性能。

2.4.1　线性回归的基本概念

可以将一元线性回归理解为，给定自变量 x，其和因变量 y 之间的关系建模。可以将一元

线性回归方程定义为

$$y = ax + b \tag{2-1}$$

其中，y 为因变量，x 为自变量，a 为回归系数（回归直线的斜率），b 为常数项（回归直线在 Y 轴上的截距）。

一元线性回归可以理解为，通过已知的样本点找到最佳拟合直线的过程。最佳地拟合已知数据可以采用最小二乘等方法，这里不展开介绍，具体的细节读者可以自行查阅相关资料。线性回归示意图如图 2-18 所示。

多元线性回归与一元线性回归类似，只是多元线性回归需要添加预测变量的数量及其相应的系数：

$$Y = \beta_0 + \beta_1 X_1 + \beta_2 X_2 + \cdots + \beta_p X_p \tag{2-2}$$

多元线性回归的过程可以被理解为通过已知样本点，求 $\beta_0, \beta_1, \cdots, \beta_p$ 等参数的过程。

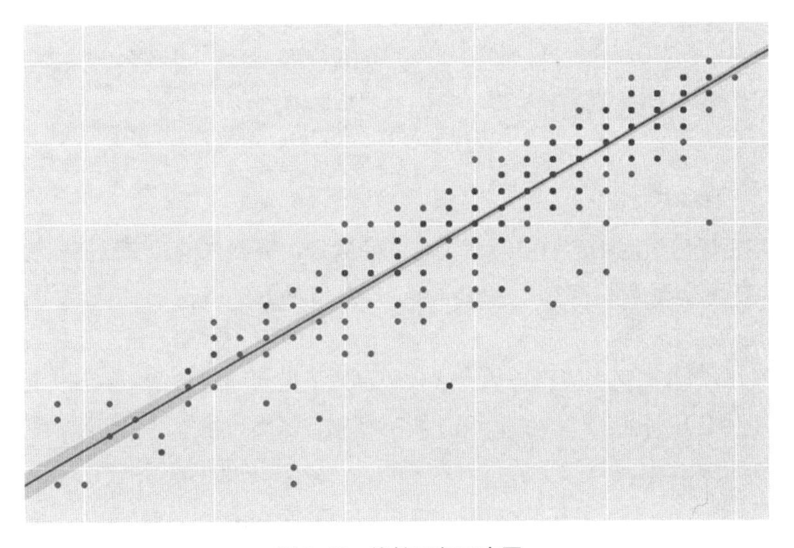

图 2-18　线性回归示意图

2.4.2　使用一元线性回归预测气温

本节主要依据前面处理后的数据集（03_newDate.xlsx）进行建模分析，其流程如下所示。

（1）生成次日最高气温数据，即预测气温的实际值（因变量 y）。

（2）观察当日最高气温（x）与次日最高气温（y）之间的关系。

（3）利用 Sklearn 库实现线性回归。

1. 生成次日最高气温

```
import pandas as pd

#一、补齐日期缺失值
df_new = pd.read_excel('…/03_newDate.xlsx',sheet_name='Sheet1',index_col=0)
#读取历史天气数据
df_new.index = pd.to_datetime(df_new.date,format="%Y/%m/%d")
#将字符型日期格式转换为日期格式，并重置索引

new_time = pd.date_range('2011-01-01','2020-12-31')
#生成 2011 年 1 月 1 日—2020 年 12 月 31 日的日期
df_date_new = df_new.reindex(new_time)
#使用完整的日期重置原始数据的索引，这是为了补全日期缺失值
df_date_new.to_excel('…/05_missDate.xlsx')       #保存数据

#二、生成次日最高气温（预测值）
df = df_date_new.reset_index()                   #重置索引，为合并两个数据帧做准备
df1 = df_date_new.loc["2011-01-02":"2020-12-31","maxTem"]#截取次日最高气温数据，作为预测的气温数据
df2 = df1.reset_index()                          #重置索引，为合并两个数据帧做准备
df['maxPre'] = df2['maxTem']                     #将次日最高气温（预测气温）整合到原数据框
df.to_excel('…/06_preDate.xlsx')                 #保存数据
```

为了探究当日最高气温和次日最高气温之间的关系，需要先得知次日的气温，进而才能通过机器学习建立当日气温和次日气温之间的关系。为了生成次日最高气温数据，先利用 pd.date_range()函数生成 2011 年 1 月 1 日—2020 年 12 月 31 日的连续日期。然后使用 reindex()函数对原始数据索引进行重置，这么做是为了恢复原始数据中的缺失日期值。最后截取从 2011 年 1 月 2 日开始的“maxTem”列的数据，在重置索引后，与原始数据合并。最终生成“maxPre”（次日最高气温）列（见表 2-5），可以看到原始数据中存在较多缺失值。

表 2-5　含次日最高气温的数据集

序号	index	date	maxTem	minTem	weather	wind_direction	wind_speed	maxPre
0	2011-01-01 00:00:00	2011-01-01	20	12	晴	无持续风向	微风	22
1	2011-01-02 00:00:00	2011-01-02	22	13	多云	无持续风向	微风	22
2	2011-01-03 00:00:00	2011-01-03	22	14	多云	无持续风向	微风	23
3	2011-01-04 00:00:00	2011-01-04	23	13	多云	无持续风向~东北风	微风~3-4 级	19
4	2011-01-05 00:00:00	2011-01-05	19	10	阴~多云	东北风	3-4 级	16
5	2011-01-06 00:00:00	2011-01-06	16	12	多云	无持续风向	微风	19

续表

序号	index	date	maxTem	minTem	weather	wind_direction	wind_speed	maxPre
6	2011-01-07 00:00:00	2011-01-07	19	14	多云	无持续风向	微风	20
7	2011-01-08 00:00:00	2011-01-08	20	14	多云	无持续风向	微风	18
8	2011-01-09 00:00:00	2011-01-09	18	10	多云~小雨	无持续风向	微风	13
9	2011-01-10 00:00:00	2011-01-10	13	8	小雨~多云	无持续风向	微风	14
10	2011-01-11 00:00:00	2011-01-11	14	11	多云	无持续风向	微风	15
11	2011-01-12 00:00:00	2011-01-12	15	9	阴	无持续风向	微风	15
12	2011-01-13 00:00:00	2011-01-13	15	11	多云~阴	无持续风向	微风	16
13	2011-01-14 00:00:00	2011-01-14	16	7	晴~多云	无持续风向~东北风	微风	16
14	2011-01-15 00:00:00	2011-01-15	16	10	晴~多云	无持续风向	微风	16
15	2011-01-16 00:00:00	2011-01-16	16	9	多云	无持续风向	微风	
16	2011-01-17 00:00:00							
17	2011-01-18 00:00:00							
18	2011-01-19 00:00:00							
19	2011-01-20 00:00:00							
20	2011-01-21 00:00:00							
21	2011-01-22 00:00:00							
22	2011-01-23 00:00:00							
23	2011-01-24 00:00:00							
24	2011-01-25 00:00:00							20
25	2011-01-26 00:00:00	2011-01-26	20	11	多云	无持续风向	微风	
26	2011-01-27 00:00:00							
27	2011-01-28 00:00:00							15
28	2011-01-29 00:00:00	2011-01-29	15	8	多云~晴	东北风	3-4 级	16
29	2011-01-30 00:00:00	2011-01-30	16	7	多云	无持续风向	微风	17
30	2011-01-31 00:00:00	2011-01-31	17	11	晴	无持续风向	微风	17

2. 观察当日最高气温与次日最高气温之间的关系

```
import pandas as pd
import matplotlib.pyplot as plt

#一、数据处理
df_pre = pd.read_excel('…/06_preDate.xlsx',sheet_name='Sheet1',index_col=0)
#读取历史天气数据
df_pre.index = df_pre['index']    #将索引值修改为日期
```

```
df0=df_pre[['maxTem','maxPre']]   #截取后续用到的“maxTem”列和“maxPre”列
df = df0.dropna()                 #删除缺失值

#二、作图
fig = plt.figure(figsize=(12,30))
j = 1
year = range(2011,2021)           #生成 2011—2020 年的连续整数
for i in year:
    plt.subplot(4,3,j)            #绘制一个 4 行 3 列的图
    df[str(i)]
    plt.plot(df[str(i)].maxTem, df[str(i)].maxPre, 'o')   #分别绘制每年的数据
    plt.xlabel('max Temperature')
    plt.ylabel('predict  Temperature')
    plt.title(str(i))
    j = j+1
plt.subplots_adjust(wspace=0.3,hspace=0.4)             #设置子图之间的间距
plt.show()
```

为了观察当日最高气温（maxTem）和次日最高气温（maxPre）之间的关系，这里使用了 Pandas 库日期处理的相关知识，分年度展示了自变量（maxTem）和因变量（maxPre）之间的关系（见图 2-19），可以看出，当日最高气温和次日最高气温之间存在一定的相关性，接下来选取“maxTem”列与“maxPre”列的数据进行一元线性回归建模。

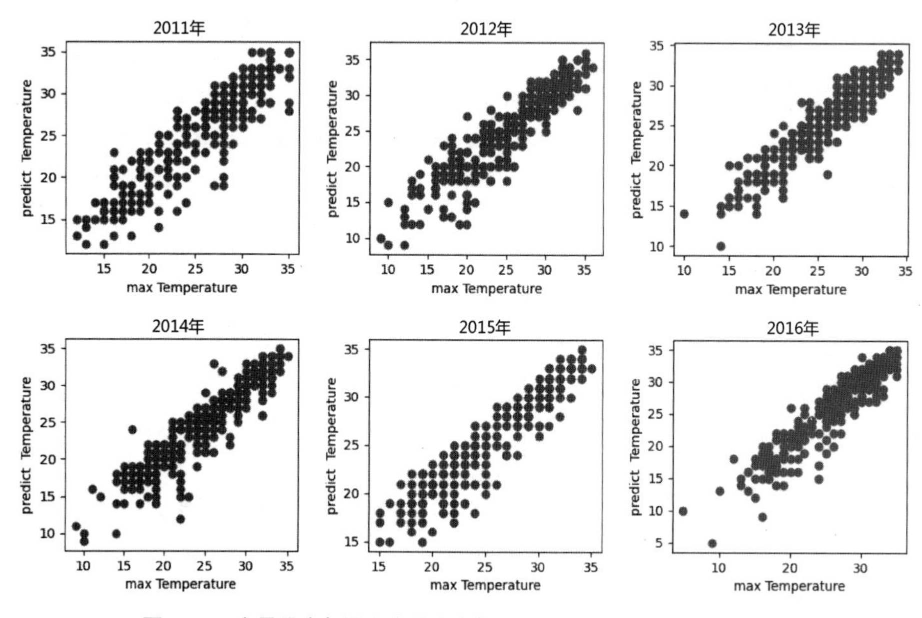

图 2-19　当日最高气温和次日最高气温的散点图（2011—2020 年）

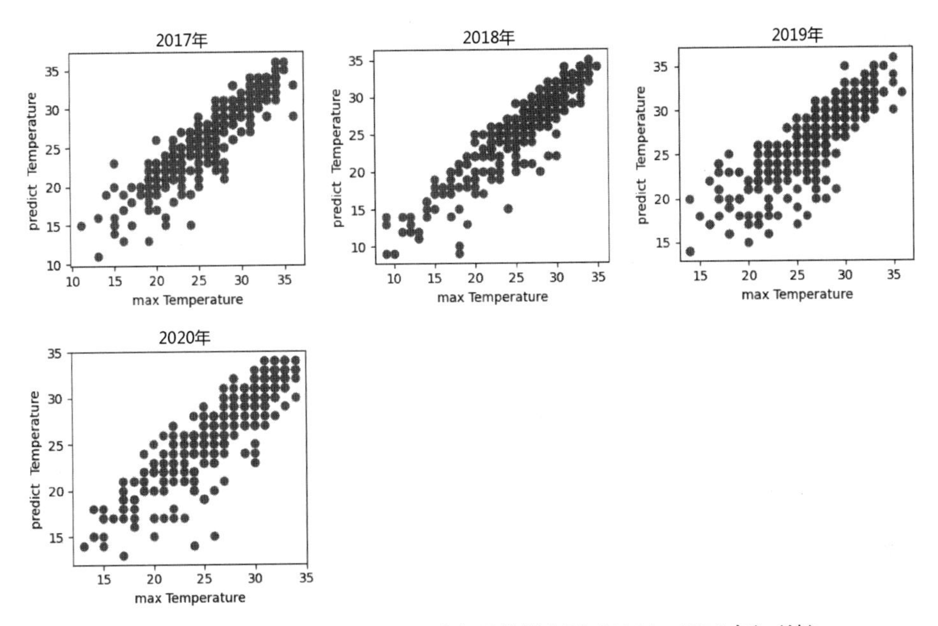

图 2-19　当日最高气温和次日最高气温的散点图（2011—2020 年）（续）

3. 一元线性回归程序的实现

```
import pandas as pd
import seaborn as sns
import matplotlib.pyplot as plt
from sklearn.linear_model import LinearRegression
import statsmodels.formula.api as smf

#一、数据处理
df_pre = pd.read_excel('…/06_preDate.xlsx',sheet_name='Sheet1',index_col=0)
#读取预处理后的天气数据集“06_preDate.xlsx”
df_pre.index = df_pre['index']     #将索引值修改为日期
df=df_pre[['maxTem','maxPre']]     #截取后续用到的“maxTem”列和“maxPre”列

#二、生成训练数据集和测试数据集
df_train = df["2011-01-01":"2018-12-31"].dropna()
#2011—2018 年的数据作为训练数据，并删除含缺失值的行
df_test = df["2019-01-01":"2020-12-31"].dropna()
#2019—2020 年的数据作为测试数据，并删除含缺失值的行
X_train = df_train[['maxTem']]     #训练集的 X 值
Y_train = df_train[['maxPre']]     #训练集的 Y 值
X_test = df_test[['maxTem']]       #测试集的 X 值
Y_test = df_test[['maxPre']]       #测试集的 Y 值
```

```
#三、模型训练
slr = LinearRegression()
slr.fit(X_train,Y_train)          #模型训练
print("The linear model is: y = {:.5} + {:.5}x".format(slr.intercept_[0], slr.coef_[0][0]))
#打印出拟合的函数

#四、绘制散点图及拟合直线
sns.set(font_scale=2,font='SimHei')#设置字号大小、字体（这里是黑体）
fig = plt.figure(figsize=(14,14))
fig.suptitle('2011—2018 年训练数据拟合图')
plt.scatter(X_train,Y_train,c='blue')
plt.plot(X_train,slr.predict(X_train),c='red',linewidth=3)
plt.xlabel("当日最高气温")
plt.ylabel("次日最高气温")
plt.show()

#五、评估一元线性回归模型
formula="maxPre ~ maxTem"
# lm_train = smf.ols(formula,df_train).fit()    #在训练集上评估
# print(lm_train.summary())                     #输出评估结果
lm_test = smf.ols(formula,df_test).fit()   #在测试集上评估
print(lm_test.summary())                   #输出评估结果

#六、将测试数据代入模型进行预测，并可视化
pre_X_test = slr.predict(X_test)           #利用测试集预测气温
Y_test['pre'] = pre_X_test                 #将利用测试集预测的气温合并到测试集的 Y 值，方便后续作图
Y_test.plot(subplots=True, figsize=(20, 15))#subplots=True 表示两个子图分开
plt.legend(loc='best')                     #对数据框相同的索引分列分别作图
plt.xlabel('日期')
plt.ylabel('气温')
plt.show()
```

在对线性回归建模的过程中主要使用了 scikit-learn 库中的 LinearRegression()函数。经过数据预处理后，选取 2011—2018 年的数据作为训练数据，2019—2020 年的数据作为测试数据。

1）模型训练

通过 LinearRegression()函数创建线性回归对象，再经过 fit()函数在训练数据集上拟合线性回归模型，最终拟合的一元线性方程为

$$y=0.93364x+1.7737$$

拟合曲线如图 2-20 所示。

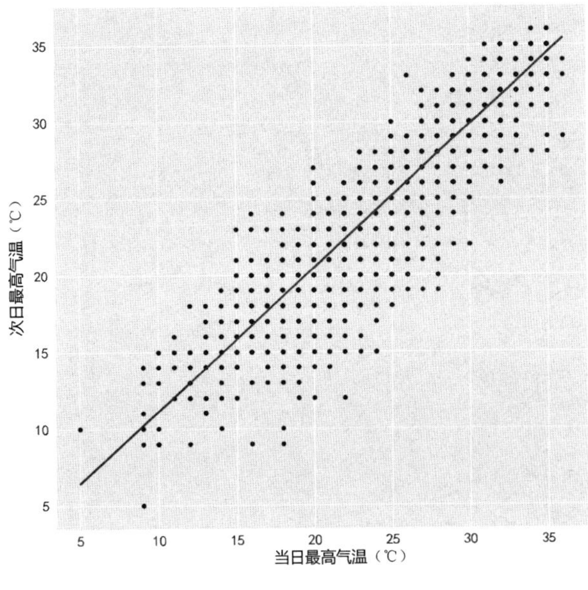

图 2-20　拟合曲线

2）模型评估

模型的评估使用了 statsmodels 统计分析库，使用"maxPre~maxTem"定义了回归模型的形式（表示针对训练数据集或测试数据集，“maxPre”列的数据作为因变量，“maxTem”列的数据作为自变量），使用 smf.ols()建立了回归模型，使用 fit()方法拟合了数据集，最后使用 summary()输出评估报告。测试集上的评估结果如下所示：

```
                            OLS Regression Results
==============================================================================
Dep. Variable:                 maxPre   R-squared:                       0.782
Model:                            OLS   Adj. R-squared:                  0.781
Method:                 Least Squares   F-statistic:                     2558.
Date:                Sun, 03 Jan 2021   Prob (F-statistic):          3.16e-238
Time:                        23:29:05   Log-Likelihood:                -1594.1
No. Observations:                 716   AIC:                             3192.
Df Residuals:                     714   BIC:                             3201.
Df Model:                           1
Covariance Type:            nonrobust
==============================================================================
                 coef    std err          t      P>|t|      [0.025      0.975]
```

```
------------------------------------------------------------------------------
Intercept      3.1298      0.480      6.526      0.000       2.188       4.071
maxTem         0.8843      0.017     50.579      0.000       0.850       0.919
==============================================================================
Omnibus:                      130.246   Durbin-Watson:                   2.155
Prob(Omnibus):                  0.000   Jarque-Bera (JB):              281.723
Skew:                          -0.999   Prob(JB):                     6.68e-62
Kurtosis:                       5.334   Cond. No.                         157.
==============================================================================
```

回归模型的评估参数有多种，这里重点关注决定系数，即上述报告中的 R-squared，其具体的数学含义这里不做介绍，感兴趣的读者可以继续查询相关资料。R-squared 的值越接近于 1，说明模型的性能越好，而本例中的 R-squared 的值为 0.781，这说明模型性能还有提升空间。

3）预测气温与实际气温对比图

为了更直观地观察测试集中预测值和实际值的情况，可以绘制二者的对比图（见图 2-21），上面的图表示测试集的实际值，下面的图表示预测值，数据形态还是比较相似的。

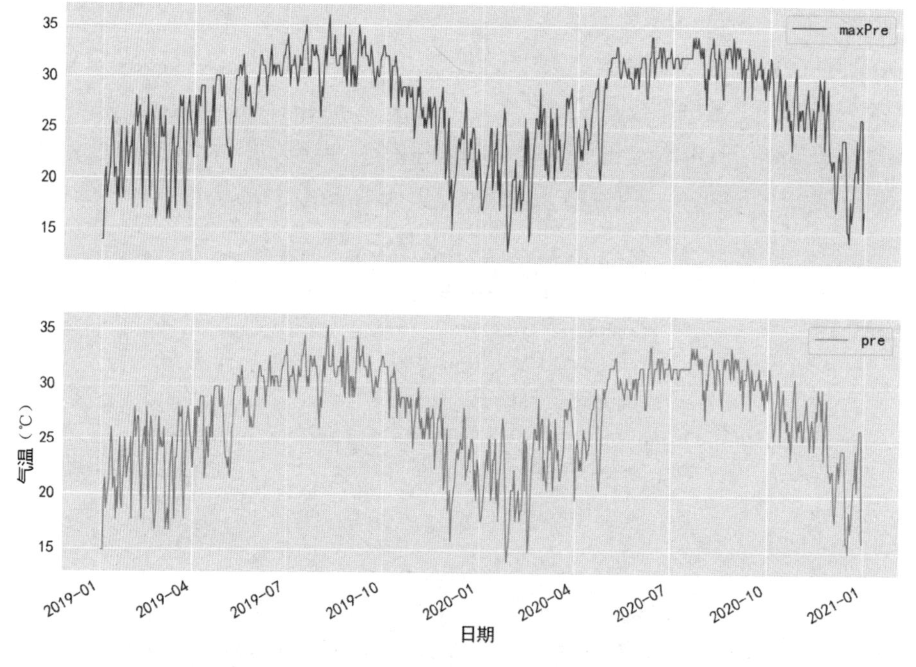

图 2-21　一元线性回归预测值与实际值的对比图

如果读者想了解更多关于 scikit-learn 库和 statsmodels 库的相关内容，可以参考其官方文档。

2.4.3　使用多元线性回归预测气温

使用多元线性回归预测气温的流程如下。

（1）分析各个维度之间的关系，进而确定自变量的因子。

（2）利用选定的自变量进行多元线性回归建模。

1. 分析天气数据各个维度之间的关系

```
import pandas as pd
import seaborn as sns
import matplotlib.pyplot as plt
import numpy as np

#一、数据处理
df_pre = pd.read_excel('…/06_preDate.xlsx',sheet_name='Sheet1',index_col=0)
#读取预处理后的天气数据
df_pre.index = df_pre['index']              #将索引值修改为日期
# print(df_pre.info())
df1 = df_pre["2017-01-01":"2020-12-31"]     #截取 2017—2020 年的数据

# df_direction = df1["wind_direction"].value_counts()
##统计 2020 年风向的情况，方便后续进行数值替换
# print(df_direction)
# df_speed = df1["wind_speed"].value_counts()
##统计 2020 年风速的情况，方便后续进行数值替换
# print(df_speed)

df1['wind_direction'] = df1['wind_direction'].replace({'无持续风向':0,'微风':0,
                        '东北风':45,'东南风':135,'东南偏东风':135,'西南风':225,
                        '西北风':315,'西北偏北风':360,'北风':360,'东风':90,
                        '南风':180,'西风':270})
#将“Wind_direction”列汉字替换成可计算的数字，风向数值按照风玫瑰图的作图规则进行数值化（如“东北风”对应“45”）
df1['wind_speed'] = df1['wind_speed'].replace({'微风':0.5,'1 级':1,'2 级':2,
                    '小于 3 级':2.5,'3 级':3,'3～4 级':3.5,'4 级':4,'5 级':5,
                    '6 级':6,'7 级':7})
#将“Wind_speed”列字符串替换成可计算的数字，如将风速“3 级”替换成数字“3”
```

```
# print(df1.head())
# df1.to_excel('…/06_preDate.xlsx')

df2 = df1.dropna()                                          #删除缺失行
df3 = df2[['maxTem','minTem','wind_direction','wind_speed','maxPre']].astype(float)#转换成浮点数

#二、矩阵散点图
df3.rename(columns={"maxTem":"最高气温（℃）",
                    "minTem":"最低气温(℃)",
                    "wind_direction":"风向",
                    "wind_speed":"风速等级",
                    "maxPre":"预测气温(℃)"},inplace=True)
#重新命名数据框列名称及单位
sns.set(font_scale=2,font='SimHei',style='white' )   #设置字号大小、字体（这里是黑体）
sns.pairplot(df3,plot_kws=dict(s=20,color="black"),diag_kws=dict(color="black"))

#三、绘制相关性热力图
datacor = np.corrcoef(df3,rowvar=0)                         #使用 np.corrcoef()得到相关系数矩阵
datacor = pd.DataFrame(data=datacor,columns=df3.columns,index=df3.columns)
plt.figure(figsize=(15,15))
ax =
sns.heatmap(datacor,square=True,annot=True,fmt=".3f",linewidths=.5,cmap="YlGnBu",cbar_kws={
"fraction":0.05,"pad":0.03})
#使用 sns.heatmap()绘制相关系数矩阵热力图
plt.show()
```

因为早期数据对风向、风速的定义较为混乱，所以这里截取 2017—2020 年的数据作为分析数据。为了观察预处理后的数据集中“maxPre”与“maxTem”“minTem”“wind_direction”“wind_speed”的关系，在数据预处理后，首先使用 replace()函数将汉字转换为浮点数。然后利用 Seaborn 库中的 pairplot()函数绘制各个数据之间的矩阵散点图（见图 2-22）。通过矩阵散点图可以看到，次日实际最高气温（“maxPre”列）和当日最高气温（“maxTem”列）、当日最低气温（“minTem”列）之间存在一定的相关性。

为了更精确地查看各个维度的数据之间的相关性，这里调用 np.corrcoef()函数计算各个维度的相关系数，并使用 sns.heatmap()函数绘制相关系数矩阵热力图（见图 2-23）。由此可以看出，次日最高气温（maxPre）与当日最高气温（maxTem）、当日最低气温（minTem）高度相关，其相关系数达到 0.913 和 0.914。当日最高气温(maxTem)、当日最低气温(minTem)可以作为多元线性回归的自变量。

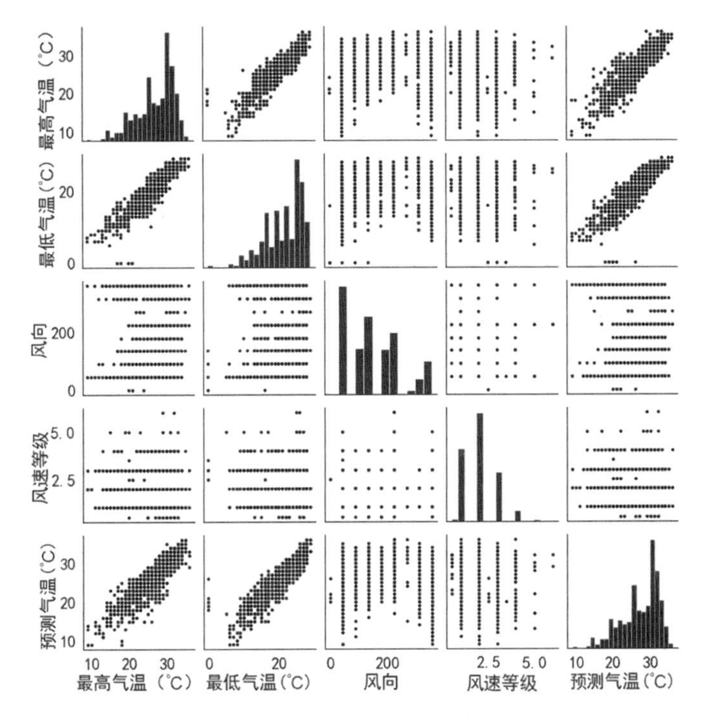

图 2-22　各个维度矩阵散点图

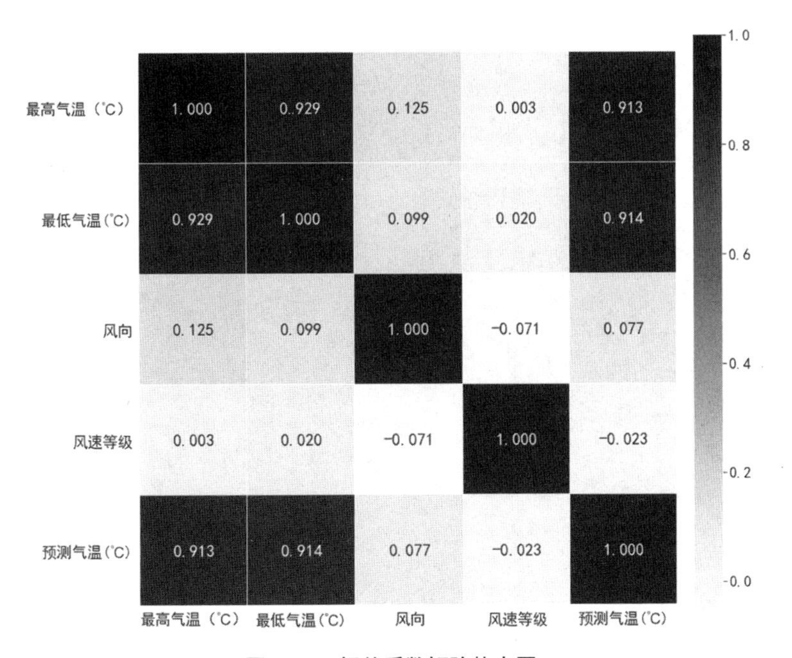

图 2-23　相关系数矩阵热力图

2. 多元线性回归建模

```
import pandas as pd
from sklearn.linear_model import LinearRegression
import statsmodels.formula.api as smf
import numpy as np
import matplotlib.pyplot as plt

#一、数据处理
df_pre = pd.read_excel('…/06_preDate.xlsx',sheet_name='Sheet1',index_col=0)
#读取预处理后的天气数据
df_pre.index = df_pre['index']    #将索引值修改为日期
# df=df_pre[['maxTem','maxPre']] #截取后续用到的“maxTem”列和“maxPre”列

#二、生成训练数据集和测试数据集
df_train = df_pre["2011-01-01":"2018-12-31"].dropna()
#2011—2018 年的数据作为训练数据，并删除包含缺失值的行
df_test = df_pre["2019-01-01":"2020-12-31"].dropna()
#2019—2020 年的数据作为测试数据，并删除包含缺失值的行
X_train = df_train[['maxTem','minTem']]     #训练集的 X 值
Y_train = df_train[['maxPre']]              #训练集的 Y 值
X_test = df_test[['maxTem','minTem']]       #测试集的 X 值
Y_test = df_test[['maxPre']]                #测试集的 Y 值

#三、模型训练
slr = LinearRegression()
slr.fit(X_train,Y_train)                    #训练模型
print("The linear model is: Y = {:.4} + {:.4}*maxTem + {:.4}*minTem".format(
       slr.intercept_[0],slr.coef_[0][0], slr.coef_[0][1]))
#打印出多元线性回归方程

#四、回归方程平面三维拟合
fig1 = plt.figure(figsize=(10,10))
ax = fig1.gca(projection='3d')
x1=x2=np.arange(0,40)                       #生成 0~40 的整数
x1, x2 = np.meshgrid(x1, x2)                #生成网格点坐标矩阵
y=slr.intercept_[0] + slr.coef_[0][0]*x1 + slr.coef_[0][1]*x2#拟合方程 y = w0 + w1*x1 + w2*x2
ax.plot_surface(x1,x2,y)
plt.show()

#五、利用训练集评估线性回归模型
formula="maxPre ~ maxTem + minTem"
# lm_train = smf.ols(formula,df_train).fit()#在训练集上评估
```

```
# print(lm_train.summary())                          #输出评估结果
lm_test = smf.ols(formula,df_test).fit()      #在测试集上评估
print(lm_test.summary())                             #输出评估结果

#六、预测测试数据，绘制实际气温、预测气温三维散点图
pre_X_test =slr.predict(X_test)                      #计算测试集上的预测气温


fig2 = plt.figure(figsize=(10,10))
bx = fig2.gca(projection='3d')
bx.scatter(X_test['maxTem'], X_test['minTem'],Y_test,s=30,c='blue', marker='o')#实际气温散点图
bx.scatter(X_test['maxTem'], X_test['minTem'],pre_X_test,s=100,c='r', marker='+')#预测气温散点图
bx.set_xlabel('maxTem')                                #设置 X 轴名称
bx.set_ylabel('minTem')
bx.set_zlabel('actual/predict')
# plt.legend(loc='best')                               #对数据框相同索引分列分别作图
plt.show()
```

多元线性回归的建模方法和一元线性回归的建模方法比较类似，下面依旧采用 2011—2018 年的数据作为训练数据，2019—2020 年的数据作为测试数据，其建模过程如下。

1）模型训练

与一元线性回归类似，使用 scikit-learn 机器学习库在训练数据集上拟合得到的方程为

$$Y = 3.508 + 0.6172 \times \text{maxTem} + 0.3213 \times \text{minTem}$$

拟合平面如图 2-24 所示。

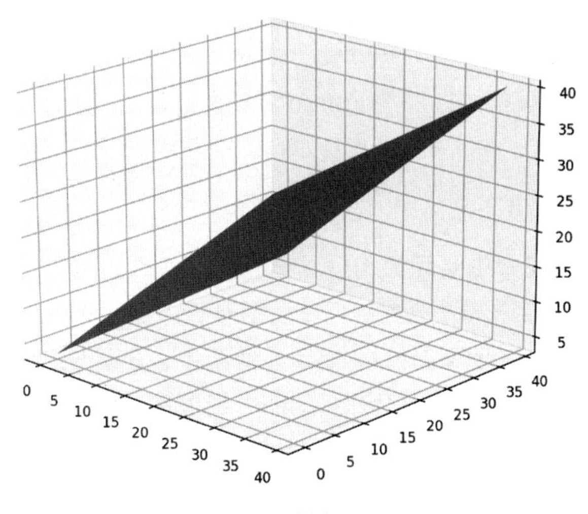

图 2-24　拟合平面

2）模型评估

测试集上的模型评估报告如下所示：

```
                            OLS Regression Results
==============================================================================
Dep. Variable:                 maxPre   R-squared:                       0.842
Model:                            OLS   Adj. R-squared:                  0.841
Method:                 Least Squares   F-statistic:                     1603.
Date:                Sun, 03 Jan 2021   Prob (F-statistic):          7.46e-242
Time:                        22:59:57   Log-Likelihood:                -1224.7
No. Observations:                 605   AIC:                             2455.
Df Residuals:                     602   BIC:                             2469.
Df Model:                           2
Covariance Type:            nonrobust
==============================================================================
                 coef    std err          t      P>|t|      [0.025      0.975]
------------------------------------------------------------------------------
Intercept      5.7309      0.488     11.732      0.000       4.772       6.690
maxTem         0.3631      0.039      9.357      0.000       0.287       0.439
minTem         0.5355      0.036     14.851      0.000       0.465       0.606
==============================================================================
Omnibus:                       37.780   Durbin-Watson:                   1.842
Prob(Omnibus):                  0.000   Jarque-Bera (JB):               48.985
Skew:                          -0.537   Prob(JB):                     2.31e-11
Kurtosis:                       3.888   Cond. No.                         237.
==============================================================================
```

由此可以发现，回归模型中的 R-squared 的值为 0.842，该值比一元线性回归模型有所提升。

3）预测数据与实际数据的对比

为了直观地观察测试集中实际值和预测值之间的差别，笔者绘制了三维散点图（见图 2-25）。其中，*X* 轴为当日最高气温，*Y* 轴为当日最低气温，*Z* 轴表示次日预测最高气温和实际最高气温（“·”表示实际气温，“+”表示预测气温）。在调整三维图像观察视角之后，预测值主要分布在实际值中间，模型的拟合相对较好，模型基本可用。

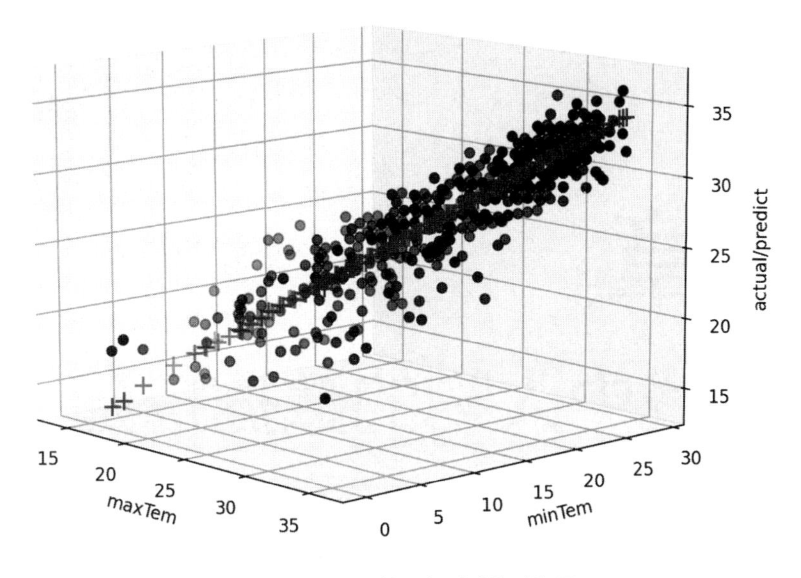

图 2-25　多元线性回归测试集对比图

2.5　本章小结

本章实现了一个完整的数据分析闭环。先利用爬虫抓取了该天气网的历史天气数据，再通过多样化的数据可视化方法，分维度展现天气数据，最后通过线性回归的方式实现对气温的预测。本章涉及的知识点也相对较多，包括爬虫、数据格式变换、数据可视化、机器学习等。使用到的 Python 库既包括常用的 Pandas、NumPy、Matplotlib、Seaborn、BeautifulSoup、Requests、scikit-learn 等，也包括不常用的 windrose、statsmodels 等，还使用 Tableau 软件制作了气泡云图。本章内容具有一定的逻辑性，遵循循序渐进的原则，每段程序相互独立，读者可以参照调试，运行成功后可继续探究相关细节。

第 3 章 养成游戏中人物的数据搭建

据人民网消息，发表于《美国自然人类学杂志》的研究显示，14 世纪黑死病流行期间出现的高致死率可能源于人群健康状况普遍很差而不是细菌作用的结果。黑死病杀死了约 60%的欧洲人群，对整个世界也造成了深远的影响。在与疾病反复斗争的过程中，欧洲人摆脱了早期的恐惧，建立了公共卫生制度，如意大利在疾病流行期间，实施了隔离、建立传染病医院和疫情通报制度、使用健康通行证、建立常设的公共卫生机构等抗疫措施，并取得了显著成效。

公共卫生制度在传染性流行病的预防与控制方面具有极其重要的作用，不但能够让相关部门掌握传染性流行病疫情，而且能够为相关部门制定传染性流行病预防与控制措施提供依据，降低传染性流行病的传染率，保障人类的生命健康。为了更好地了解病情的发展趋势，进而控制病情，有必要对传染性流行病进行建模、预测与控制进行研究。

本章利用 Python 对养成游戏中人物的传染病进行分析，使读者对病情发展趋势有更直观的认识。另外，借助对病情的分析，读者对 Python 中文分词、词云图绘制、科学计算等技巧会有更深入的了解。本章日期中的年份设定为 2046 年，以下不再说明。

3.1 准备工作

1．编程环境

（1）操作系统：Windows 10 64 位操作系统。

（2）运行环境：Python 3.8.5，Anaconda 下的 Spyder 编辑器。

2. 部分依赖库的安装

除了 NumPy、Pandas、Matplotlib、Seaborn 等基本的依赖库，本章还用到了以下依赖库。

- Pyecharts：一款 Python 与 EChart 相结合的可视化工具，其涵盖了 30 多种常见的图表，方便调用。
- wordcloud：词云图绘制库。
- SciPy：科学计算库，可用于信号处理、矩阵运算、函数优化、图像处理和统计等领域，而本章主要用于微分方程求解、函数拟合等。
- jieba：中文分词库。jieba 的安装过程如图 3-1 所示。

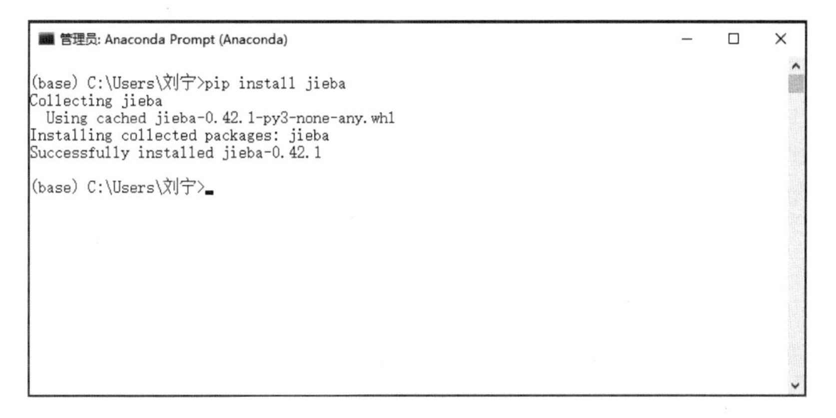

图 3-1　jieba 的安装过程

除了 Anaconda 自带的依赖库，本章用到的其他几个依赖库均可在 Prompt 中输入相应的库名，进而完成安装。

3. 数据来源

本章用到了几张数据表，后面会详细展示。为了检验本章后面提到的方法对某种流行病的可适应性，读者也可以自行尝试使用其他的方法，模拟进行预测检验。

3.2　利用 Pyecharts 库进行数据基本情况分析

本节的数据是笔者编写的，并且进行了简单的整理，得到了游戏各地区确诊人数-时间分布表，部分模拟数据如表 3-1 所示。

表 3-1　各地区确诊人数-时间分布表（部分）

单位：人

模拟日期（2046 年）	A 地区	B 地区	C 地区	D 地区	E 地区	F 地区	G 地区	H 地区	I 地区	J 地区	K 地区	L 地区
1 月 20 日	5		2									270
1 月 21 日	10	2	9	5							5	375
1 月 22 日	14	4	16	9			2		1		10	444
1 月 23 日	26	5	20	27		1	4	3	4	9	43	495
1 月 24 日	36	8	33	57		6	12	4	9	18	62	729
1 月 25 日	51	10	40	75	13	9	17	4	15	31	104	1052
1 月 26 日	68	14	53	110	18	13	22	6	21	47	128	1423
1 月 27 日	80	23	66	132	33	20	27	8	30	70	173	2714
1 月 28 日	91	24	80	147	48	27	36	9	37	99	296	3554
1 月 29 日	111	27	101	165	65	35	39	14	43	129	428	4586
1 月 30 日	132	31	128	206	82	39	45	14	59	168	537	5806
1 月 31 日	156	32	153	238	96	47	60	17	80	202	599	7153
2 月 1 日	183	41	177	262	104	56	64	23	95	236	661	9074
2 月 2 日	212	48	193	300	113	66	70	31	118	271	724	11 177
2 月 3 日	228	60	208	337	126	74	74	42	155	308	829	13 522

3.2.1　感染人数分布图

本节使用 Pyecharts 库中的 map_visualmap()函数进行疫情地图展示，使读者直观地感受疫情的分布情况，完整的程序如下：

```
from pyecharts import options as opts
from pyecharts.charts import Map
import numpy as np
import pandas as pd

#一、读取传染性流行病数据，进行数据格式变换
df = pd.read_excel('...../01 感染人数分布数据.xlsx',sheet_name='各地区确诊')
#读取历史疫情数据，这里需要修改为存储数据的路径
df.index = df['日期']                #将索引值修改为日期
df1 = df.drop(['日期'], axis=1)    #删除多余“日期”列
df2 = df1["2-3":"2-3"]              #选取 2 月 3 日的数据
df3 = df2.dropna(axis=1)
```

```
#删除缺失列，如果某列没有数据，则删除该地区数据，这里不用 0 填充是因为 0 也会在地图上显示
#print(df3)
df_province = list(df3.columns)
#选取地区名称，并转换成列表，目的是保持数据符合 Pyecharts 库中 Map 的数据格式要求
#print(df_province)
people =np.array(df3).astype(int) #数据格式变换
people = people.tolist()
people1 = people[0]                #取第一个数据


#二、通过不同的颜色展示各地区人数的分布情况
def map_visualmap():
    c = (
        Map()
        .add("2 月 3 日确诊疫情", [list(z) for z in zip(df_province, people1)],
             "china")
        .set_global_opts(
            title_opts=opts.TitleOpts(title="确诊疫情分布"),
            visualmap_opts=opts.VisualMapOpts(
                    is_piecewise=True,
                    pieces=[
                     {"min":10000, "label": '>10000 人',"color": 'blue'},
                     #大于 10000 人的用蓝色展示
                     {"min":500,"max":9999,"label":'500-9999 人',"color":'red'},
                     {"min":100,"max":499, "label":'100-499 人',"color":'orange'},
                     {"min":10,"max":99,"label":'10-100 人',"color": 'gold'},
                     {"min":0,"max":9,"label":'1-9 人',"color":'cornsilk'},
                    ]
            ),
        )
    )
    return c


#三、主函数
if __name__ == '__main__':
    city_ = map_visualmap()
    city_.render(path="....../03-01 确诊分布-分段型.html")
```

程序运行的结果是将确诊人数在地图上按照各地区直观展示，大于 10 000 人的地区用蓝色展示，其他确诊人数区间分别用不同的颜色展示。通过 2 月 3 日的数据，可以直观地看到确

诊人数主要分布在 L 地区，其量级也远远超过其他地区，如 L 地区周边的地区感染人数也相对较多。

本案例定义了一个地图生成函数 map_visualmap()，用于将数据分段在地图上展示。该函数通过调用 Pyecharts 库中的 Map()函数，生成各个地区确诊人数分布图。在调用 map_visualmap()函数之前，需要将各个地区的数据按照 Map()函数对数据格式的要求进行转换。Map()类下的 add()函数的第二个参数为 data_pair: Sequence，其数据格式为(坐标点名称,坐标点值)，也就是（“L 地区”,375）这种类型的数据。

定义完 map_visualmap()函数之后，先读取地区的列表数据（df_province）；接着截取 2 月 3 日相应地区对应的确诊人数，并变换成列表数据（people1）；最后将数据代入 map_visualmap()函数就可以生成地图展示图表。

3.2.2 病情分布图

为了直观地观察病情分布情况，下面将 1 月 26 日游戏中全球各个国家的确诊人数在世界地图上展示：

```
from pyecharts import options as opts
from pyecharts.charts import Map
import numpy as np
import pandas as pd

#一、读取疫情数据，并进行数据格式变换
df = pd.read_excel('....../01 感染人数分布数据.xlsx',sheet_name='世界')
#读取历史疫情数据
df.index = df['日期']                 #将索引值修改为日期
df1 = df.drop(['日期'], axis=1)   #删除多余“日期”列
df2 = df1["1-26":"1-26"]            #选取 1 月 26 日的数据
df3 = df2.dropna(axis=1)
#删除缺失列，如果某列没有数据，则删除该地区的数据，这里不用 0 填充是因为 0 也会在地图上显示
df_country = list(df3.columns)
#选取地区名称，并转换成列表，目的是保持数据符合 Pyecharts 库中 Map 的数据格式要求
people =np.array(df3).astype(int)#数据格式变换
people = people.tolist()
people1 = people[0]                   #取第一个数据

#二、定义世界地图展示函数
def map_world() :
    c = (
```

```
        Map()
        .add("世界确诊分布", [list(z) for z in zip(df_country, people1)], "world")
        .set_series_opts(label_opts=opts.LabelOpts(is_show=False))
        .set_global_opts(
            title_opts=opts.TitleOpts(title="世界确诊分布"),
            visualmap_opts=opts.VisualMapOpts(max_=3000),
        )
    )
    return c

#三、主函数
if __name__ == '__main__':
    city_ = map_world()
    city_.render(path="....../03-02 世界分布（1 月 26 日）.html")
```

采用和 3.2.1 节中相同的方法，本节将 1 月 26 日全球各个国家的确诊人数在世界地图上按照国家确诊人数进行展示。该例和 3.2.1 节的方法基本类似，将数据变换为 Pyecharts 库要求的格式后，代入函数便可以生成。通过地图分布来看，2046 年 1 月 26 日疫情主要集中地很明显，包括北美洲也出现了确诊病例，不排除疫情继续扩大的可能性。

3.2.3　病症情况堆叠图

本节使用 Pyecharts 库中的 Bar()函数对 2046 年 1 月 20 日—29 日的疑似人数、确诊人数、重症人数，按照时间顺序用堆叠图进行展示：

```
from pyecharts import options as opts
import pandas as pd
from pyecharts.charts import Bar

#一、读取疫情数据，并进行数据格式变换
df = pd.read_excel('....../01 感染人数分布数据.xlsx',sheet_name='全国走势')
#读取历史疫情数据
df1 = df[0:10]#截取 1 月 20 日—29 日的数据

#二、调用 Pyecharts 库中的 Bar()函数
c = (
    Bar()
    .add_xaxis(df1['日期'].tolist())
    .add_yaxis("现有重症人数", df1['现有重症'].tolist(), stack="stack1", category_gap="60%")
     #堆叠柱状图，并设置柱间距离
    .add_yaxis("累计确诊人数", df1['累计确诊'].tolist(), stack="stack1", category_gap="60%")
```

```
    .add_yaxis("疑似人数", df1['疑似'].tolist(), stack="stack1", category_gap="60%")
    .set_series_opts(label_opts=opts.LabelOpts(position="right")) #将数值在右侧显示
    .set_global_opts(title_opts=opts.TitleOpts(title="重症-确诊-疑似堆叠图"))
    )

c.render(path="....../03-03 重症-确诊-疑似堆叠图.html")#保存
```

本例使用了 Bar()函数，按时间对某区域的疑似人数、累计确诊人数、现有重症人数进行堆叠展示。该例还是比较容易实现的，在读取数据之后，截取了 2046 年 1 月 20 日—29 日的数据，代入 Bar()函数便可以实现，结果如图 3-2 所示。在 Bar()函数中，将柱间距离设置为 60%，并将对应数值在柱状图右侧显示。结果显示，随着时间的推移，疑似人数和累计确诊人数都在激增。

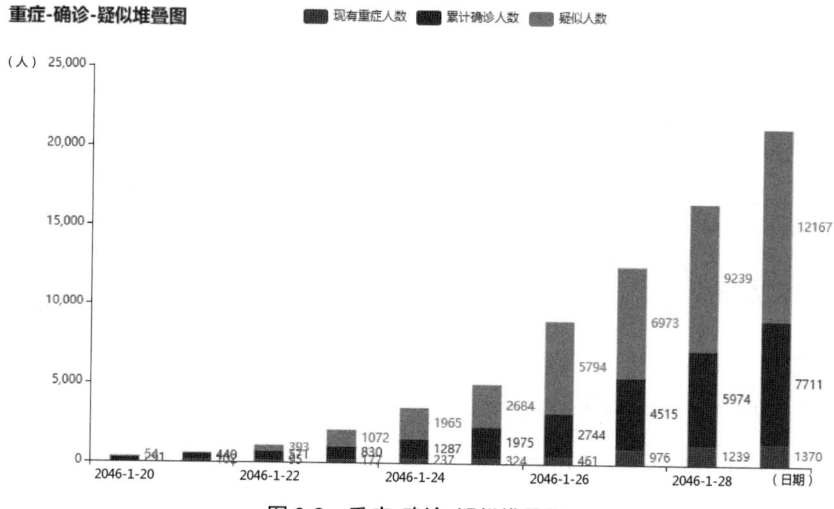

图 3-2　重症-确诊-疑似堆叠图

3.2.4　绘制出院、死亡情况折线图

本节使用 Pyecharts 库中的 Line()函数，模拟对 2046 年 1 月 20 日—29 日的出院人数、死亡人数按照时间顺序进行展示：

```
from pyecharts import options as opts
import pandas as pd
from pyecharts.charts import Line

#一、读取疫情数据，并进行数据格式变换
df = pd.read_excel('....../01 感染人数分布数据.xlsx',sheet_name='全国走势')
#读取历史疫情数据
```

```
df1 = df[0:10]#截取 2046 年 1 月 20 日—29 日的数据

#二、调用 Pyecharts 库中的 line()函数
c = (
        Line()
        .add_xaxis(df1['日期'].tolist())
        .add_yaxis("出院人数", df1['出院'].tolist(), is_smooth=True)
                    symbol="triangle",symbol_size=10,
                    linestyle_opts=opts.LineStyleOpts(type_='dashed', width=2) )
        .add_yaxis("死亡人数", df1['死亡'].tolist(), is_smooth=True)
        .set_global_opts(yaxis_opts=opts.AxisOpts(name='人数'),
                        xaxis_opts=opts.AxisOpts(name='时间') )
    )
c.render(path="……/03-04 出院-死亡走势图.html")
```

本例首先读取了目前已知的数据，并截取 2046 年 1 月 20 日—29 日“日期”列作为 X 轴数据，“出院人数”列和“死亡人数”列作为 Y 轴数据，然后按照 Line()函数的要求将数据转换为相应的格式，最后将数据按平滑方式展示出来。

结果如图 3-3 所示，随着时间的推移，死亡人数、出院人数不断增加。可喜的是，在 2046 年 1 月 28 日之后，出院人数增长趋势慢慢高于死亡趋势。

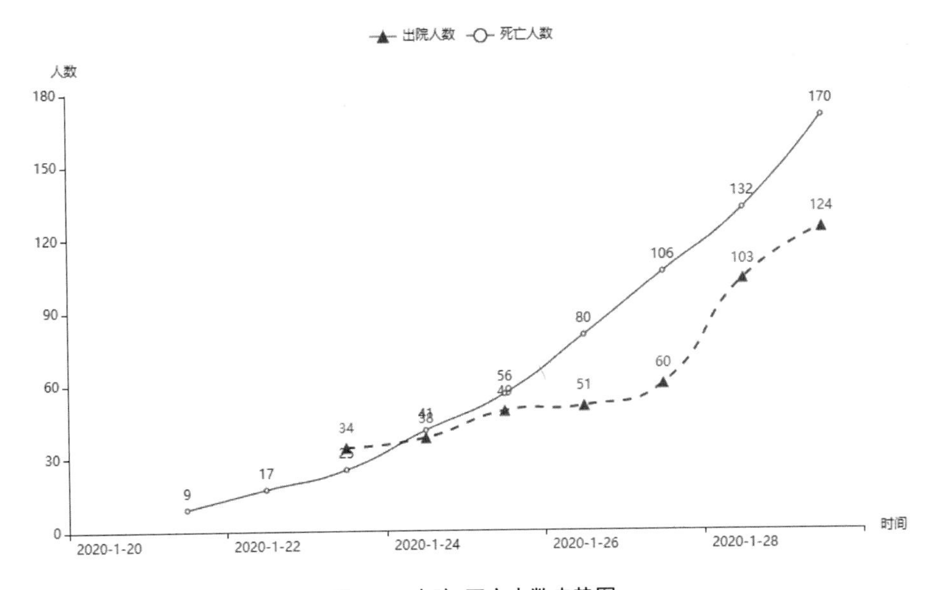

图 3-3　出院-死亡人数走势图

3.2.5 病情热力图

本节通过 Pyecharts 库自带的热力图函数，展示 2 月 3 日某区域确诊病例的热力图分布，如下所示：

```
import numpy as np
import pandas as pd
from pyecharts import options as opts
from pyecharts.charts import Geo
from pyecharts.globals import ChartType


#一、读取疫情数据，并进行数据格式变换
df = pd.read_excel('…/01 感染人数分布数据.xlsx',sheet_name='各地确诊病例')
#读取历史疫情数据
df.index = df['日期']                  #将索引值修改为日期
df1 = df.drop(['日期'], axis=1)    #删除多余“日期”列
df2 = df1["2-3":"2-3"]               #选取 2 月 3 日的数据
df3 = df2.dropna(axis=1)
#删除缺失列，如果某列没有数据，则删除该地区的数据，这里不用 0 填充是因为 0 也会在地图上显示
#print(df3)
df_province = list(df3.columns)
#选取地区名称，并转换成列表，目的是保持数据符合 Pyecharts 库中 Map 的数据格式要求
#print(df_province)
people =np.array(df3).astype(int) #数据格式变换
people = people.tolist()
people1 = people[0]                  #取第一个数据
#print(people1)


#二、使用热力图展示各城市确诊病例的分布情况
c = (
    Geo()
    .add_schema(maptype="china")
    .add("热力图",[list(z) for z in zip(df_province, people1)],
      type_=ChartType.HEATMAP)
    .set_series_opts(label_opts=opts.LabelOpts(is_show=False))
    .set_global_opts(
      visualmap_opts=opts.VisualMapOpts(max_=1000, is_piecewise=True),
      title_opts=opts.TitleOpts(title="各城市确诊热力图"),
```

```
        )
    )

c.render(path="……/03-05 确诊分布热力图.html")
```

本例将 2 月 3 日某区域各城市的确诊病例在区域地图上用热力图展示，在读取数据后，对数据格式进行变换，代入函数便可以生成疫情热力图。可以清晰地看出，人员主要分布在 L 地区。

3.2.6 病情分布象形图

下面将 2 月 3 日某区域各个城市的确诊人数用象形图进行展示：

```
import pandas as pd
from pyecharts import options as opts
from pyecharts.charts import PictorialBar
from pyecharts.globals import SymbolType


#读取疫情数据，并进行数据格式变换
df = pd.read_excel('……/01 感染人数分布数据.xlsx',sheet_name='各地区确诊病例')
#读取历史疫情数据
df.index = df['日期']                  #将索引值修改为日期
print(df)
df1 = df.drop(['日期'], axis=1)   #删除多余“日期”列
df2 = df1["2-3":"2-3"]                 #选取 2 月 3 日的数据

df3= df2.T                             #行列变化
df4 = df3.sort_values(by="2-3" , ascending=False)
#ascending=False 表示降序排列
df5 = df4.reset_index()                #重置索引
df6 = df5[0:20]                        #选取感染人数排名前 20 名的城市
df7 = df6.sort_values(by="2-3" , ascending=True)
#按顺序排列，这是为了适应 pictorialbar_base()函数的显示顺序
print(df7)

location = ["城市 T","城市 S","城市 R","城市 Q","城市 P","城市 O","城市 N",
            "城市 M","城市 L","城市 K","城市 J","城市 I","城市 H","城市 G",
            "城市 F","城市 E","城市 D","城市 C","城市 B","城市 A"]
#这里没有使用具体的城市名称，也可以使用下面这条语句代替，生成具体的城市名称
#location = list(df7['index'])#也可以用具体的城市名称代替
```

```
values = list(df7['2-3'])

#定义象形图函数
def pictorialbar_base():
    c = (
        PictorialBar()
        .add_xaxis(location)
        .add_yaxis(
            "",
            values,
            label_opts=opts.LabelOpts(is_show=False),
            symbol_size=18,
            symbol_repeat="fixed",
            symbol_offset=[0, 0],
            is_symbol_clip=True,
            symbol=SymbolType.ROUND_RECT
        )
        .reversal_axis()
        .set_global_opts(
            title_opts=opts.TitleOpts(title="确诊地排名（2月3日）"),
            xaxis_opts=opts.AxisOpts(is_show=False),
            yaxis_opts=opts.AxisOpts(
                axistick_opts=opts.AxisTickOpts(is_show=False),
                axisline_opts=opts.AxisLineOpts(
                    linestyle_opts=opts.LineStyleOpts(opacity=0)
                ),
            ),
        )
    )
    return c

m = pictorialbar_base()
m.render(path="....../03-06 各地确诊分布象形图.html ")
```

为了更直观地查看各城市确诊病例的情况，本节使用象形图进行展示。本例的难点是对数据格式进行变换。通过对某区域各个城市的确诊病例数据进行变换后，代入象形图函数pictorialbar_base()便可生成，结果如图3-4所示。由此可以看出，确诊病例排名前20名的城市（用城市A、城市B等代替了具体的城市名称）主要集中在L地区。

图 3-4　各个城市确诊病例象形图

3.2.7　人口流动示意图

本节主要通过感染人群的数目判断 L 地区城市 A 感染者的分散路线。本节做了大量的脱敏处理，在程序运行时，读者可能需要花费一些精力来还原具体的分析过程：

```
import pandas as pd
from pyecharts import options as opts
from pyecharts.globals import SymbolType
from pyecharts.charts import Geo
from pyecharts.globals import ChartType

#一、读取疫情数据，并进行数据格式变换
df = pd.read_excel('……/01 感染人数分布数据.xlsx',sheet_name='各地确诊病例')
df.index = df['日期'] #将索引值修改为日期
df_Except_Hb = df.drop(['日期','城市 B','城市 C','城市 D','城市 E','城市 F',
                        '城市 G','城市 H','城市 I','城市 J','城市 K','城市 L',
                        '城市 M','城市 N','城市 O','城市 P', '城市 Q'], axis=1)
#删除 L 地区除城市 A 以外其他城市的数据，这里将数据改为脱敏后的数据，在运行程序的时候，需要改为符合 Pyecharts 库要求的具体地名名称
df_Except_Hb1 = df_Except_Hb["2-3":"2-3"].T
#选取 2 月 3 日的数据，并进行行列变化
```

```
df_Except_Hb2 = df_Except_Hb1.sort_values(by="2-3" , ascending=False)
#ascending=False 表示降序排列
df_Except_Hb3 = df_Except_Hb2.reset_index()      #重置索引
df_Except_Hb3.columns = ['城市','感染人数']       #列重命名
df_Except_Hb4 = df_Except_Hb3[0:11]
#选取感染人数排名前 11 名的城市（这里包含城市 A，方便作图展示）
print(df_Except_Hb4)
df_Except_Hb4['城市 A'] = '城市 A'
#增加全为“城市 A”的列，方便整合成 geo_lines_background()函数要求的数据类型，这里在运行程序时，
#需要改为符合 Pyecharts 库要求，城市 A 的具体名称

city_values=list(zip(df_Except_Hb4['城市'],df_Except_Hb4['感染人数']))
#整合成 geo_lines_background()函数要求的数据格式
city_lines=list(zip(df_Except_Hb4['城市 A'],df_Except_Hb4['城市']))
#这里也将具体的城市名称用“城市 A”进行替换

#二、调用 Pyecharts 库中的地图路线图，展示人员流动情况
def geo_lines_background():
    c = (
        Geo()
        .add_schema(
            maptype="china",
            itemstyle_opts=opts.ItemStyleOpts(color="#323c48",
            border_color="#111"),
        )
        .add(
            "",
            city_values,
            type_=ChartType.EFFECT_SCATTER,
            color="white",
        )
        .add(
            "人口流动路线图",
            city_lines,
            type_=ChartType.LINES,
            effect_opts=opts.EffectOpts(
                symbol=SymbolType.ARROW, symbol_size=6, color="blue"
            ),
            linestyle_opts=opts.LineStyleOpts(curve=0.2),
        )
```

```
        .set_series_opts(label_opts=opts.LabelOpts(is_show=False))
    )
    return c

mapLine = geo_lines_background()
mapLine.render(path="....../03-07 人口流动示意图.html")
```

本例使用地理坐标的形式，在区域地图上展示人员流动示意图。首先将 2 月 3 日除 L 地区以外的感染人数进行排序，并选取排名前 10 名的城市。然后在区域地图上绘制城市 A 到各个城市的连线，直观地观测离开城市 A 的人群的主要去处。假如人群中不存在超级感染者，其他城市的确诊病例均来自城市 A 感染者的传染，那么便可以确认 1 月 23 日以后从城市 A 分流的感染者大致的去向路线。

注意：本节仅列出了代码，未列出相关的结果展示，感兴趣的读者可以自行运行。另外，程序中做了大量的脱敏处理，所以可能需要读者花费一些精力进行还原。

3.3　感染病例分析

本节通过游戏中虚拟了 395 位确诊病例的情况，这里仅展示了部分信息（见表 3-2），该数据表包括发布时间、姓名、性别、年龄、感染时间、潜伏期、发病时间、就诊时间、入院前几天的症状、入院时间、确诊时间、进入 ICU-死亡时间、住院-死亡时间、出院时间、状态、感染原因、具体情况、地域、信息来源等数据，大部分数据是从“具体情况”列中间接获取的。

表 3-2　确诊病例情况

发布时间	姓名	性别	年龄	具体情况	地域	信息来源
1月22日	王某	男	75 岁	2046 年 1 月 11 日入院，因患者病情加重，1 月 15 日转入 ICU，进行机械通气。于 2046 年 1 月 20 日 11:25 因呼吸循环衰竭抢救无效死亡。死者生前曾进行髋关节置换，同时患有高血压病 3 级（极高危）	L 地区	L 地区某官网

续表

发布时间	姓名	性别	年龄	具体情况	地域	信息来源
1月22日	罗某	男	66岁	2045年12月23日发病，12月31日因胸闷前往医院就诊，2046年1月2日转入L地区某医院救治。入院时即出现严重呼吸窘迫、多脏器功能损害，于2046年1月21日9:50因病情恶化抢救无效死亡。死者生前有高血压、胆结石等基础疾病	L地区	L地区某官网
1月22日	刘某	男	82岁	2046年1月14日入院治疗，呼吸衰竭，脓毒血症。给予心电监护，无创呼吸机辅助呼吸及对症治疗。1月19日病情加重出现呼吸衰竭，于2046年1月21日1:18因病情恶化抢救无效死亡。死者生前有高血压等基础疾病	L地区	L地区某官网
1月23日	袁某	女	70岁	2046年1月13日收治入院，入院时神志模糊，存在严重的呼吸衰竭。入院后予以抗感染、吸氧等对症治疗，但呼吸衰竭难以纠正，1月21日因呼吸衰竭抢救无效死亡	L地区	L地区某官网
1月23日	雷某	男	53岁	2046年1月10日发病，1月20日转入L地区某医院救治。入院后经抗感染抗休克，呼吸机辅助呼吸支持治疗，患者病情无好转，呼吸衰竭继续加重，1月21日4:00经抢救无效死亡	L地区	L地区某官网
1月23日	王某	男	86岁	2046年1月9日收治入院，入院后肺部CT见双肺多发磨玻璃影，治疗3天后复查肺部CT病灶增多，1月21日17:50心跳、呼吸停止，宣告临床死亡。死者4年前曾行结肠癌手术，患有糖尿病、高血压等基础疾病	L地区	L地区某官网

3.3.1 基本信息统计

为了对确诊病例的基本情况进行了解，需要对数据进行简单的统计分析，以期可以对确诊病例的基本信息有更直观的认识：

```
import pandas as pd
import seaborn as sns
import matplotlib.pyplot as plt

#一、读取疫情数据，并进行数据格式变换
df = pd.read_excel('...../02 确诊情况统计.xlsx',sheet_name='全国')
#读取感染病例数据

#二、统计确诊病例的基本信息
sizes=df["性别"].value_counts()   #性别统计
```

```
labels = sizes.index
df_age = df['年龄'].astype(float) #年龄数据格式变换
print(df_age.describe())          #查看均值、最大值、最小值等

#三、绘图
plt.figure(figsize=(10, 10))
sns.set(font_scale=2,font='SimHei')
#设置字号大小、字体（这里是黑体），预防汉字不显示
plt.subplot(1,2,1) #性别分布饼图
plt.pie(sizes,labels=labels,autopct='%1.1f%%')
#其中 labels 是标注，autopct='%1.1f%%'用于显示数字

plt.figure(figsize=(15, 10))
sns.set(font_scale=2.8,font='SimHei')
#设置字号大小、字体（这里是黑体），预防汉字不显示
plt.rcParams['axes.unicode_minus']=False                #用来正常显示负号
df_age.plot(kind="hist",bins=20,color="blue",edgecolor="black", density=True, label='年龄分布直
方图') #直方图
df_age.plot(kind="kde",color="red",label='核密度图') #核密度图
# plt.title("年龄分布")                                 #添加标题
plt.legend()
```

上述代码先使用 Pandas 库中的 value_counts()函数对确诊病例的性别进行统计，并通过 Matplotlib 库中的 pie()函数绘制性别统计饼图（见图 3-5）。由图 3-5 可以看出，在 395 位确诊病例中，男性占 56.8%，女性占 43.2%，整个群体以男性患者为主。

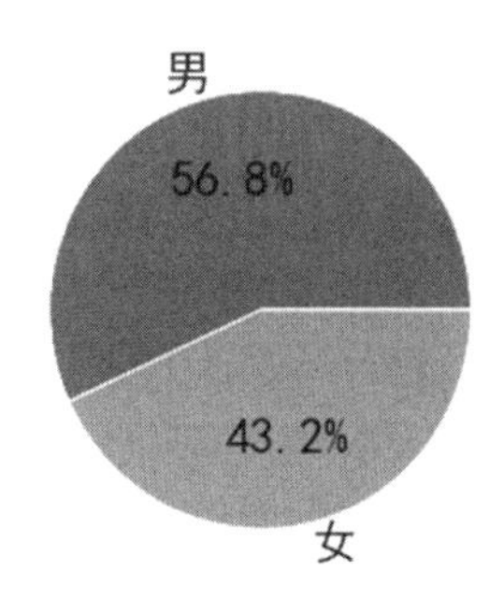

图 3-5　确诊病例性别占比图

为了更直观地观察确诊病例的年龄分布，此处使用了 Pandas 库中的 describe()函数，然后对年龄分布进行分析。describe()函数可以输入数据的均值、最大值、最小值等，可以精确地了解数据的基本信息。年龄信息统计如表 3-3 所示。

表 3-3　年龄信息统计

基本信息	count	mean	std	min	25%	50%	75%	max
年龄/岁	373	45.83	17.71	1	33	44	59	94

为了更直观地观察确诊病例年龄的分布情况，本节使用了 Pandas 库中的 plot()函数，并绘制了确诊病例年龄分布直方图（见图 3-6）。

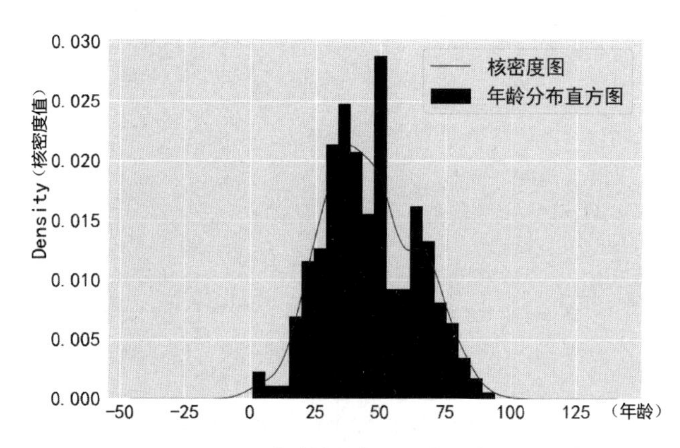

图 3-6　确诊病例年龄分布直方图

通过对确诊病例进行分析可知，去除信息不足的病例后，373 例确诊病例的平均年龄为 45.83 岁，最小的为 1 岁，最大的为 94 岁，中位数为 44 岁。通过对年龄分布直方图进行分析可以看出，中老年患者相对较多，但也出现了部分年轻患者，病毒的传染已经不仅仅针对中老年群体。

3.3.2　使用直方图展示感染周期

本节从感染时间、发病时间、确诊时间、入院时间、死亡时间这几个方面对确诊病例进行统计分析，以确定发病周期各个阶段所用的时间，如下所示：

```
import pandas as pd
import seaborn as sns
import matplotlib.pyplot as plt

#一、读取疫情数据，并进行数据格式变换
df = pd.read_excel('……/02 确诊情况统计.xlsx',sheet_name='全国')
#读取感染病例数据

#二、查看潜伏期时间
df_incubation = df[['感染时间','发病时间']]
```

```
df_incubation1 = df_incubation.dropna()                              #删除缺失行
df_incubation1['incubation'] = df_incubation1['发病时间'] - df_incubation1['感染时间'] #计算潜伏期
df_incubation1['incubation'] = df_incubation1['incubation'].apply(lambda x: x.days)
#将“incubation”列中的“days”删除
print(df_incubation1['incubation'].describe())                      #查看均值、最大值、最小值等

#三、查看确诊时间
df_diagnosis = df[['发病时间','确诊时间']]
df_diagnosis1 = df_diagnosis.dropna()                                #删除缺失行
df_diagnosis1['发病—确诊时间'] = df_diagnosis1['确诊时间'] - df_diagnosis1['发病时间']#计算确诊时间
df_diagnosis1['发病—确诊时间'] = df_diagnosis1['发病-确诊时间'].apply(lambda x: x.days)
#将“incubation”列中的“days”删除
print(df_diagnosis1['发病—确诊时间'].describe())                     #查看均值、最大值、最小值等

#四、查看死亡时间
df_death = df[['入院时间','死亡时间']]
df_death1 = df_death.dropna()                                        #删除缺失行
df_death1['入院—死亡时间'] = df_death1['死亡时间'] - df_death1['入院时间']
#计算死亡时间
df_death1['入院—死亡时间'] = df_death1['入院—死亡时间'].apply(lambda x: x.days)
#将“incubation”列中的“days”删除
print(df_death1['入院—死亡时间'].describe())                        #查看均值、最大值、最小值等

#五、作图
sns.set(font_scale=1.8,font='SimHei')
#设置字号大小、字体（这里是黑体），预防汉字不显示
plt.rcParams['axes.unicode_minus']=False                             #用来正常显示负号
plt.figure(figsize=(30,7))
plt.subplots_adjust(wspace=0.2, hspace=0.3)
plt.subplot(1,3,1)                                                   #潜伏期直方图
df_incubation1['incubation'].plot(kind="hist",bins=20,color="blue",edgecolor="black",density=
True)#直方图
df_incubation1['incubation'].plot(kind="kde",color="red")           #在直方图上添加核密度图
plt.title("潜伏期")                                                  #添加标题

plt.subplot(1,3,2)                                                   #发病—确诊时间直方图
df_diagnosis1['发病—确诊时间'].plot(kind="hist",bins=20,color="blue",edgecolor="black",density=
True)                                                                #直方图
df_diagnosis1['发病—确诊时间'].plot(kind="kde",color="red")         #在直方图上添加核密度图
plt.title("发病—确诊时间")                                           #添加标题

plt.subplot(1,3,3)                                                   #入院—死亡时间直方图
```

```
df_death1['入院—死亡时间'].plot(kind="hist",bins=20,color="blue",edgecolor="black",density=
True)                                                          #直方图
df_death1['入院—死亡时间'].plot(kind="kde",color="red")         #在直方图上添加核密度图
plt.title("入院—死亡时间")                                      #添加标题
```

为了观察确诊病例从感染到发病，再到确诊、隔离、死亡等的时间，以期对疫情的周期有更直观的认识，这里首先通过表 3-1 中的“具体情况”列进行倒推，生成感染时间、发病时间等具体的时间，但相关信息并不是很充足。例如，对感染时间的确定，本节只根据部分有 L 地区出差历史的其他地区的患者进行倒推，估计其可能是在 B 地区出差期间感染的，进而确定感染时间。而发病时间是根据患者的回忆大致确定的。

这里依旧通过 Pandas 库对不同列的时间进行计算，并得到相应的统计信息（见表 3-4），感染的不同阶段的直方图如图 3-7 所示。

表 3-4　确诊病例时间节点统计表

单位：天

阶段	count	mean	std	min	25%	50%	75%	max
潜伏期	29	6.414	4.379	0	4	5	8	22
发病—确诊	171	6.474	3.315	0	4	6	8	17
入院—死亡	33	9.758	9.849	1	5	8	11	56

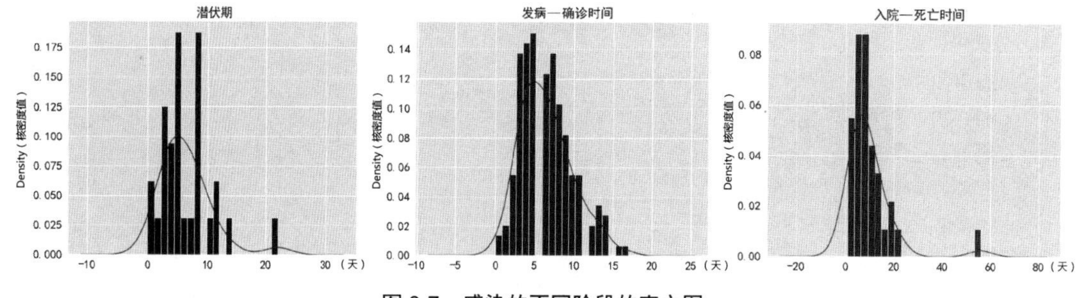

图 3-7　感染的不同阶段的直方图

如果将感染到发病的时间定义为潜伏期，通过对 29 例潜伏病例进行分析可知，平均潜伏期为 6.414 天，最小潜伏期为 0 天，最大潜伏期为 22 天。

将发病到确诊的时间定义为确诊时间，通过对 171 例确诊病例进行分析可知，平均确诊时间为 6.474 天，最小确诊时间 0 天，最大确诊时间 17 天。

将入院治疗到宣告死亡的时间差定义为死亡时间，通过对 33 例死亡病例进行分析可知，平均死亡时间为 9.758 天，最短死亡时间为 1 天，最长死亡时间为 56 天。

假设确诊病例都能及时入院治疗（确诊到入院时间为 0 天），那么基于以上分析就可以得到

感染周期图（见图 3-8）。由此可知，从感染到死亡的平均时间是 22.646（即 6.414+6.474+9.758）天。在疫情开始初期就能准确预估感染各个阶段的时间并不是一件容易的事，但是随着时间的推移和数据量的增加，各个阶段的时间也将逐渐清晰。

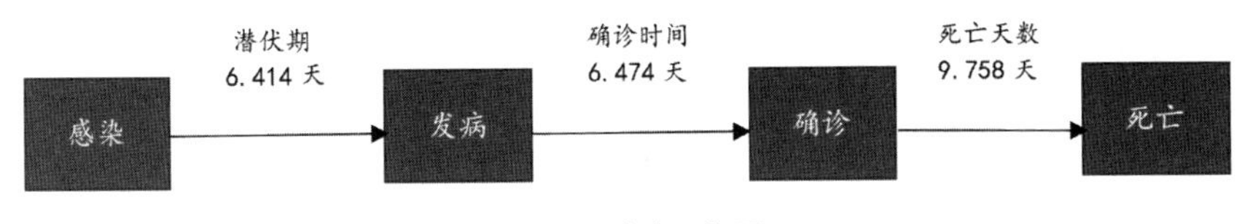

图 3-8　感染周期图

3.3.3　使用词云图展示死亡病例情况

本节通过模拟 1 月 23 日感染某病毒的疫情情况，获取了 17 例死亡病例病情介绍。为了直观地观察死亡病例的基本情况，本节使用词云图进行展示（此处只是简单使用，5.3 节会详细地展示词云图的使用）：

```
import collections                    #词频统计库
import numpy as np                    #NumPy 数据处理库
import jieba                          #jieba 分词库
import wordcloud                      #词云图展示库
from PIL import Image                 #图像处理库
import matplotlib.pyplot as plt       #图像展示库
import seaborn as sns

#一、读取文件
fn = open('...../03 死亡病例病情介绍.txt','rt')
#打开文件，这里需要改为存放数据的计算机路径
string_data = fn.read()               #读取整个文件
fn.close()                            #关闭文件

#二、文本分词
seg_list_exact = jieba.cut(string_data, cut_all = False)#精确模式分词
object_list = []
remove_words = [u'2046',u'患者',u'治疗',u'医院',u'XX',u'转入',
u'宣告',u'出现',u'20',u'入院',u'支持',u'22',u'收入',
u'18',u'10',u'13',u'就诊',u'12',u'金银',u'日因',
u'明显',u'17',u'21',u'15',u'23',u'既往',u'19',u'11',
u'报告',u'对症',u'进行性',u'给予']                        #自定义去除词库

for word in seg_list_exact:                                #循环读出每个分词
#    if word not in remove_words:                          #如果不在去除词库中
```

```
    if len(word)>=2 and word not in remove_words:
        object_list.append(word)                          #将分词追加到列表

#三、词频统计
word_counts = collections.Counter(object_list)            #对分词做词频统计
word_counts_top40 = word_counts.most_common(40)           #获取前 40 个最高频的词
print (word_counts_top40)                                 #输出检查

#四、词频统计
x=[x[0] for x in word_counts_top40]                       #统计 top40 个关键字
y=[x[1] for x in word_counts_top40]                       #统计 top40 个关键字出现的次数

#横坐标字体竖排显示
label = []
for i in range(len(x)):
    label_vertical = []
    for j in range(len(x[i])):
        label_vertical.append(x[i][j]+"\n")               #每个中文加入换行符，实现竖排显示
    label.append(''.join(label_vertical))                 #列表转换为字符串

sns.set(font_scale=2,font='SimHei',style='white')         #设置字体大小、字体（这里是黑体）、图片背景色等
fig = plt.figure(figsize=(20,10))
plt.bar(x,y,color='black')
plt.ylabel('词\n频\n（次）',rotation=360,labelpad=30) #设置 Y 轴名称,并让标签文字上下显示
plt.show()


#五、词云图展示
mask = np.array(Image.open('....../03 病毒背景图.jpg'))    #定义词频背景
wc = wordcloud.WordCloud(
    font_path='C:/Windows/Fonts/simhei.ttf',              #设置字体格式
    margin=10, width=4000,height=6000,
    mask=mask                                             #设置背景图
)

wc.generate_from_frequencies(word_counts)                 #从字典生成词云图
image_colors = wordcloud.ImageColorGenerator(mask)        #从背景图建立颜色方案
wc.recolor(color_func=image_colors)                       #将词云图颜色设置为背景图方案
plt.imshow(wc)                                            #显示词云图
plt.axis('off')                                           #关闭坐标轴
plt.show()                                                #显示图像
wc.to_file('....../03 死亡病例词云图.jpg')                 #保存图片
```

上述代码先将获取的模拟死亡病例的文本经过简单的预处理转换为 txt 文件，然后通过 jieba 库的 cut()函数完成对文章的分词，并移出了部分连接词，以及一些与发病症状可能无关的词语，最后通过 collections 词频统计库统计出词频最高的 40 个词语，如图 3-9 所示。

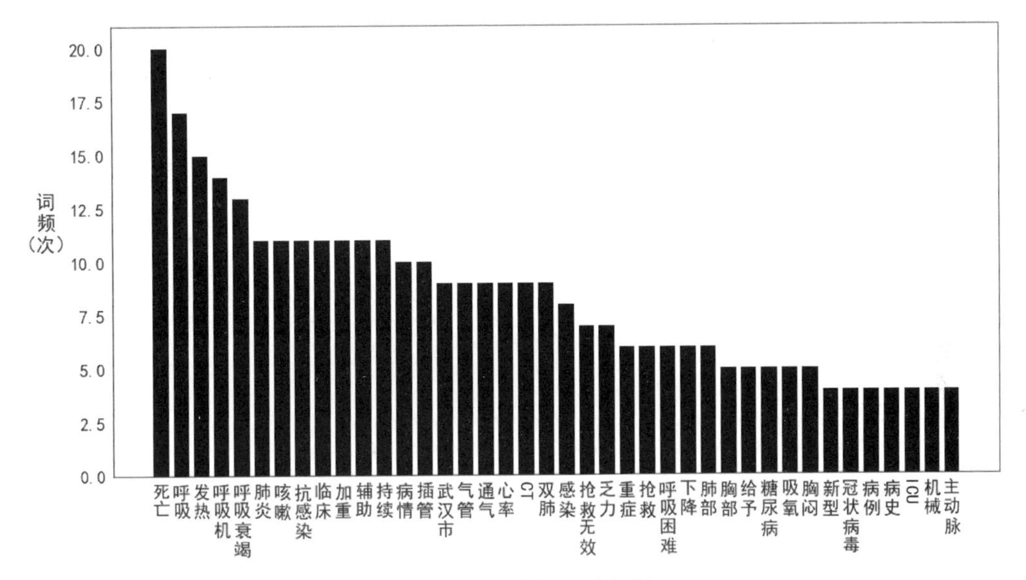

图 3-9　词频最高的 40 个词语

通过 wordcloud 库完成词云图的绘制（见图 3-10），为了让词云图的背景更丰富，此处自定义了一个背景图。通过词云图对死亡病例进行展示，可以看到死亡病例大都伴随着呼吸衰竭、发热、咳嗽等症状。

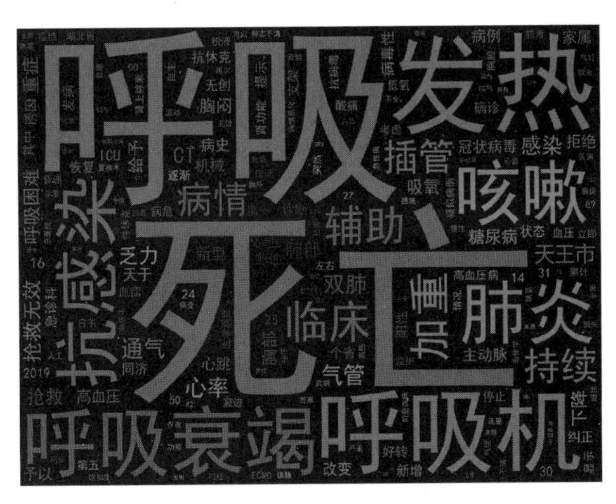

图 3-10　死亡病例词云图

3.4 疫情趋势预测

疫情的每一步动向都牵动着万千人的心，为了更早地观测疫情的走向，本节采用两种常用的方法，利用 SciPy 科学计算库进行疫情发展趋势的预测。为了保证示例的真实性，笔者根据相关数据模拟了一份感染人数统计表，后续相关的训练数据、验证数据均来自表 3-5。

表 3-5 感染人数统计表

单位：人

模拟日期	累计确诊	新增确诊	新增确诊（官网）	疑似	现有确诊	现有重症	死亡	出院	密切接触者	解除医学观察	接受医学观察
1月20日	291		77	54					1739	817	922
1月21日	440	149	149			102	9		2197	765	1394
1月22日	571	131	131	393		95	17		5897	969	4928
1月23日	830	259	259	1072		177	25	34	9507	1087	8420
1月24日	1287	457	444	1965		237	41	38	15 197	1230	13 967
1月25日	1975	688	688	2684		324	56	49	23 431	325	21 556
1月26日	2744	769	769	5794		461	80	51	32 799	583	30 453
1月27日	4515	1771	1771	6973		976	106	60	47 833	914	44 132
1月28日	5974	1459	1459	9239		1239	132	103	65 537	1604	59 990
1月29日	7711	1737	1737	12 167		1370	170	124	88 693	2364	81 947
1月30日	9692	1981	1982	15 238		1527	213	171	113 579	4201	102 427
1月31日	11 791	2099	2102	17 988		1795	259	243	136 987	6509	118 478
2月1日	14 380	2589	2590	19 544		2110	304	328	163 844	8044	137 594
2月2日	17 205	2825	2829	21 558		2296	361	475	189 583	10 055	152 700
2月3日	20 438	3233	3235	23 214		2788	425	632	221 015	12 755	171 329
2月4日	24 324	3886	3887	23 260		3219	490	892	252 154	18 457	185 555
2月5日	28 018	3694	3694	24 702	26 302	3859	563	1153	282 813	21 365	186 354
2月6日	31 161	3143	3143	26 359	28 985	4821	636	1540	314 028	26 762	186 045
2月7日	34 546	3385	3399	27 657	31 774	6101	722	2050	345 498	26 702	189 660
2月8日	37 198	2652	2656	28 942	33 738	6188	811	2649	371 905	31 124	188 183
2月9日	40 171	2973	3062	23 589	35 982	6484	908	3281	399 487	29 307	187 518

续表

模拟日期	累计确诊	新增确诊	新增确诊（官网）	疑似	现有确诊	现有重症	死亡	出院	密切接触者	解除医学观察	接受医学观察
2 月 10 日	42 638	2467	2478	21 675	37 626	7333	1016	3996	428 438	26 724	187 728
2 月 11 日	44 653	2015	2015	16 067	38 800	8204	1113	4740	451 462	30 068	185 037
2 月 12 日	59 804	15 151	15 152	13 435	52 526	8030	1367	5911	471 531	29 429	181 386

3.4.1 利用逻辑方程预测感染人数

1. 基本原理

逻辑方程（Logistic Equation）是一种物种增长模型，当一个物种迁入一个新的生态系统中之后，若该物种在非理想生态系统（如存在天敌，食物、空间等资源比较紧缺）中存在生存阻力，则物种增长函数满足逻辑方程：

$$P(t)=\frac{NP_0\mathrm{e}^{rt}}{N+P_0(\mathrm{e}^{rt}-1)} \tag{3-1}$$

式（3-1）中各个参数的含义如下。

- $P(t)$：表示随着时间的变化环境中物种的数量。
- N：表示环境中物种能达到的极限值，也就是表示随着时间的推移，以及环境因素的制约，物种数量最终达到一个最大值后将不再增加。
- P_0：表示环境开始时期物种的数量。
- r：表示增长速率，在图形中展现的就是曲线的陡峭程度，r 越大，物种数量越逼近 N 值。
- t：表示时间。
- e：表示自然对数的底数。

逻辑方程在二维象限中类似于 S 形（见图 3-11），随着时间的推移，物种数量将趋于稳定。该模型广泛应用于生物学、医学、经济管理学等。

2. 模型建模（参数求解）

下面基于该模型对式（3-1）中的相关参数进行求解：

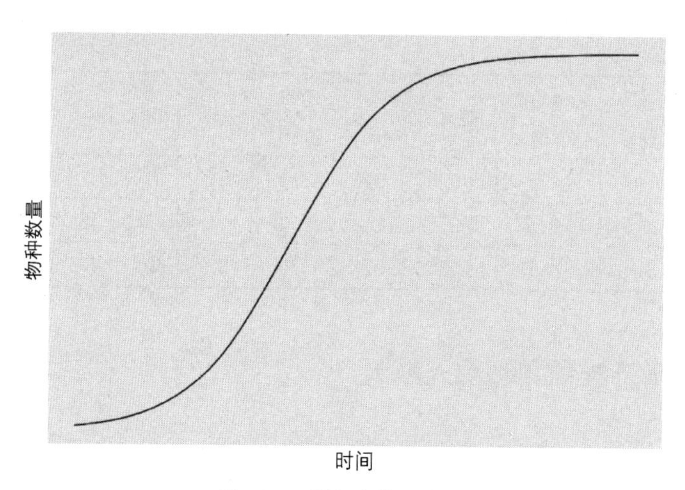

图 3-11　逻辑方程示意图

```
import numpy as np
import matplotlib.pyplot as plt
import pandas as pd
from scipy.optimize import curve_fit
import seaborn as sns

#一、定义待拟合函数 P(t)=(N*P0*e^rt)/(N+P0(e^rt-1))
def LogisticEquation(t,N,P0,r):
    '''
    t:时间
    t0:初始时间
    P0:初始人数
    N:物种极限数量
    r:增长速率
    '''
    t0=0
    exp_index=np.exp(r*(t-t0))
    return (N*exp_index*P0)/(N+(exp_index-1)*P0)

#二、选取训练数据，用于拟合
#这里选择 1 月 20 日—2 月 25 日的数据作为训练数据
df = pd.read_excel('……/01 感染人数分布数据.xlsx',sheet_name='全国走势')
#读取历史疫情数据
df['序号'] = df.index #设置“序号”列，方便后续作图
df1 = df[0:37] #选取第 0～36 行的数据（即 1 月 20 日—2 月 25 日的数据）
# print(df1)
t = np.array(df1['序号'])#生成训练数据的 X 轴数据
```

```
P = np.array(df1['累计确诊'])#生成训练数据的 Y 轴数据

#三、用最小二乘法估计拟合
popt, pcov = curve_fit(LogisticEquation, t, P) #调用 curve_fit()函数
print(popt)#打印出拟合的最佳参数，即最大人数、初始人数、增长速率
```

上述代码根据式（3-1）定义了一个待拟合的逻辑函数 LogisticEquation()。然后使用 SciPy 库中的 curve_fit()函数，将 2046 年 1 月 20 日—2 月 25 日的累计确诊人数作为训练数据进行函数拟合。最终拟合的参数为

$$\begin{cases} N = 81\ 346 \\ P_0 = 1068 \\ r = 0.2231 \end{cases}$$

最终拟合的逻辑方程为

$$P(t) = \frac{81\ 346 \times 1068 \times e^{0.2231t}}{81\ 346 + 1068(e^{0.2231t} - 1)}$$

3. 模型预测

下面将该模型可视化，从而直观地观测疫情的发展趋势：

```
import numpy as np
import matplotlib.pyplot as plt
import pandas as pd
from scipy.optimize import curve_fit
import seaborn as sns

#一、定义逻辑方程
def LogisticEquation(t,N,P0,r):
    '''
    t:时间
    t0:初始时间
    P0:初始人数
    N:物种极限数量
    r:增长速率
    '''
    t0=0
    exp_index=np.exp(r*(t-t0))
    return (N*exp_index*P0)/(N+(exp_index-1)*P0)
```

```
#二、设置初始参数
N=81346
P0=1068
r=0.2231

t = np.linspace(0, 70, 71)                    #根据0～70产生均匀间隔的数字，生成X轴数据
P_predict = LogisticEquation(t,N,P0,r)        #逻辑方程的预测值
print(P_predict)                              #打印出逻辑方程预测的累计确诊人数


#三、作图
df = pd.read_excel(……/01 感染人数分布数据.xlsx',sheet_name='全国走势')
#读取历史疫情数据，作为对照数据
df['序号'] = df.index                          #设置“序号”列，方便后续作图

plt.figure(figsize=(20, 12))
sns.set(font_scale=2.4,font='SimHei')
#设置字号大小、字体（这里是黑体），预防汉字不显示
plt.plot(t, P_predict, 'blue',lw=2,label='Logistic 拟合函数(预测曲线)')
#做出逻辑方程拟合函数（预测曲线）
plt.scatter(df[:37].序号,df[:37].累计确诊,s=100,marker='o',c='blue',label='训练数据（2046年2月
25日（含）前累计确诊人数）')                       #对照的训练数据
plt.scatter(df[37:].序号,df[37:].累计确诊,c='red',s=100,marker='^',label='验证数据(2046年2月26
日（含）后累计确诊人数）')                         #对照的验证数据
plt.legend()
plt.show()
```

为了更直观地观测疫情的发展趋势，将前面求得的参数值代入式（3-1），并将相应的训练数据和验证数据在同一图中展示，进而观测模型的效果。逻辑方程预测对照图如图 3-12 所示，图中的实线表示累计确诊人数的拟合曲线（预测趋势），圆点表示用于训练（拟合）的数据，三角形表示验证数据。

可以看出，数据在前期经过指数级增长后，拟合曲线已经在 2 月 26 日开始趋于平缓。由此可以推断，确诊人数可能会在 3 月初趋于稳定。而通过拟合函数得到的 N的值约为 81 346。

由逻辑方程的结果可以预测：累计确诊人数在 8 万人左右，疫情在 3 月初将趋于稳定。

需要注意的是，2 月 12 日的确诊人数突然增多，曲线的拟合效果不是很好，笔者认为这可能与数据的统计口径有关。

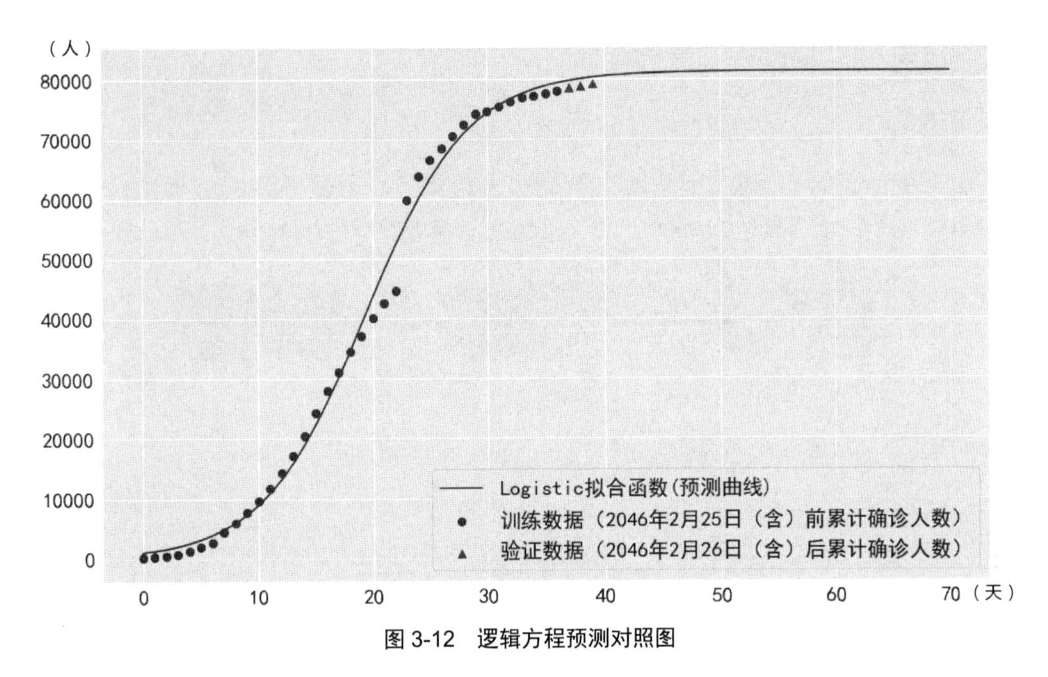

图 3-12　逻辑方程预测对照图

curve_fit()函数如下所示：

```
curve_fit(f, xdata, ydata, p0=None, sigma=None, absolute_sigma=False,
        check_finite=True, bounds=(-np.inf, np.inf), method=None,
        jac=None, **kwargs)
```

下面对主要参数进行解释。

- f：定义的拟合函数。
- xdata：自变量。
- ydata：因变量。
- p0：初步的猜测参数，非必选参数。
- bounds：设定参数的下界和上界，非必选参数。
- method：用于优化的方法，可以选择 lm、trf 和 dogbox，非必选参数。

其他参数可以不用选择，使用默认参数即可。

返回值如下。

- popt：最佳的拟合参数，使“f(xdata,*popt) −ydata”的残差的平方和最小。
- pcov：popt 的估计协方差。

3.4.2　利用 SIR 模型进行疫情预测

1. 模型简介

作为经典的传染病模型之一，SIR 模型将人群分为易感者（Susceptibles）、感染者（Infectives）和移出者（Recovered），这 3 类人群通过参数α和β进行转化，如图 3-13 所示。

图 3-13　SIR 模型

SIR 模型基于以下 3 个假设。

（1）人群的总人口始终保持不变，即某一时刻的总人口 $P(t)=S(t)+I(t)+R(t)=N$。

（2）感染者传染的易感者数目与此环境中的易感者成正比。也就是说，t 时刻单位时间内被所有病人传染的人数为$\alpha i(t)s(t)$。

（3）t 时刻单位时间内从感染者中移出的人数与病人数量成正比，也就是说，单位时间内的移出者为$\beta i(t)$。

由以上假设可以得出一组基本的微分方程：

$$\begin{cases} \dfrac{\mathrm{d}s(t)}{\mathrm{d}t}=-\alpha i(t)s(t) \\ \dfrac{\mathrm{d}i(t)}{\mathrm{d}t}=\alpha i(t)s(t)-\beta i(t) \\ \dfrac{\mathrm{d}r(t)}{\mathrm{d}t}=\beta i(t) \end{cases} \tag{3-2}$$

2. 模型实现

由式（3-2）可以得出一个基本传染病传播模型，如下所示：

```
import numpy as np
import matplotlib.pyplot as plt
from scipy.integrate import odeint
import seaborn as sns

#一、定义微分方程
def SIR(y,x,alpha,beta):#定义微分方程
    "SIR 模型的微分方程"
    S, I, R = y
```

```
    dS_dt = -alpha * I * S
    dI_dt = alpha * I * S - beta * I
    dR_dt = beta * I
    return [dS_dt, dI_dt, dR_dt]

#二、设置初始参数
s0, i0, r0 = 1000, 10, 0      #定义初始情况，易感染人数为 1000 人，感染人数为 10 人，移出人数为 0
alpha,beta = 0.002, 0.2       #感染比例与恢复比例的值
x = np.linspace(0, 30, 5000) #定义时间 x

#三、求解微分方程
result = odeint(SIR, [s0, i0, r0], x, args=(alpha,beta)) #求解微分方程
St, It, Rt = result[:, 0], result[:, 1], result[:, 2]

#四、绘图
plt.figure(figsize=(10,7))
sns.set(font_scale=1.8,font='SimHei') #设置字号大小、字体（这里是黑体），预防汉字不显示
plt.plot(x, St, c="green", linestyle=':',label="易感染人数")
plt.plot(x, It, c="red",linestyle='--', label="感染人数")
plt.plot(x, Rt, c="blue", label="移出人数")
# plt.title("SIR 模型", fontsize=18)
# plt.xlabel("天数", fontsize=18)
# plt.ylabel("人数", fontsize=18)
plt.xticks([])  #删除横坐标值
plt.yticks([])  #删除纵坐标值
plt.legend()
plt.grid(True)
plt.show()
```

该模型先定义了一个 SIR 模型的微分方程。然后设置了一些初始参数，如易感染人数 s_0 设置为 1000 人，初始的感染人数 i_0 设置为 10 人，初始的移出人数 r_0 设置为 0；参数 alpha 设置为 0.002，参数 beta 设置为 0.2。最后通过 odeint()函数求解微分方程，得到易感染人数、感染人数、移出人数相应的值后绘制成曲线，由此得到一组 SIR 模型图，如图 3-14 所示。

微分方程在求解过程中使用了 odeint()函数，该函数的相关参数如下所示：

```
odeint(func, y0, t, args=(), Dfun=None, col_deriv=0,
      full_output=0,ml=None,mu=None, rtol=None,
      atol=None, tcrit=None, h0=0.0,hmax=0.0, hmin=0.0,
      ixpr=0, mxstep=0, mxhnil=0, mxordn=12,mxords=5,
      printmessg=0, tfirst=False)
```

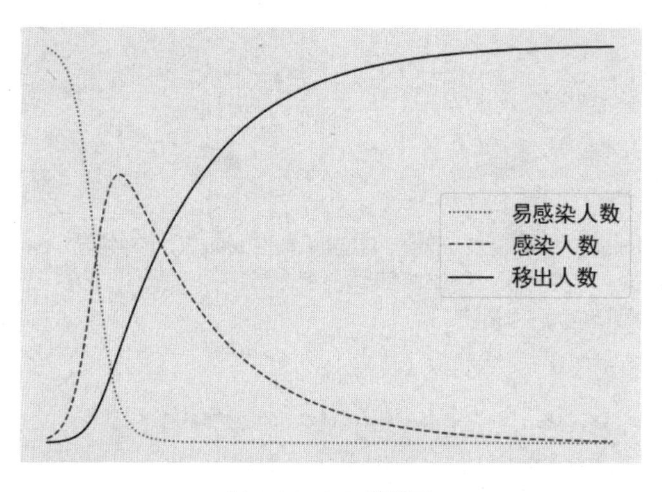

图 3-14　SIR 模型图

下面对主要参数进行解释。

- func：定义的微分方程。
- y_0：y 的初始值（可以是向量）。
- t：微分方程的自变量。
- args：传递给方程的额外的参数。

返回值如下。

- y：微分方程对应的 y 值。
- infodict：仅当 full_output==True 时，返回包含其他输出信息的字典。

3. 模型拟合（参数求解）

上面建立了相应的 SIR 模型，现在需要做的就是根据已知数据求解相应的参数，进而达到可以预测的目的。这个时候，预测问题也就转换成模型参数的求解问题。部分参数可以通过假设求得，表 3-5 中有“累计确诊”和“新增确诊”两列数据，将 1 月 21 日的累计确诊人数假设为初始的移出人数 r_0，新增确诊人数假设为初始的感染人数 i_0，同时假设所有的感染者均被有效隔离，即β=1。由此可以得到一组初始的参数值：

$$\begin{cases} i_0 = 149 \\ r_0 = 440 \\ \beta = 1 \end{cases}$$

至此，模型还剩下初始的易感染人数 s_0和参数 alpha 需要求解。可以将表 3-5 中的“累计确诊”列的人数当成模型中的移出者，此时就可以基于累计确诊人数求解未知参数，进而拟合出一个 SIR 模型，如下所示：

```
import pandas as pd
import numpy as np
import matplotlib.pyplot as plt
import seaborn as sns
from scipy import integrate, optimize

#一、选取训练数据，用于模型训练
df = pd.read_excel('...../01 感染人数分布数据.xlsx',sheet_name='全国走势')
#读取历史疫情数据
df['序号'] = df.index              #设置“序号”列，方便后续作图
df1 = df[0:37]
#选取第 0～36 行的数据（即 1 月 20 日—2 月 25 日的数据）作为训练数据

ydata = np.array(df1['累计确诊']) #生成训练数据的 Y 轴数据
xdata = np.array(df1['序号'])     #生成训练数据的 X 轴数据

#二、定义均方误差函数，用于寻找最佳 s0
def error(res):
    errsum = np.mean((ydata - res)**2)
return errsum

#三、定义微分方程
def SIR(y,x,alpha,beta):            #定义微分方程
    "SIR 模型的微分方程"
    S, I, R = y
    dS_dt = -alpha * I * S
    dI_dt = alpha * I * S - beta * I
    dR_dt = beta * I
return [dS_dt, dI_dt, dR_dt]

#四、设置相关参数
i0 = 149 #设置初始的感染人数，这里根据 1 月 21 日的数据代入
r0 = 440 #初始的移出人数（累计确诊人数）
S0 = [i for i in range(20000, 1000100, 100)]
#生成预估 S0 的所有值，这里估算的范围为 20000～1000000，每隔 100 的数作为尝试数据

minSum = 1e20         #选取一个较大的误差作为初始误差
mins0 = 0.0           #定义一个初始的 s0
best_alpha = 0.0      #定义一个初始的 alpha 值
```

```
best_beta = 0.0     #定义一个初始的 beta 值

#五、求解最佳易感染人数初始值 s0，以及相应的 best_alpha、best_beta
for s0 in S0:
    def fit_odeint(x, alpha,beta):#定义求解微分方程的函数
        beta = 1     #这里假设 beta 为 1，即所有的新增病例均被有效隔离，也可以不假设，
                     #由数据进行拟合，但可能对新增确诊病例数据拟合不是很理想
        result = integrate.odeint(SIR, (s0, i0, r0), x,args=(alpha,beta))
        St, It, Rt = result[:, 0], result[:, 1],result[:, 2]
        return Rt

popt, pcov = optimize.curve_fit(fit_odeint, xdata, ydata)
#根据前面生成的训练数据进行模型拟合。求解相应参数：alpha=popt[0]，beta=popt[1]
fitted = fit_odeint(xdata, *popt)
#将拟合参数代入 fit_odeint()函数，求解该微分方程下 Rt 的值

    errsum = error(fitted)    #代入 error()函数，求解预测值和真实值之间的误差
    if errsum < minSum:       #对每个模型进行循环计算，最终选取误差最小的参数
        minSum = errsum
        mins0 = s0
        best_alpha = popt[0]
        best_beta = popt[1]

print("最佳参数: alpha =", best_alpha, " and s0 = ", mins0)
```

上述代码先读取“感染人数分布数据”，并截取 1 月 20 日—2 月 25 日的数据作为训练数据，将 2 月 26 日—2 月 28 日的数据作为验证数据（用于对照），并选择累计确诊人数作为移出人数的待拟合数据。

为了求初始的易感染人数 s_0，这里先预估一个范围，并对范围内的数字进行尝试（这里尝试的范围是 20 000～1 000 000，每隔 100 的数值作为尝试数据）。使预测值和真实值之间的误差最小，从而求取最佳 s_0。

为了评判预测值和真实值之间的差距，这里定义了一个均方误差的目标函数 error()，用于评判预测值和真实值之间的误差：

$$\text{err} = \frac{1}{n}\sum(y-\hat{y})^2 \tag{3-3}$$

然后使目标函数 err 的值最小，求 s_0。最终求得的参数为

$$\begin{cases} \alpha = 6.0536 \times 10^{-6} \\ s_0 = 208\ 000 \end{cases}$$

结合前面的假设，所有的参数已经求解完毕：

$$\begin{cases} s_0 = 208\ 000 \\ i_0 = 149 \\ r_0 = 440 \\ \alpha = 6.0536 \times 10^{-6} \\ \beta = 1 \end{cases}$$

4. 模型验证

下面将前面求得的参数代入 SIR 模型，进而做出新的预测曲线：

```
import pandas as pd
import numpy as np
import matplotlib.pyplot as plt
import seaborn as sns
from scipy import integrate, optimize


#一、定义微分方程
def SIR(y,x,alpha,beta):#定义微分方程
    "SIR 模型的微分方程"
    S, I, R = y
    dS_dt = -alpha * I * S
    dI_dt = alpha * I * S - beta * I
    dR_dt = beta * I
    return [dS_dt, dI_dt, dR_dt]


#二、根据拟合参数绘制新的微分方程的曲线图
t = np.linspace(0, 70, 71)        #定义时间，范围为 0～70，产生均匀间隔的数字
s0,i0, r0 = 208000, 149, 440      #定义初始情况
alpha,beta =  6.0536e-06 , 1      #根据前面的假设及拟合数据，定义感染比例与恢复比例

result = integrate.odeint(SIR, [s0, i0, r0], t, args=(alpha,beta))
#求解微分方程
St1, It1, Rt1 = result[:, 0], result[:, 1], result[:, 2]  #生成 S、I、R 的值
print(Rt1) #打印出预测的累计确诊人数
```

```
#三、绘制拟合曲线及对照数据
df = pd.read_excel('...../01 感染人数分布数据.xlsx',sheet_name='全国走势')
#读取训练数据，用于和模型曲线对照
df['序号'] = df.index  #设置“序号”列，方便后续作图

#S、I、R 在一张图中显示
plt.figure(figsize=(15, 13))
sns.set(font_scale=1.8,font='SimHei')
#设置字号大小、字体（这里是黑体），预防汉字不显示
plt.plot(t, St,c="green", linestyle=':', label="易感染人数（预测曲线）")
#用绿色点线表示易感者预测趋势
plt.plot(t, It, c="red",linestyle='--', label="新增感染人数（预测曲线）")
#用红色虚线表示新增感染者预测趋势
plt.plot(t, Rt,  c="blue", label="累计确诊人数（预测曲线）")
#用蓝色实线表示累计确诊预测趋势
plt.scatter(df[:37].序号,df[:37].累计确诊,s=50,marker='o',c='blue',label='训练数据(2月25日(含)
前累计确诊人数）')
plt.scatter(df[37:].序号,df[37:].累计确诊,c='red',s=100,marker='^',label='验证数据(2月26日(含)
后累计确诊人数）')
plt.scatter(df[:37].序号,df[:37].新增确诊,s=100,marker='*',c='red',label='新增确诊人数(实际值)')
plt.legend()

#单独绘制累计确诊图
plt.figure(figsize=(15, 8))
plt.plot(t, Rt,  c="blue", label="累计确诊人数（预测曲线）")
plt.scatter(df[:37].序号,df[:37].累计确诊,s=50,marker='o',c='blue',label='训练数据(2月25日(含)
前累计确诊人数）')
plt.scatter(df[37:].序号,df[37:].累计确诊,c='red',s=100,marker='^',label='验证数据(2月26日(含)
后累计确诊人数）')
plt.legend()

#单独绘制新增感染者
plt.figure(figsize=(15, 8))
# plt.subplot(2,1,2)
plt.plot(t, It, c="red",linestyle='--', label="新增感染人数（预测曲线）")
plt.scatter(df['序号'],df['新增确诊'],s=100,marker='*',c='red',label='新增确诊人数(实际值)')
plt.legend()
```

这里将求得的参数代入 SIR 模型，由此得到的拟合曲线如图 3-15 所示，其中绿色点线为预测的易感染人数（也就是模型中的 S），红色虚线表示预测的新增感染人数（也就是模型中的

I)，蓝色实线表示预测的累计确诊人数（也就是模型中的 R）。蓝色圆点为模型的训练数据，红色三角形表示验证数据，红色五角星表示实际的新增确诊人数（为了对照，这里也绘制出来）。

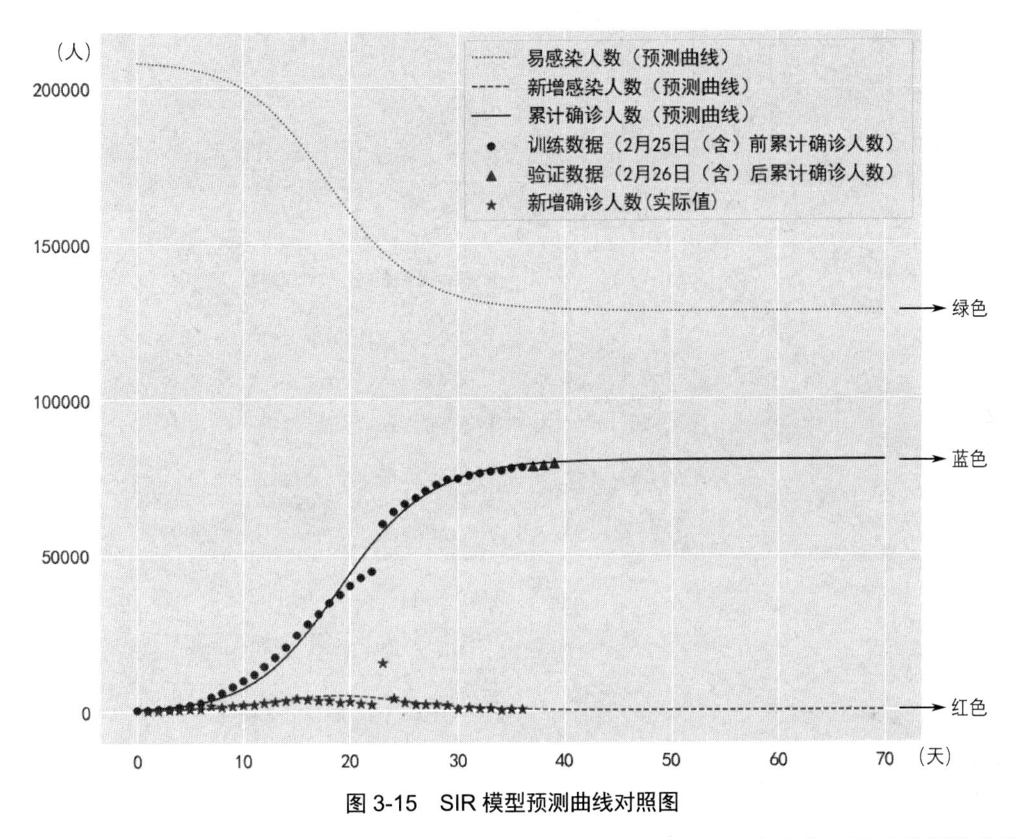

图 3-15　SIR 模型预测曲线对照图

为了更直观地观测累计确诊人数和新增确诊人数，可以将累计确诊人数预测曲线单独作图，对照图如图 3-16 所示，其中实线表示累计确诊人数的预测曲线（也就是 SIR 模型中的 R），并绘制训练数据和验证数据。由图 3-16 可以看出，整个模型拟合相对较为完整，但是在模拟开始后的第 23 天（即 2 月 12 日），数据发生突变，所以模型的拟合情况并不是十分完美，但后续的拟合还是比较符合实际情况的。

为了对比新增确诊人数的变化，可以将新增感染人数的预测曲线（模型中的 I）用虚线表示（见图 3-17），并将 1 月 20 日—2 月 28 日实际的新增确诊人数（数据来自表 3-5 中的“新增确诊”列）作为对照数据，用五角星表示。由图 3-17 可以看出，整个模型在开始后的第 16～24 天的拟合效果并不算完美，但后续时间的拟合与实际值较为吻合。同时，开始后的第 23 天（即 2 月 12 日）数据发生突变，可能是由于产生数据的其他途径所导致的，如统计口径的变化导致等。

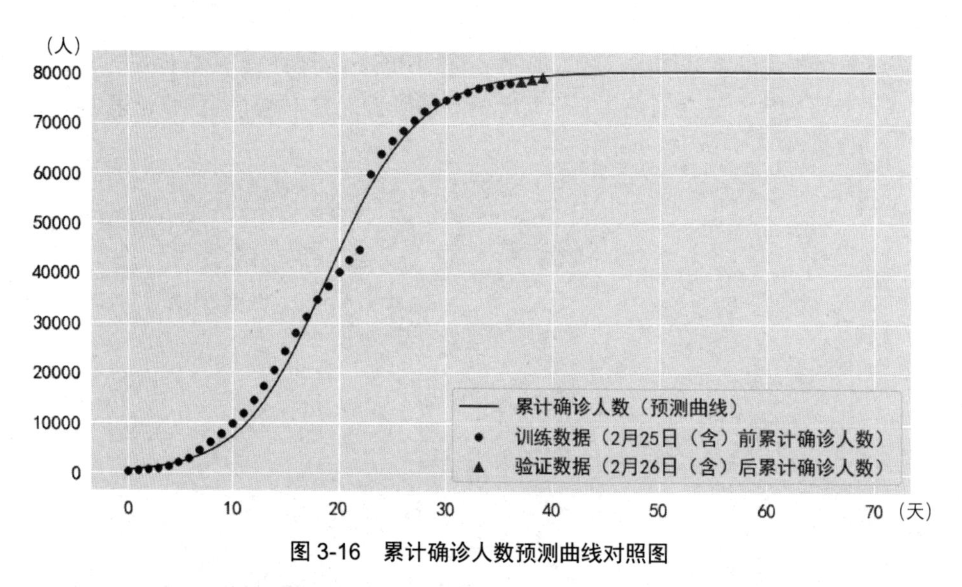

图 3-16 累计确诊人数预测曲线对照图

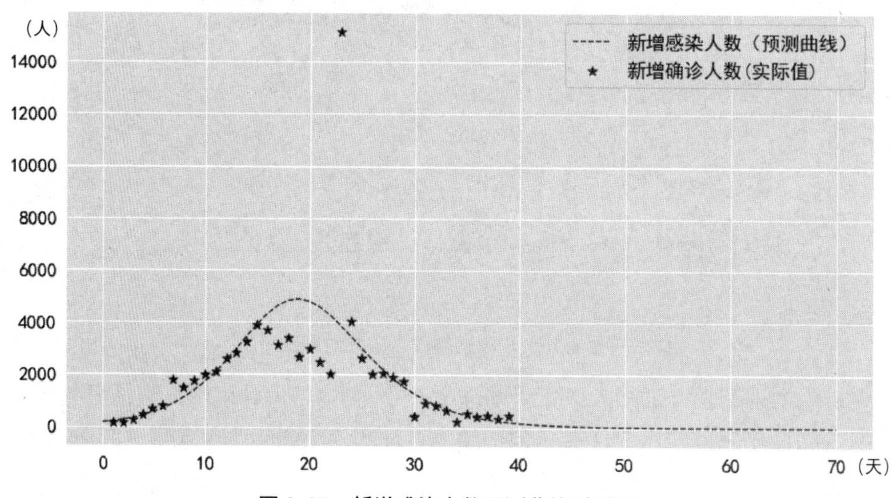

图 3-17 新增感染人数预测曲线对照图

至此，预估基本完成，通过打印出的累计确诊人数，可以预测整个累计确诊人数可能在 80 406 人左右，而模型在 2046 年 3 月初会趋于稳定。

除了 SIR 模型，还有 SEIR 模型等，SEIR 模型在 SIR 模型的基础上加入了更多的条件，感兴趣的读者可以自行验证。

3.4.3 Logistic 模型和 SIR 模型的对比

下面基于 Logistic 模型和 SIR 模型的预测效果进行简单的对比：

```
import pandas as pd
import numpy as np
import matplotlib.pyplot as plt
import seaborn as sns
from scipy import integrate


#一、读取真实数据，用于对照
df = pd.read_excel('....../01 感染人数分布数据.xlsx',sheet_name='全国走势')
#读取历史疫情数据
df['序号'] = df.index                    #设置“序号”列，方便后续作图
# print(df)


#二、获取逻辑方程预测数据
def LogisticEquation(t,N,P0,r):          #定义逻辑函数
    '''
    t:时间
    t0:初始时间
    P0:初始人数
    N:物种极限数量
    r:增长速率
    '''
    t0=0
    exp_index=np.exp(r*(t-t0))
    return (N*exp_index*P0)/(N+(exp_index-1)*P0)

#设置拟合出的参数
N=81346
P0=1068
r=0.2231

t = np.linspace(0, 70, 71)               #范围为 0～70，产生均匀间隔的数字，生成 X 轴数据
P_predict = LogisticEquation(t,N,P0,r)#逻辑方程的预测值
print(P_predict)                         #打印出逻辑方程预测的累计确诊人数


#三、获取 SIR 模型的预测数据
def SIR(y,x,alpha,beta):                 #定义微分方程
    "SIR 模型的微分方程"
    S, I, R = y
```

```
    dS_dt = -alpha * I * S
    dI_dt = alpha * I * S - beta * I
    dR_dt = beta * I
    return [dS_dt, dI_dt, dR_dt]

#设置必要的参数
# t = np.linspace(0, 70, 71)           #定义时间，范围为 0~70，产生均匀间隔的数字
s0,i0, r0 = 208000, 149, 440           #定义初始情况
alpha,beta =  6.0536e-06 , 1           #定义感染比例与恢复比例

result1 = integrate.odeint(SIR, [s0, i0, r0], t, args=(alpha,beta))
#求解微分方程
St1, It1, Rt1 = result1[:, 0], result1[:, 1], result1[:, 2] #生成 S，I，R 值
print(Rt1)                                      #打印出 SIR 模型预测的累计确诊人数


#四、绘制对比图
plt.figure(figsize=(20, 12))
sns.set(font_scale=2.4,font='SimHei')
#设置字号大小、字体（这里是黑体），预防汉字不显示
plt.plot(t, P_predict, 'blue',linestyle='--',lw=2,label='Logistic 拟合函数(预测曲线)')
#绘制逻辑方程拟合函数（预测曲线）
plt.plot(t, Rt1, 'red',lw=2,label='SIR 拟合函数(预测曲线)')
#绘制 SIR 模型拟合函数（预测曲线）
plt.scatter(df[:37].序号,df[:37].累计确诊,s=100,marker='o',c='blue',label='训练数据（2 月 25 日（含）
前累计确诊人数）')                          #对照的训练数据
plt.scatter(df[37:].序号,df[37:].累计确诊,c='red',s=100,marker='^',label='验证数据(2 月 26 日(含)
后累计确诊人数）')                               #对照的验证数据
plt.legend()
plt.show()
```

为了直观地对比两种模型的效果，本节先将拟合参数代入相应的函数生成预测数据，然后根据预测数据绘制曲线，最终得到两种模型预测的对比图（见图 3-18）。其中，虚线表示 Logistic 模型拟合的数据（预测数据），实线表示 SIR 模型拟合的数据（预测数据），为了进行对照也将相应的训练数据和验证数据显示在图 3-18 中。通过打印出的预测人数可以发现，Logistic 模型预测的累计确诊人数为 81 344 人，SIR 模型预测的累计确诊人数为 80 406 人，两者的差别并不大，均为 8 万人。而通过 2 月 26 日—2 月 28 日的验证数据来看，SIR 模型和验证数据更接近。Logistic 模型和 SIR 模型均可以预测出在 3 月初累计确诊人数趋于稳定。

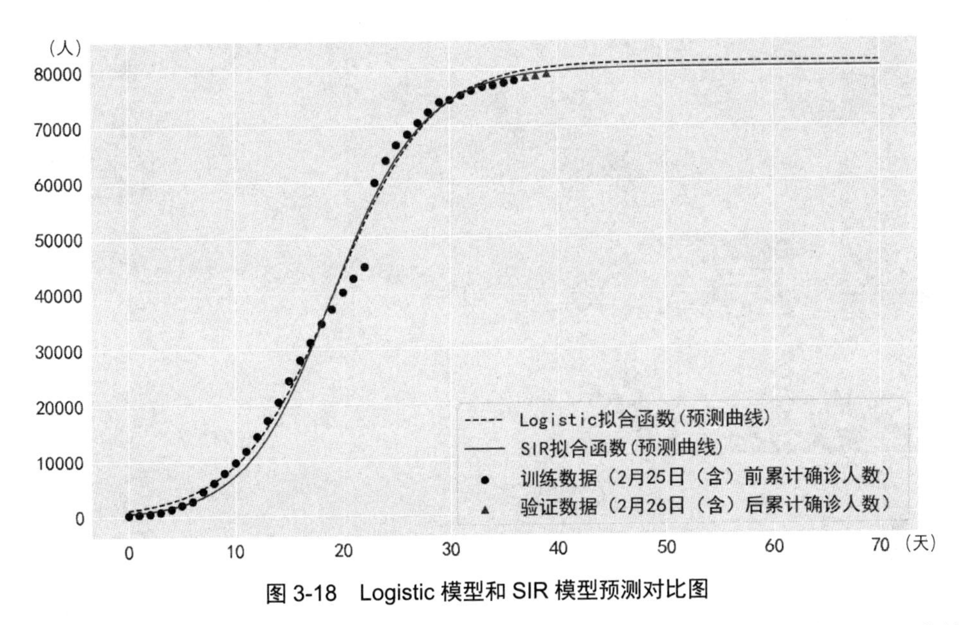

图 3-18　Logistic 模型和 SIR 模型预测对比图

当回顾整个数据时可能会发现诸多不完美。但是在模型开始初期整体数据量并不完整的情况下，要精确地预测疫情发展趋势不是一件容易的事情。感兴趣的读者可以继续深入研究，掌握更多数据分析的技巧。

3.5　本章小结

本章主要对传染性流行病疫情数据进行分析。首先对确诊病例的基本情况进行分析，了解确诊病例从感染到死亡的大致时间，并用数据分析中具有代表性的词云图展示死亡病例的情况。然后使用 SciPy 科学计算库，基于 Logistic 模型和 SIR 模型对疫情发展趋势进行预测。想在疫情开始阶段准确地预测疫情发展趋势并不是一件容易的事情，本章也是在众多贡献者的基础上总结的，感兴趣的读者可以对模型进行进一步探索，以掌握更多关于 Python 的相关技巧。

第 4 章 航空数据分析

航空业被誉为“工业皇冠上的一颗明珠”，其涉及各个领域的知识。航空数据的挖掘也有非常多的应用领域，如客户价值分析、收益管理、机票定价策略等。本章主要从另一个角度，通过分析各个城市之间航班的飞行时间，寻找最快转机路线，进而确定资源配置城市。无论是物流的中转，还是应急物质的调配，以及仓储基地的选择，都面临一个现实的问题，即如何选择一个中转地实现资源最优配置。出于经济、时间、个人偏好等方面的考虑，最优方案可能会有所不同。本章主要基于 Floyd 算法，在不考虑其他因素的情况下，计算最快抵达目的地的时间。

4.1 准备工作

1. 编程环境

（1）操作系统：Windows 10 64 位操作系统。

（2）运行环境：Python 3.8.5，Anaconda 下的 Spyder 编辑器。

2. 安装依赖库

Pyecharts：一款 Python 与 echarts 相结合的可视化工具，其涵盖了 30 多种常见的图表，方便调用。在 Anaconda Prompt 中输入“pip install pyecharts”即可安装 Pyecharts 库，安装过程如图 4-1 所示。

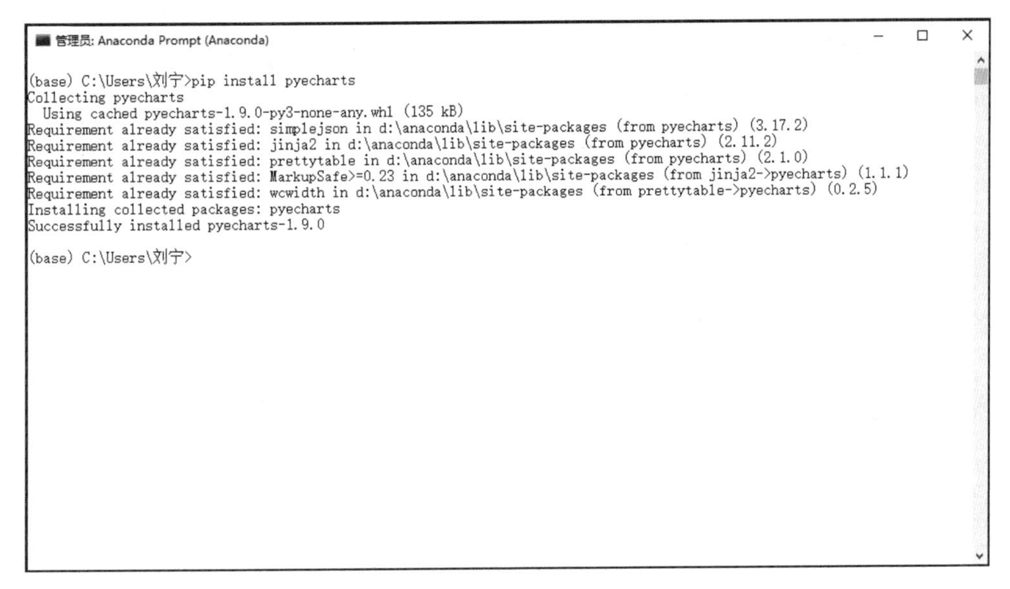

图 4-1 在 Windows 环境下安装 Pyecharts 库的过程

3. 数据解析

数据集包含 departure_city、departure_cy、departure_cx、landing_city、landing_cy、landing_cx、mileage、flight_schedules、airlines、aircraft_models、departure_time、landing_time、departure_airport、departure_y、departure_x、landing_airport、landing_y、landing_x、punctuality_rate、average_delayed、is_mon、is_tue、is_wed、is_thr、is_fri、is_sat、is_sun 这 27 列数据，部分航空数据如表 4-1 所示。

表 4-1 部分航空数据

departure_city	departure_cy	departure_cx	landing_city	landing_cy	landing_cx	mileage	flight_schedules	airlines	aircraft_models
阿克苏	41.188 341	80.293 842	北京	39.929 985 78	116.395 645	3049	CA1276	中国国航	JET
阿克苏	41.188 341	80.293 842	重庆	29.544 606 11	106.530 635	2697	CA4576	中国国航	波音 737(中)
阿克苏	41.188 341	80.293 842	杭州	30.259 244 46	120.219 375 4	4360	CZ6919	南方航空	波音 737(中)
阿克苏	41.188 341	80.293 842	杭州	30.259 244 46	120.219 375 4	4360	MF4475	厦门航空	波音 737(中)
阿克苏	41.188 341	80.293 842	和田	37.153 349 74	79.915 813 73	470	CZ6859	南方航空	ERJ−190(中)
阿克苏	41.188 341	80.293 842	和田	37.153 349 74	79.915 813 73	470	MF4427	厦门航空	ERJ−190(中)
阿克苏	41.188 341	80.293 842	上海	31.249 161 71	121.487 899 5	0	HU7354	海南航空	波音 737(中)
阿克苏	41.188 341	80.293 842	乌鲁木齐	43.840 380 35	87.564 987 74	857	CZ6919	南方航空	波音 737(中)
阿克苏	41.188 341	80.293 842	乌鲁木齐	43.840 380 35	87.564 987 74	857	MF4475	厦门航空	波音 737(中)

为了直观地查看数据，可以将每列的数据名称翻译成中文并对其进行解释，各列数据的中文含义如表 4-2 所示。

表 4-2　各列数据的中文含义

英文名称	中文含义
departure_city	出发城市
departure_cy	出发城市的纬度
departure_cx	出发城市的经度
landing_city	着陆城市
landing_cy	着陆城市的纬度
landing_cx	着陆城市的经度
mileage	航班里程（单位为千米）
flight_schedules	航班名称
airlines	航空公司
aircraft_models	飞机型号
departure_time	出发时间
landing_time	着陆时间
departure_airport	出发机场
departure_y	出发机场的纬度
departure_x	出发机场的经度
landing_airport	着陆机场
landing_y	着陆机场的纬度
landing_x	着陆机场的经度
punctuality_rate	准点率
average_delayed	平均延迟时间
is_mon	星期一是否有航班
is_tue	星期二是否有航班
is_wed	星期三是否有航班
is_thr	星期四是否有航班
is_fri	星期五是否有航班
is_sat	星期六是否有航班
is_sun	星期日是否有航班

4.2 基本情况统计分析

4.2.1 查看数据的基本信息

```
import pandas as pd

df0 = pd.read_excel('…/01国内航班数据.xls') #读取数据，需要更改计算机路径
print(df0.info())                         #查看数据信息
print(df0.isnull().sum())                 #观察缺失值
```

为了对数据的基本信息有直观的认识，并为后续分析数据奠定基础，在读取数据之后，使用 print(df0.info())语句输出数据集的基本信息。数据集包含 15 074 行、27 列数据，其中 9 列数据的格式为 float64，8 列数据的格式为 int64，10 列数据的格式为 object。而“average_delayed”列出现了一定的缺失值，如下所示：

```
<class 'pandas.core.frame.DataFrame'>
RangeIndex: 15074 entries, 0 to 15073
Data columns (total 27 columns):
 #   Column             Non-Null Count  Dtype
---  ------             --------------  -----
 0   departure_city      15074 non-null  object
 1   departure_cy        15074 non-null  float64
 2   departure_cx        15074 non-null  float64
 3   landing_city        15074 non-null  object
 4   landing_cy          15074 non-null  float64
 5   landing_cx          15074 non-null  float64
 6   mileage             15074 non-null  int64
 7   flight_schedules    15074 non-null  object
 8   airlines            15074 non-null  object
 9   aircraft_models     15074 non-null  object
 10  departure_time      15074 non-null  object
 11  landing_time        15074 non-null  object
 12  departure_airport   15074 non-null  object
 13  departure_y         15074 non-null  float64
 14  departure_x         15074 non-null  float64
 15  landing_airport     15074 non-null  object
```

```
 16  landing_y          15074 non-null  float64
 17  landing_x          15074 non-null  float64
 18  punctuality_rate   15074 non-null  float64
 19  average_delayed    12034 non-null  object
 20  is_mon             15074 non-null  int64
 21  is_tue             15074 non-null  int64
 22  is_wed             15074 non-null  int64
 23  is_thr             15074 non-null  int64
 24  is_fri             15074 non-null  int64
 25  is_sat             15074 non-null  int64
 26  is_sun             15074 non-null  int64
dtypes: float64(9), int64(8), object(10)
memory usage: 3.1+ MB
None
```

通过 print(df0.isnull().sum())语句观察输出的缺失值信息，“average_delayed”列出现了 3040 个缺失值，如下所示：

```
departure_city        0
departure_cy          0
departure_cx          0
landing_city          0
landing_cy            0
landing_cx            0
mileage               0
flight_schedules      0
airlines              0
aircraft_models       0
departure_time        0
landing_time          0
departure_airport     0
departure_y           0
departure_x           0
landing_airport       0
landing_y             0
landing_x             0
punctuality_rate      0
average_delayed    3040
```

```
is_mon          0
is_tue          0
is_wed          0
is_thr          0
is_fri          0
is_sat          0
is_sun          0
dtype: int64
```

4.2.2 航空公司、机型分布

本节主要分析数据集中每个航空公司的市场份额及机型分布的情况，如下所示：

```
import seaborn as sns
import matplotlib.pyplot as plt
import pandas as pd

#一、读取数据
df0 = pd.read_excel('…/01国内航班数据.xls') #读取数据

#二、各个航空公司航班分布柱状图
airlines=df0["airlines"].value_counts()     #统计航空公司
print(airlines)
sns.set(font_scale=2,font='SimHei')          #设置字号大小、字体（这里是黑体）
plt.figure(figsize=(20, 10))
sns.countplot(x="airlines",data=df0,order=airlines.index)
#利用Seaborn库中的countplot()函数绘制各个航空公司航班数量柱状图
plt.xticks(rotation=90,fontsize=15)          #改变标签的显示角度，防止重叠
plt.show()

#三、机型的分布情况
aircraft_models=df0["aircraft_models"].value_counts()#统计机型
plt.figure(figsize=(20, 20))
plt.pie(aircraft_models,labels=aircraft_models.index,autopct='%1.1f%%')
#其中labels是标注，autopct='%1.1f%%'用于显示数字
plt.legend(loc="upper right",fontsize=25,ncol=2,bbox_to_anchor=(1.4,1.13),borderaxespad=0.3)
#设置图例
```

上述代码先通过 value_counts()函数统计出数据集中各个航空公司航班的数量，然后通过 Seaborn 库中的 countplot()函数绘制柱状图（见图 4-2）。数据显示，南方航空共有 2553 个航班，约占 16.9%的市场份额，在所有航空公司中排第一名。其后依次为东方航空（1862 个航班，约占 12.4%的市场份额）、中国国航（1442 个航班，约占 9.6%的市场份额）、深圳航空（1183 个航班，约占 7.8%的市场份额）、厦门航空（1000 个航班，约占 6.6%的市场份额）、海南航空（982 个航班，约占 6.5%的市场份额）、山东航空（779 个航班，约占 5.2%的市场份额）、华夏航空（565 个航班，约占 3.7%的市场份额）、四川航空（468 个航班，约占 3.1%的市场份额）、天津航空（463 个航班，约占 3.1%的市场份额），排在前 10 名的航空公司的航班约占 74.9%的市场份额，头部集聚效应比较明显。

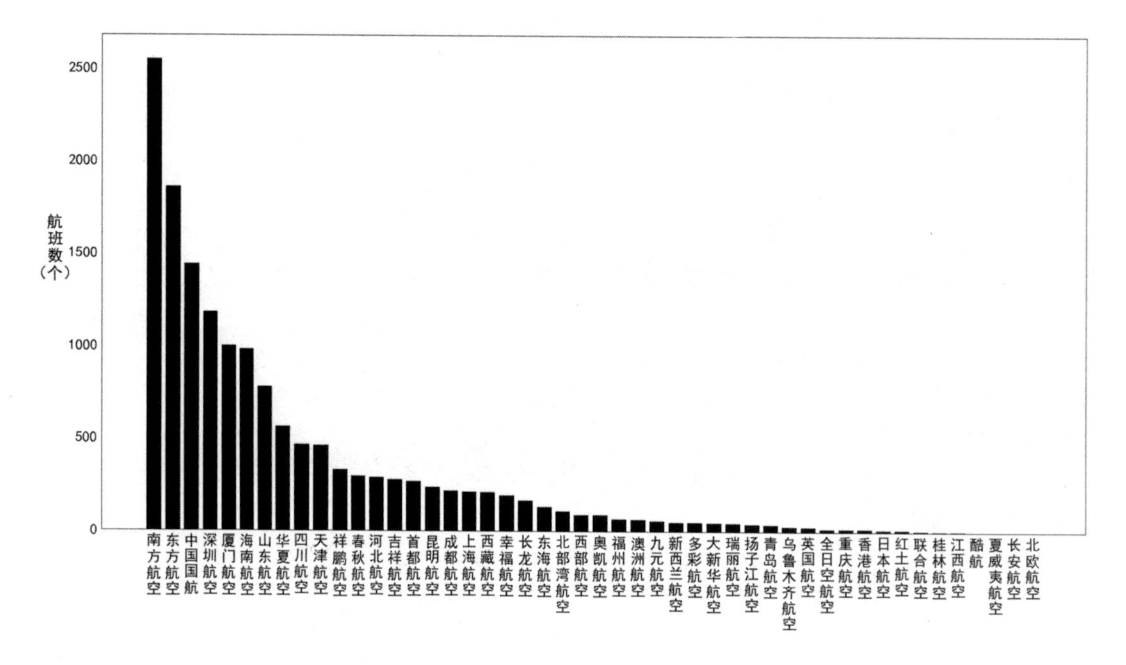

图 4-2 航空公司航班数量柱状图

上述代码还通过 value_counts()函数统计出各个航班的飞机型号，然后使用 plt.pie()函数绘制机型占比饼图（见图 4-3）。由图 4-3 可知，数据集中波音 737（中）所占的市场份额最高（41.4%），是目前在飞航班中最常见的机型，空客 320（中）、空客 319（中）、JET 等也是较为常见的机型。

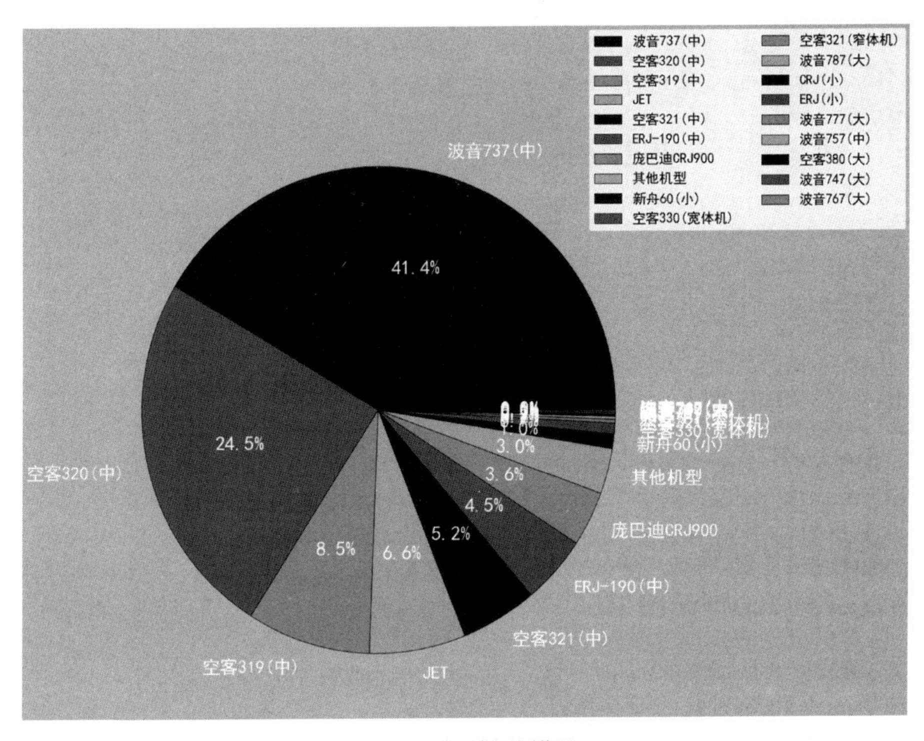

图 4-3 机型占比饼图

4.2.3 展示各个城市航班数量的 3D 地图

本节主要将各个城市的航班数量在 3D 地图上展示，从而可以直观地观察各个城市的航班数量：

```
import pandas as pd
from pyecharts import options as opts
from pyecharts.charts import Map3D
from pyecharts.globals import ChartType
from pyecharts.charts import *

#一、读取数据，并进行数据格式变换
df0 = pd.read_excel('…/01 国内航班数据.xls')        #读取数据
sizes=df0["departure_city"].value_counts()         #计数统计
df1 = pd.DataFrame({'flights_amount':sizes})       #格式转换
print(df1)

df2 = df0[['departure_city','departure_cy','departure_cx']].drop_duplicates()
```

```
#获取各个城市的名称、坐标，drop_duplicates()函数用于去除重复行
df2.index = df2['departure_city']
#将索引值修改为城市名称，方便与“flights_amount”(航班数量)列合并
df2['flights_amount'] = df1 #增加“flights_amount”列
print(df2)
city_lines =
list(zip(df2['departure_city'],list(zip(df2['departure_cx'],df2['departure_cy'],df2['flights_amount']))))
# # 数据格式变换，与如下数据格式类似
# [
# ("天津", [117.4219, 39.4189, 13000]),
# ("山西", [112.3352, 37.9413, 300]),
# ("陕西", [109.1162, 34.2004, 300]),
# ("甘肃", [103.5901, 36.3043, 300]),
# ("宁夏", [106.3586, 38.1775, 300]),
# ("青海", [101.4038, 36.8207, 300]),
# ("新疆", [87.9236, 43.5883, 300]),
# ("西藏", [91.11, 29.97, 300]),
# ("深圳", [114, 22.55, 300000]),
# ("重庆", [108.384366, 30.439702, 300]),
# ("上海", [121.4648, 31.2891, 1300]),
# ]
print(city_lines)

#二、绘制 3D 地图
c = (
    Map3D()
    .add_schema(
        itemstyle_opts=opts.ItemStyleOpts(
            color="rgb(5,101,123)",
            opacity=1,
            border_width=0.8,
            border_color="rgb(62,215,213)",
        ),
        map3d_label=opts.Map3DLabelOpts(
            is_show=False,
        ),
        emphasis_label_opts=opts.LabelOpts(
            is_show=False,
            color="#fff",
            font_size=10,
```

```
            background_color="rgba(0,23,11,0)",
        ),
        light_opts=opts.Map3DLightOpts(
            main_color="#fff",
            main_intensity=1.2,
            main_shadow_quality="high",
            is_main_shadow=False,
            main_beta=10,
            ambient_intensity=0.3,
        ),
    )
    .add(
        series_name="机场所在城市分布图",
        data_pair=city_lines,#将数据改为前面生成的数据
        type_=ChartType.BAR3D,
        bar_size=1,
        shading="lambert",
        label_opts=opts.LabelOpts(
            is_show=False,
        ),
    )
    .set_global_opts(visualmap_opts=opts.VisualMapOpts(is_piecewise=True,
          pieces=[{"min":800, "label": '>800',"color": 'blue'},
                  {"min":500, "max":799, "label": '500-799',"color": 'red'},
                  {"min":200, "max":499, "label": '200-499',"color": 'peru'},
                  {"min":100, "max":199, "label": '100-199',"color":'orange'},
                  {"min":10, "max":99, "label": '10-99',"color":'gold'},
                  {"min":0, "max":9, "label": '0-9',"color":'cornsilk'}])
                  #各个区间柱状图的颜色
        )
    .render("…/02_map3d_with_bar3d.html") #保存
)
```

本节结合 Pyecharts 库中有关 3D 地图的函数，将各个城市的航班数量展示在 3D 地图上，这样可以直观地观察全国包含机场的城市分布情况，以及该城市的航班数量。数据集中包含 15 074 个航班，航班数量最多的 10 个城市依次为北京（959 个）、上海（861 个）、重庆（680 个）、广州（678 个）、昆明（672 个）、成都（639 个）、深圳（604 个）、西安（572 个）、杭州（392 个）、海口（373 个）。

本节的难点是数据格式变换。先通过 value_counts()函数统计各个城市的航班数量；然后

通过截取源数据的“departure_city”列、“departure_cy”列、“departure_cx”列，去除重复值后，增加“flights_amount”列；接着通过 zip()函数将数据格式变换为 3D 地图可以接受的数据格式，数据格式为("城市名", [经度, 纬度, 航班数量])；最后将数据集代入 Pyecharts 库绘制 3D 地图函数，生成城市航班分布图（这里没有展示具体的图片，读者可以自行运行并生成图片）。

本节定义的航班是指具体某一飞行班次，如本节的数据集中共有 15 074 行数据，即有 15 074 个航班。

航线是指两个城市之间存在航班，如“北京—上海”，无论有多少个航班，都将航线定义为 1 条。

4.2.4 从首都机场出发的桑基图

桑基图是一种特定类型的流程图，可以用来表达数据的流向和数量。以下代码生成的是从首都机场出发，前往国内各个机场的航班数量的桑基图：

```
from pyecharts import options as opts
from pyecharts.charts import Sankey
import pandas as pd

#一、获取数据并进行预处理
df0 = pd.read_excel('…/01 国内航班数据.xls')        #读取数据
df1 = df0[df0.departure_airport=='首都机场']
#筛选出“departure_airport”列首都机场的数据
sizes=df1["landing_airport"].value_counts()
#统计从首都机场出发，前往其他机场的机场名称（size 索引名）和航班数量（size 的值），以便生成后续桑基图
#需要的数据类型
print(sizes)
df2 = DataFrame({'value':sizes})                     #格式转换
df2['source'] = '首都机场'
#增加一列数据，方便转换成桑基图需要的数据类型
df3 = df2.reset_index()                              #重置索引
df4 = df3[:30]                                       #取航线数排序前 30 名的机场
#df4 = df3[-30:]                                     #取航线数排序后 30 名的机场
df5 = df4.rename(columns={'index':'target'})         #修改列名
df6 = df5[['source','target','value']]
```

```
#变换数据顺序，方便转换成桑基图需要的数据类型
print(df6)

#二、生成 nodes 数据和 links 数据
'''
nodes 数据和 links 数据的格式如下
nodes = [
    {"name": "category1"},
    {"name": "category2"},
    {"name": "category3"},
    {"name": "category4"},
    {"name": "category5"},
    {"name": "category6"},
    ]

links = [
    {"source": "category1", "target": "category2", "value": 10},
    {"source": "category2", "target": "category3", "value": 15},
    {"source": "category3", "target": "category4", "value": 20},
    {"source": "category5", "target": "category6", "value": 25},
    ]
'''
#生成 nodes 数据
nodes = []
nodes.append({'name':'首都机场'})
for i in df6['target']:
    dic = {}
    dic['name'] = i
    nodes.append(dic)

#生成 links 数据
links = []
for i in df6.values:
    dic = {}
    dic['source'] = i[0]
    dic['target'] = i[1]
    dic['value'] = i[2]
    links.append(dic)

#三、生成桑基图
c = (
```

```
    Sankey()
    .add(
        "从首都机场出发（前 30 名）",
        nodes,
        links,
        linestyle_opt=opts.LineStyleOpts(opacity=0.2, curve=0.1, color="source"),
        label_opts=opts.LabelOpts(position="right"),
    )
    .render("…/03 桑基图.html")
)
```

本例使用桑基图直观地展现了从首都机场去往全国其他机场的航线情况。首先，利用 Pandas 库中的筛选、统计、变换等操作，将源数据整合成桑基图所需要的“出发机场名称、抵达机场名称、两个机场之间的航班数量”数据（代码中的 df6）。然后，按照 Pyecharts 库中桑基图的数据格式范例，对整合后的数据通过 for 循环等操作，生成 nodes 数据和 links 数据。最后，将数据代入桑基图相关函数，生成机场桑基图。从首都机场出发的航班最多的 30 个机场桑基图如图 4-4 所示，航班最少的 30 个机场桑基图如图 4-5 所示。

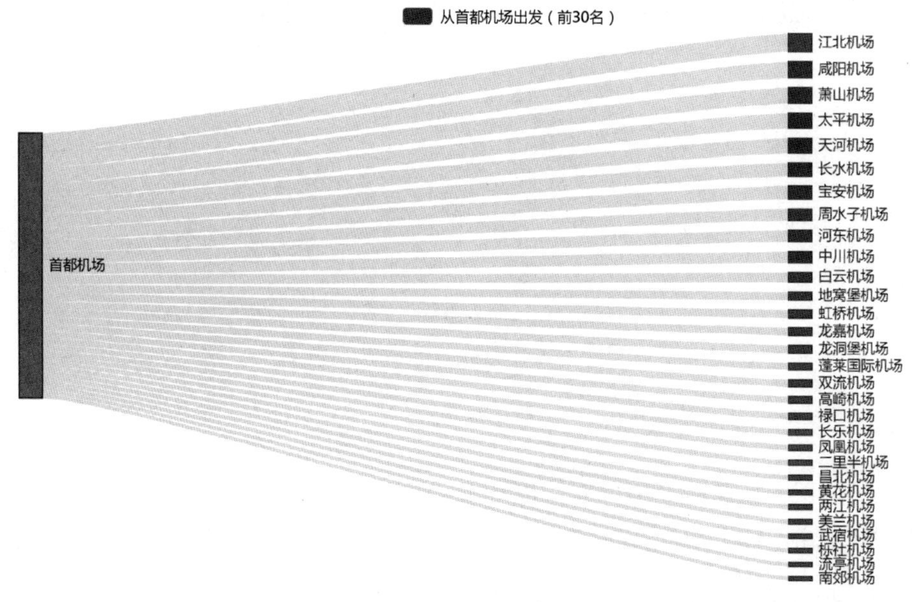

图 4-4　从首都机场出发的机场桑基图（前 30 名）

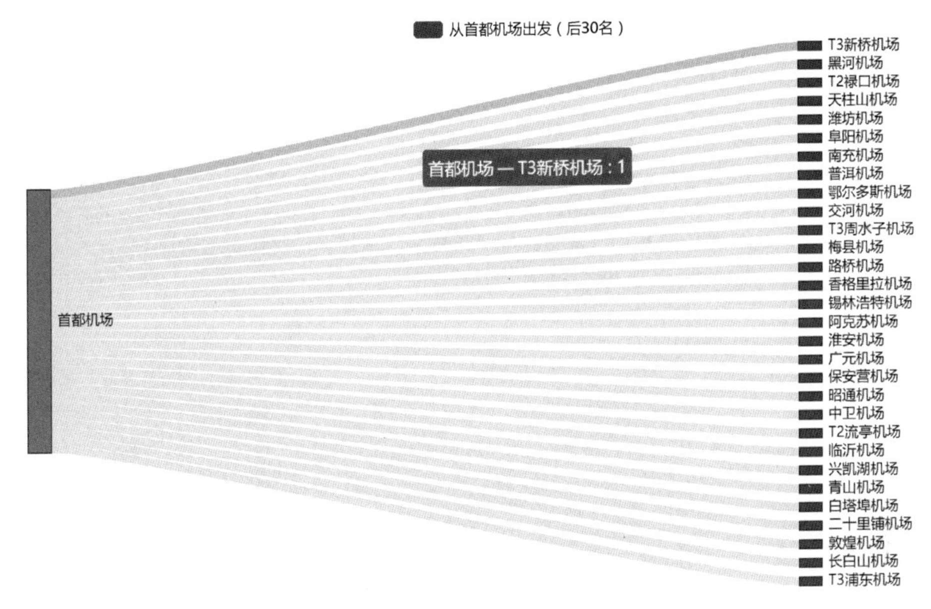

图 4-5　从首都机场出发的机场桑基图（后 30 名）

从首都机场出发的航线共 134 条，航班共 959 个，航班最多的 30 条航线如图 4-4 所示，分别为首都机场—江北机场（45 个航班）、首都机场—咸阳机场（39 个航班）、首都机场—萧山机场（38 个航班）、首都机场—太平机场（37 个航班）、首都机场—天河机场（36 个航班）、首都机场—长水机场（33 个航班）、首都机场—宝安机场（32 个航班）、首都机场—周水子机场（28 个航班）、首都机场—河东机场（28 个航班）、首都机场—中川机场（27 个航班）等。

从首都机场出发航班最少的 300 条航线如图 4-5 所示，分别为首都机场—T3 新桥机场、首都机场—黑河机场、首都机场—T2 禄口机场、首都机场—天柱山机场、首都机场—潍坊机场、首都机场—阜阳机场、首都机场—南充机场、首都机场—普洱机场、首都机场—鄂尔多斯机场、首都机场—交河机场等。

从首都机场出发的航班可以直飞 214 个机场中的 134 个，覆盖率达 62.6%，但仍有少数机场无法直飞，需要通过转机才能抵达。

4.2.5　通过关系图展示航线

本节主要通过关系图展示各个城市之间的直飞航线，以及从该城市出发的航班总量，如下所示：

```
from pyecharts import options as opts
from pyecharts.charts import Graph
```

```
import pandas as pd
from pandas import DataFrame

#一、获取数据并进行预处理
df0 = pd.read_excel(…/01 国内航班数据.xls')                    #读取数据
df1 = df0["departure_city"].value_counts()                      #统计从某城市出发的航班
df1 = DataFrame({'name':df1.index,"symbolSize":df1.values})     #数据格式变换
print(df1)

#二、生成 Pyecharts 库所需的数据类型
#生成 nodes 数据
nodes = []
for i in df1.values:
    dic1 = {}
    dic1['name'] = i[0]
    dic1['symbolSize'] = i[1]/50                                 #标签点太大，缩小为原来的 1/50
    dic1['value'] = i[1]                                         #设置标签值
    nodes.append(dic1)

#生成 links 数据
df2 = df0[['departure_city','landing_city']].drop_duplicates()
#选取“departure_city”列和“landing_city”列的数据，并去除重复值
links = []
for j in df2.values:
    dic2 = {}
    dic2['source'] = j[0]
    dic2['target'] = j[1]
    links.append(dic2)

#三、生成关系图
c = (
    Graph(init_opts=opts.InitOpts(width="1200px", height="600px")) #设置页面大小
    .set_colors('blue')                                            #设置颜色
    .add("",
          nodes,
          links,
          # categories=categories,
          layout="circular",
          is_rotate_label=True,                                    #设置标签朝向
          linestyle_opts=opts.LineStyleOpts(opacity=0.4, curve=0.3,
                   color="source",width=0.5),
```

```
        label_opts=opts.LabelOpts(font_size = 8),   #设置标签字号大小
        )
.set_global_opts(title_opts=opts.TitleOpts(title="出发航线关系图"))
#设置标题
    .render("…/04_graph_base.html")              #保存
)
```

本节依旧使用 Pyecharts 库绘制关系图。首先，通过 Pandas 库截取了出发城市的信息，并生成了 nodes 数据；然后，通过截取出发城市和抵达城市的数据，在使用 drop_duplicates() 函数去除重复值后，生成了 links 数据；最后，将数据代入 Pyecharts 库中的关系图函数，生成了各个城市之间的航线关系图（见图 4-6）。在所有航线中，从北京出发的航班最多，达到 959 个，并且能通过直飞抵达国内的大部分城市，但是有少部分城市无法通过直飞抵达。

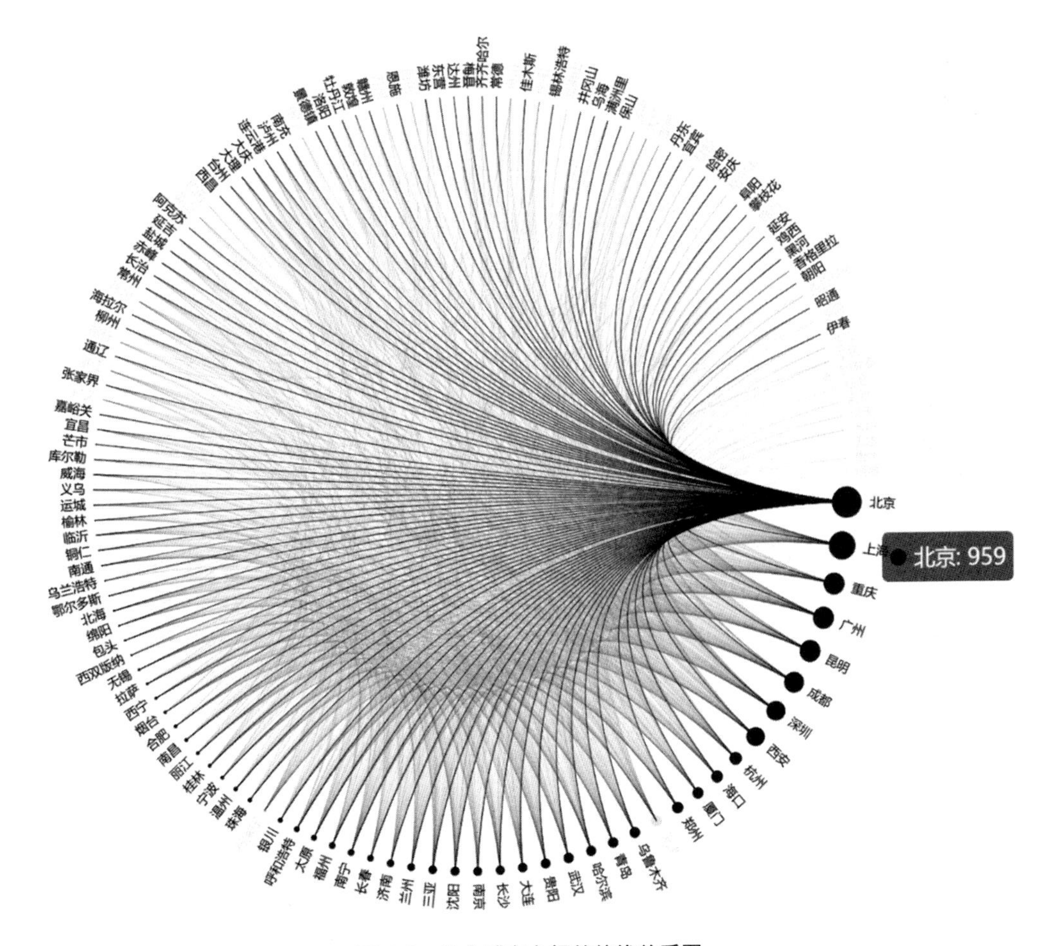

图 4-6　各个城市之间的航线关系图

4.3 利用 Floyd 算法计算最短飞行时间

Floyd 算法以罗伯特 · 弗洛伊德（1978 年图灵奖获得者，斯坦福大学计算机科学系教授）的名字命名，主要通过动态规划寻找多点之间的最短路径。本节主要采用 Floyd 算法求解任意两个城市之间的最短飞行时间。

4.3.1 Floyd 算法简介

如何求解从一个城市到达另一个城市（假设只乘坐飞机）的最短时间? 如果两个城市之间有直飞航班，那么直飞可能是最快的方式。如果两个城市之间没有直飞航班，就不得不采用转机的方式。如何选择合理的转机路线，将飞行时间缩短至最短，将是本节需要解决的问题。

本节用一个简化的例子来帮助读者理解 Floyd 算法。假设北京、重庆、深圳、阿克苏之间存在如图 4-7 所示的航线，各个节点表示城市名称，连线上的数字表示两个城市之间的飞行时间。北京和阿克苏、重庆、深圳之间有直飞航班，重庆和北京、阿克苏、深圳之间有直飞航班，但深圳和阿克苏之间没有直飞航班。如果一名旅客想从阿克苏飞往深圳，那么他是从重庆转机所需时间更短还是从北京转机所需时间更短?

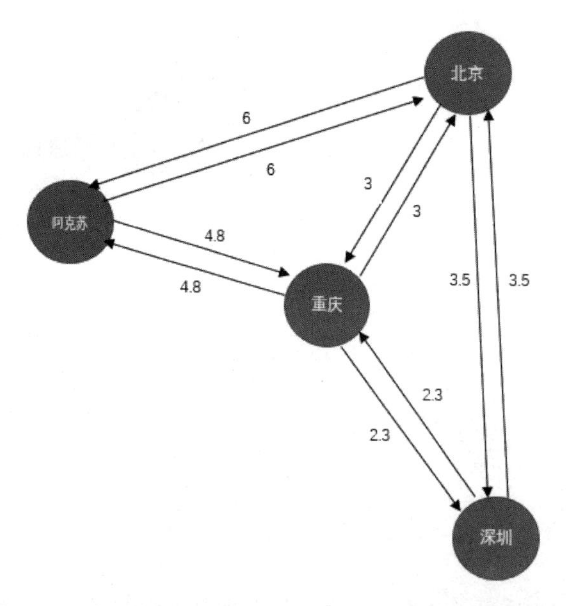

图 4-7　北京、重庆、深圳、阿克苏之间的航线图（单位：小时）

这个问题比较简单，各种转机方案所需时间如下。

阿克苏—北京—深圳，时间为 6+3.5=9.5（小时）。

阿克苏—重庆—深圳，时间为 4.8+2.3=7.1（小时）。

由此可知，从重庆转机所需时间更短。

但现实中涉及更多的城市，航线也更复杂。如何抽象出一个数学模型，使其可以应用到更大的数据集上，便是本节要讨论的问题。

1. 计算直飞矩阵

如果将各个城市直接的飞行时间抽象成一个矩阵，可以直飞的城市用飞行时间填充，无法直飞的城市用∞表示，城市自身之间用 0 表示，这样就可以得到任意两个城市之间的飞行时间（见表 4-3）。

表 4-3 北京、重庆、深圳、阿克苏之间的飞行时间

单位：小时

城市名称	北京	重庆	深圳	阿克苏
北京	0	3	3.5	6
重庆	3	0	2.3	4.8
深圳	3.5	2.3	0	∞
阿克苏	6	4.8	∞	0

2. 更新转机时间

至于如何求解表 4-3 中∞的值，Floyd 算法提供的方案是遍历所有转机方案，进而求出最短的转机时间，作为∞的替代值。

从阿克苏到达深圳只有如下两种转机方案。

阿克苏—北京—深圳，时间为 6+3.5=9.5（小时）。

阿克苏—重庆—深圳，时间为 4.8+2.3=7.1（小时）。

最快的转机时间为 7.1 小时，此时各个城市最快飞行时间表如表 4-4 所示，由此，得到了一张完整的飞行时间表，无法直飞的航班通过选取最快转机飞行时间来填充。

表 4-4　北京、重庆、深圳、阿克苏最快飞行时间表

单位：小时

城市名称	北京	重庆	深圳	阿克苏
北京	0	3	3.5	6
重庆	3	0	2.3	4.8
深圳	3.5	2.3	0	7.1
阿克苏	6	4.8	7.1	0

4.3.2　Floyd 算法的流程

通过 4.3.1 节简化的案例，读者对 Floyd 算法有了基本了解，但是现实问题往往更复杂，其涉及的地点也更多。Floyd 算法的流程如下。

定义：S_{ij} 表示节点 i 到节点 j 的距离，如果两个节点相同（$i=j$），则 $S_{ij}=0$，如果两个节点之间无法直接到达，则 $S_{ij}=\infty$。

（1）求解初始距离矩阵 S，即首先求出所有可以直连的节点距离。

（2）对于无法直连的节点，通过 n 次转机（$i \to k_1 \to k_2 \to \cdots \to k_n \to j$），求出最短转机路径。例如，通过 1 次转机，即求解 $\min(S_{ij}, S_{ik}+S_{kj})$。

4.3.3　算法程序实现

上面介绍了 Floyd 算法，本节将该算法运用于本章的航班数据中。北京有很多直飞航班，可以直飞全国大部分城市。但是，有的机场的航班较少，无法直飞大部分城市。本节利用 Floyd 算法求解各个城市之间最短的飞行时间，从而帮助旅客寻找最快飞行方案。

（1）求解直飞航线时间矩阵，即各个城市之间的直飞航线的平均时间矩阵，如下所示：

```
import pandas as pd
import numpy as np

#一、获取数据
df0 = pd.read_excel('…/01 国内航班数据.xls')  #读取数据

#二、数据预处理
df0['time'] =  (pd.to_datetime(df0['landing_time']) - 
pd.to_datetime(df0['departure_time'])).values/np.timedelta64(1, 'h')
#由于数据只包含出发时间和着陆时间，并存在隔天的航班，着陆时间为次日的情况
```

```
#再通过相减求飞行时间就需要充分考虑
df1 = df0[df0.time<0]    #筛选出“time”列小于 0 的数据（着陆时间为次日的情况）
df1['time'] = df1['time'] + 24
#将隔天的小于 0 的航班时间加上 24，转换为实际飞行时间
df2 = df0[df0.time>=0]   #筛选出大于或等于 0 的数据
df3 = pd.concat([df1,df2],axis=0)
#按行连接两个数据帧。将小于 0、大于或等于 0 的数据重新拼接成新的数据集

#三、新建中转时间空矩阵
departure_city = df3["departure_city"].value_counts()     #统计出发城市
print(len(departure_city))
landing_city = df3["landing_city"].value_counts()         #统计着陆城市
print(len(landing_city))
all_city = list((departure_city.index).union(landing_city.index))
#求并集，即求出所有有机场的城市
print(all_city)
df_time = pd.DataFrame(columns=all_city, index=all_city)
#新建所有有机场的城市的空矩阵

#四、计算所有直飞航班时间
for i in all_city:
    for j in all_city:
        if i == j:
            df_time.at[i,j]=0  #如果出发城市和着陆城市相同，则时间设置为 0
        else:
            df_dep = df3[df3.departure_city==i]              #选取出发城市
            df_dep_lan = df_dep[df_dep.landing_city==j]      #选取着陆城市
            df_time.at[i,j] = df_dep_lan['time'].mean()      #计算从出发城市到着陆城市的平均时间
print(df_time)
df_time.to_excel('…/05-line_time.xlsx')                      #保存数据
```

上述程序首先通过 pd.to_datetime()函数将字符转换成时间，并将着陆时间和出发时间做差，计算每个航班的飞行时间（因为数据集中仅仅提供了时-分-秒的数据，将次日航班和当日航班的时间相减就会出现飞行时间小于 0 的情况）；然后筛选出飞行时间小于 0 的航班，经过合并，形成新的飞行时间列（“time”列）；接着通过 union()函数求出发城市（departure_city）和着陆城市（landing_city）的并集，求出所有城市的数据框；最后通过 for 循环求出直飞航线的平均飞行时间（见表 4-5）。

表 4-5　直飞航线的平均飞行时间（部分）

单位：小时

城市名称	万州	三亚	上海	东营	中卫	临沂	临沧	丹东	丽江	义乌	乌兰浩特	乌海
万州	0		2.21									
三亚		0	3.10							4.08		
上海	2.75	3.61	0	2.00	5.42	1.75		3.29	4.82		5.67	
东营			1.94	0								
中卫					0							
临沂			1.25			0						
临沧			5.50				0					
丹东			3.21					0				
丽江			4.00						0			
义乌		3.96								0		
乌兰浩特			4.92								0	
乌海												0

表 4-5 中第 4 行第 3 列（上海—三亚）为 3.61，表示从上海出发到三亚的所有航班的平均时间为 3.61 小时。由此可以看出，仍有较多的城市无法直飞。

（2）利用 Floyd 算法求解 1 次转机最快飞行时间矩阵，如下所示：

```
import pandas as pd
# import numpy as np
# import matplotlib.pyplot as plt
# import seaborn as sns
def Floyd(G): #定义 Floyd()函数
    '''
    G:所有直连节点的距离数据矩阵
    '''
    all_city = list(G.index)#
    #...Print(all_city)
    for k in all_city:
        for i in all_city:
            for j in all_city:
#                 G.at[i,j] = min(G.at[i,j],G.at[i,k]+G.at[k,j]+2)    #转机时间设置为 2 小时
                G.at[i,j] = min(G.at[i,j],G.at[i,k]+G.at[k,j])      #转机时间为 0
```

```
    return G

#主函数
if __name__ == '__main__':
    df0 = pd.read_excel('…/05-line_time.xlsx',index_col=0)     #读取处理后的数据
    maxTime = 1000000                                           #用一个较大的数代替∞
    df1 = df0.fillna(value=maxTime)                             #填充缺失值（无法直连的节点距离）
    Floyd_time = Floyd(df1)
    #调用 Floyd()函数，求解通过 1 次转机可以得出的所有直连航班的最短时间
    print(Floyd_time)
    Floyd_time.to_excel('…/06-Floyd_time.xlsx')                #保存数据集
```

上述程序首先定义了 Floyd()函数，其核心代码也比较简短，通过 3 层 for 循环，在无法直飞的情况下，通过 1 次转机（转机时间为 0 的情况下），求解任意两个城市之间的飞行时间。然后代入本数据集，计算出任意两个城市直接的飞行时间（见表 4-6）。本节仅仅保存了最短飞行时间矩阵，并没有打印出具体转机城市，读者可以根据实际情况修改代码，求出转机时间对应的具体转机城市。

表 4-6　1 次转机时间表（部分）

单位：小时

城市名称	万州	三亚	上海	东营	中卫	临沂	临沧	丹东	丽江	义乌	乌兰浩特	乌海
万州	0	3.58	2.21	4.21	5.18	3.96	3.38	4.59	3.10	3.79	4.27	4.83
三亚	3.42	0	3.10	4.15	4.93	3.58	3.17	5.65	3.22	3.24	5.86	4.77
上海	2.75	3.61	0	2.00	4.50	1.75	4.46	3.12	4.52	3.91	3.46	4.32
东营	4.69	4.58	1.94	0	3.30	2.72	5.08	2.83	4.31	3.08	3.05	2.87
中卫	1 000 000.00	1 000 000.00	1 000 000.00	1 000 000.00	0	1 000 000.00	1 000 000.00	1 000 000.00	1 000 000.00	1 000 000.00	1 000 000.00	1 000 000.00
临沂	4.00	4.23	1.25	2.58	3.83	0	4.13	3.37	4.18	3.88	2.79	3.40
临沧	3.25	3.00	4.13	4.60	4.67	3.54	0	6.08	1.72	4.43	6.21	4.50
丹东	4.86	5.76	2.94	2.98	4.23	3.46	6.13	0	6.17	4.28	3.93	3.80
丽江	2.67	3.00	3.71	3.50	4.13	3.72	1.98	5.53	0	3.72	5.17	3.96
义乌	3.92	3.58	4.34	3.47	4.72	4.14	5.13	4.26	4.63	0	3.67	4.29
乌兰浩特	4.60	6.18	3.52	2.94	4.19	3.04	6.57	3.72	5.96	4.00	0	3.28
乌海	4.97	4.81	3.66	2.75	2.89	3.42	4.64	3.53	4.16	4.05	3.36	0

表 4-6 中第 6 行第 4 列（中卫—上海）的飞行时间为∞（这里用 1 000 000.00 代替），表示仍然无法通过 1 次转机抵达。虽然大部分城市可以通过 1 次转机抵达，但是仍有部分城市无法通过 1 次转机抵达，这可能和数据集中没有从中卫出发的航班有关（更多细节问题读者可以继续深入挖掘）。

Floyd 算法的核心代码只有几行，编写方便，也比较容易理解。但 Floyd 算法的时间复杂度为 $O(n^3)$，相对比较高，不适合计算大量数据。

4.3.4 结果分析

1. 利用南丁格尔玫瑰图展示城市的平均飞行时间

下面利用南丁格尔玫瑰图展示城市的平均飞行时间：

```
import pandas as pd
import seaborn as sns
import pyecharts.options as opts
from pyecharts.charts import Pie

#一、读取数据并统计平均时间
df0 = pd.read_excel('…/06-Floyd_time.xlsx',index_col=0)  #读取数据
df0["mean"]=df0.mean(axis=1)                              #对每行求均值
mean_time = df0.sort_values(by="mean")                    #按平均时间升序排序
print(mean_time['mean'])
radius = mean_time['mean'][:'漠河'].round(2) #截取漠河的数据，round(2)表示保留 2 位小数

#二、转换为 Pyecharts 库需要的数据格式
x_data = radius.index
y_data = radius.values
data_pair = [list(z) for z in zip(x_data, y_data)]
data_pair.sort(key=lambda x: x[1])

#三、绘制南丁格尔玫瑰图，展示各个城市平均转机时间
sns.set(font_scale=2,font='SimHei') #设置字号大小、字体（这里是黑体）
(
    Pie(init_opts=opts.InitOpts(width="1600px", height="1600px"))
    .add(
        series_name="平均转机时间",
        data_pair=data_pair,
```

```
    rosetype="area", #是否展示成南丁格尔玫瑰图，通过半径区分数据大小，有 radius 和 area 两种模式
                     #默认为 radius。radius：扇区圆心角展现数据的百分比，半径展现数据的大小
                     #area：所有扇区圆心角相同，仅通过半径展现数据的大小
    radius=["20%", "80%"],#饼图的半径，第一项是内半径，第二项是外半径
    center=["50%", "50%"],#饼图的中心（圆心）坐标，第一项是横坐标，第二项是纵坐标
  )
  .set_global_opts(                                      #设置全局变量
    title_opts=opts.TitleOpts(title="南丁格尔玫瑰图",      #设置标题名称
    title_textstyle_opts=opts.TextStyleOpts(font_size=40),
    #设置标题字体格式
                          pos_right='center',
                          pos_left='center',
                          pos_bottom='center'           #设置标题位置
                          ),
    legend_opts=opts.LegendOpts(is_show=False),
  )
  .set_series_opts(                                      #设置系列配置项
    label_opts=opts.LabelOpts(formatter="{b}: {c}",     #标签内容
                          position='inside',            #设置标签位置
                          rotate=True,                  #设置标签旋转
                          font_size=10,                 #设置标签字号大小
                          ),
                  )
  .render("…/07customized_pie.html")                    #保存
)
```

这里首先对 4.3.3 节中得到的数据“06-Floyd_time.xlsx”进行统计并排序，数据集中共包含 185 个城市，其中包括西安、漠河等在内的 138 个城市可以通过 1 次转机抵达数据集中提供的所有城市，为了直观地展示这 138 个城市的平均转机时间，这里使用南丁格尔玫瑰图（见图 4-8）进行展示。而包括唐山、普洱等在内的 47 个城市，无法通过 1 次转机抵达数据集中提供的所有城市。在所有城市中，西安的转机效率最高，平均时间仅为 3.01 小时。

本节使用 Pyecharts 库制作南丁格尔玫瑰图。首先统计出各个城市的平均飞行时间。然后转换为 Pyecharts 库中 Pie()饼图所需要的格式。最后对全局变量、系列选项等进行配置，按需求显示各个标签。关于南丁格尔玫瑰图，本节设置了所有扇区圆心角相同，通过半径长短展示各个城市的平均飞行时间。

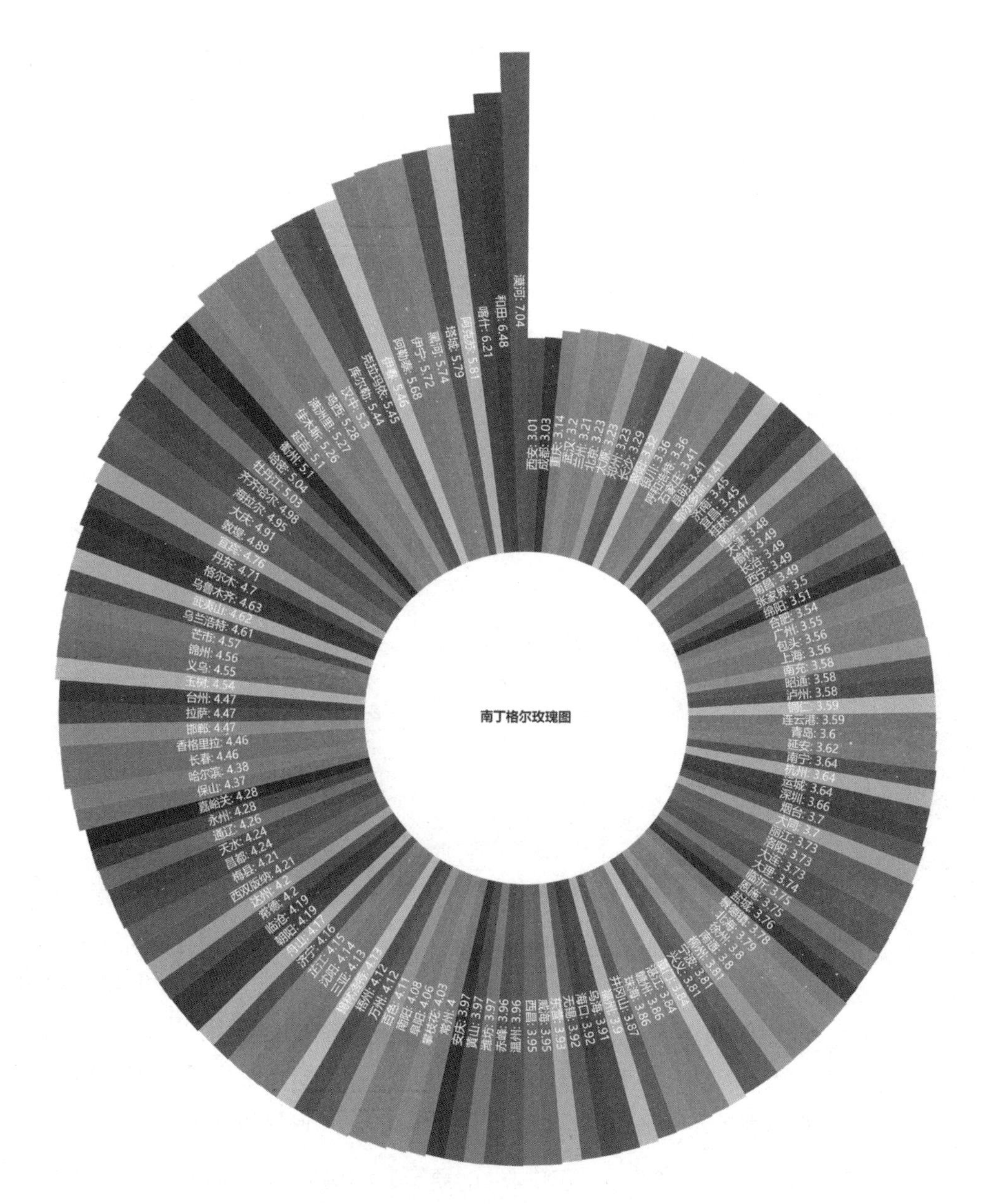

图 4-8 平均飞行时间的南丁格尔玫瑰图

2. 无法通过转机抵达的城市

在数据集中的 185 个城市，包括唐山、普洱等在内的 47 个城市（见图 4-9）仍无法通过 1 次转机抵达所有城市，这主要是因为数据集中的这些城市没有发出的航班（只有着陆航班）。

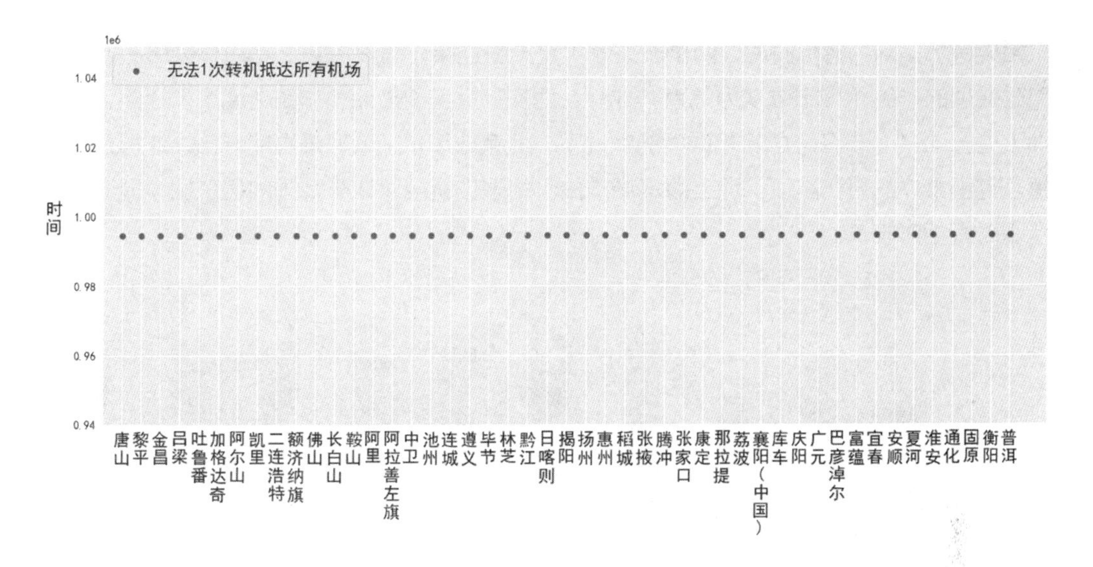

图 4-9　无法通过 1 次转机抵达所有城市的城市

3. 资源配置建议

在所有城市中，通过 1 次转机抵达所有城市，平均用时最短的 10 个城市分别是西安（3.01 小时）、成都（3.03 小时）、重庆（3.14 小时）、武汉（3.20 小时）、兰州（3.21 小时）、北京（3.23 小时）、太原（3.23 小时）、郑州（3.23 小时）、长沙（3.29 小时）、贵阳（3.32 小时），如图 4-10 所示。由此可见，在不考虑转机时间（即两趟航班无缝连接）的情况下，西安作为转运效率最高的城市，从理论上来说可以通过 3.01 小时（平均时间）抵达任何有机场的城市。

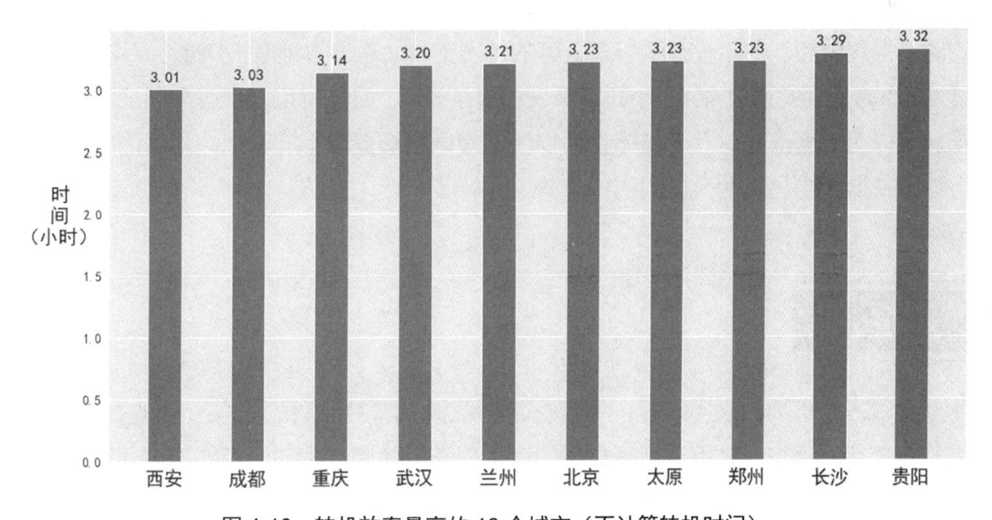

图 4-10　转机效率最高的 10 个城市（不计算转机时间）

如果考虑实际的转机时间，两个航班就不是无缝连接。假设需要 2 小时作为转机时间，那么用时最短的 10 个城市依次为北京、成都、西安、重庆、上海、广州、武汉、郑州、昆明、深圳（见图 4-11）。在考虑转机时间的情况下，北京成了转机效率最高的城市，这得益于北京有覆盖范围最广的直飞航班。而上海等城市由于地理位置相对处于我国的偏东侧，抵达其他城市所需时间相对较长。

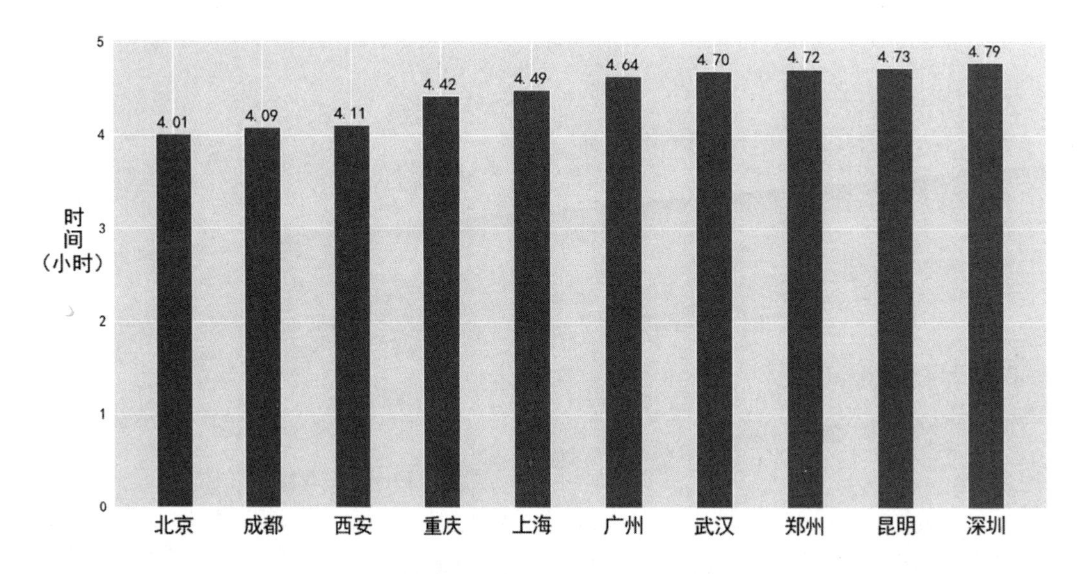

图 4-11　转机效率最高的 10 个城市（2 小时转机时间）

综上可知，北京、成都、西安、重庆等城市的直飞航班覆盖面广，飞往全国有机场的城市的平均时间相对较短。在不考虑航班延误等的情况下，北京通过 4.01 小时（平均时间）、成都通过 4.09 小时、西安通过 4.11 小时、重庆通过 4.42 小时，就可以抵达全国任意一个有机场的城市，所以可以考虑将这几个城市作为物流、应急物资储备等的基地，从理论上来说从这些城市可以较快抵达全国其他有机场的城市。

4.4　本章小结

本章通过一个具体的应用场景，介绍如何寻找最快的转机路线。遵循一般的数据分析习惯，在获取数据集后，通过对数据进行预处理，可以对数据集有基本的认识；接着通过柱状图、饼图展现了航空公司和机型的占比情况；然后通过 Pyecharts 库，使用 3D 地图展现了各个城市的航班分布情况，使用桑基图展示了首都机场的航线情况，使用关系图展示了各个城市直接的航线情况；最后通过 Floyd 算法求解两个城市之间的最快飞行时间矩阵。经过分析，北京、成都、西安、重庆等城市的航班覆盖面广，飞行时间短，可以作为物流、应急物资储备的基地，方便快速配送。

第 5 章 市民服务热线文本数据分析

近年来，随着智慧城市、数字政府的发展，“12345”市民服务热线、网站、微信、微博等逐渐成为市民反映诉求的主要渠道，也成为政府了解民情的重要途径。随着信件量的激增，传统的基于人工的信件分类、转办系统，难以满足时效越来越强的办理要求。传统的热点问题挖掘主要依赖一线信件办理人员的主观感受，很难客观地反映一段时间内的热点问题。为了进一步提高信件的办理效率、增加热点问题挖掘的客观性，本章将基于文本处理技术，利用机器学习的方法，实现信件自动分类、热点问题挖掘，进一步提高政务服务的效率。本章以模拟“12345”市民服务热线，自编相关数据为例进行说明。

5.1 准备工作

1. 编程环境

（1）操作系统：Windows 10 64 位操作系统。

（2）运行环境：Python 3.8.5，Anaconda 下的 Jupyter Notebook。

2. 安装依赖库

除了基本的 Matplotlib 可视化库、Seaborn 统计可视化库、Sklearn 机器学习库，本章还用到了 jieba、wordcloud、PIL、Plotly 等库，相关库的安装均可采用在 Anaconda Prompt 中输入“pip install XXXX”的方式。安装 wordcloud 库的示意图如图 5-1 所示。

其中，jieba 库用于中文分词；wordcloud 库用于构建词云图；PIL 库用于图像处理；Plotly 库提供数据可视化框架，通过构建基于浏览器显示的 Web 形式的可交互图表来展示信息，可以创建多达数十种精美的图表和地图。

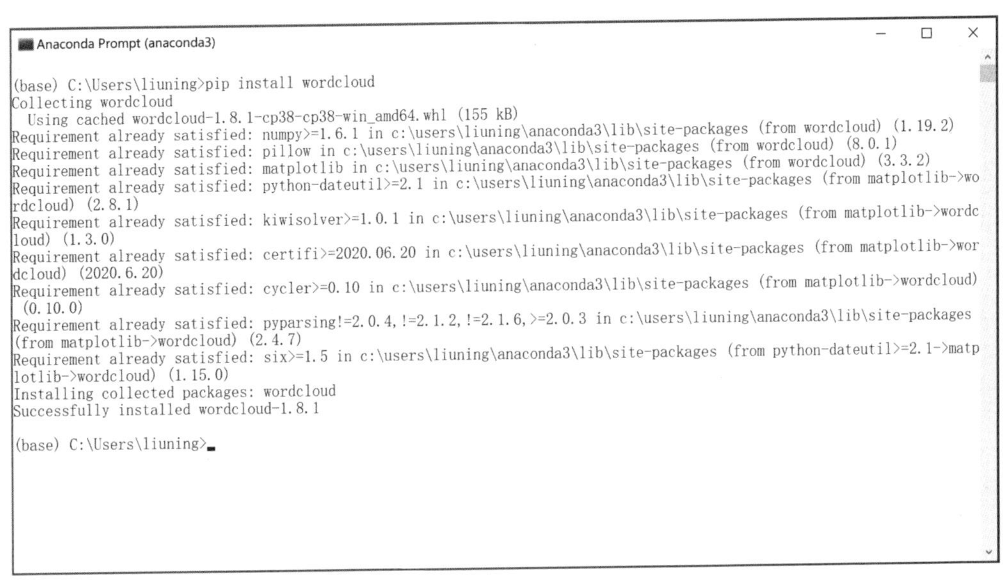

图 5-1　安装 wordcloud 库的示意图

3. 数据的基本情况

本章使用的数据来自笔者自编的 2018 年 10 月—2019 年 2 月三太市“12345”市民服务热线，包含 orderAll、order、工单编号、工单分类、工单来源、来电时间、来电类型、工单标题、工单内容、工单状态、是否延期、序号、处理时间、处理环节、处理单位、处理描述、extractAddress、lon84、lat84、cluster 这 20 列数据。部分源数据如表 5-1 所示。

表 5-1　源数据（部分）

orderAll	工单分类	工单来源	来电时间	工单内容	处理单位	处理描述	extractAddress
1	建设交通类	语音	2018/10/2 8:50	交通运输局于 8:47 来电反馈：关于希望在火车站旁边设置电动车停车场的问题，工作人员告知交通运输局只负责出租车、公交车及有轨电车项目，其他的项目不属于其管辖范围	话务 01 组	已登记并上报值班长	希望在火车站

续表

orderAll	工单分类	工单来源	来电时间	工单内容	处理单位	处理描述	extractAddress
2	公用事业类	语音	2018/10/2 8:56	市民来电反映：关于临春二路一巷红沙隧道口“临春棚改办门口”对面有一条高压电线距离地面 1 米的问题，未处理好	话务 01 组	因临春棚改办答复已整改并附图，故建议市民向热线微信公众号发送该处图片，以便核实是否是同一个位置，如收到市民反映请重新受理	临春二路一巷红沙隧道口“临春棚改办门口”
3	建设交通类	语音	2018/10/2 8:59	市民来电反映：其于 2010 年购买天涯区三太湾美丽新海岸小区 3 号楼 708 房屋，该房屋属于大户型房屋，但开发商为其办理的是两个小户型的房产证，其认为不合理，存在违规的情况。小区内同户型的房屋均存在该情况，望核实处理	话务 01 组	前台于 17:08 以短信形式回复市民	天涯区三太湾美丽新海岸小区
4	公用事业类	语音	2018/10/2 8:57	天涯水业来电称，关于天涯区桶井村红土小组片区停水的问题，经核实，该处是因村内维修排污管道时，将天涯水业的供水管道挖断所致，昨日已关阀抢修，目前正在抢修中，预计 13:00 恢复供水	话务 01 组	已反馈至工号 8861 跟进处理	天涯区桶井村

5.2 基本情况分析

5.2.1 数据分布基本信息

由于本章的数据集包含的内容比较多，为了使读者对数据集有大致的了解，如下代码可以将数据集的摘要信息打印出来：

```
In[1]:import pandas as pd
    import numpy as np
    import matplotlib.pyplot as plt
    import seaborn as sns
    import plotly.graph_objects as go

    import jieba
    import collections          #词频统计库
    from PIL import Image       #图像处理库
    import wordcloud            #词云库展示库

    #一、读取数据
    df0 = pd.read_csv('…/01sanya12345_dataset1.csv',index_col=0)
    #读取数据
    print(df0.info())           #输出基本信息
```

通过 print(df0.info())语句，可以得到包含 184 568 行、20 列的数据，20 列数据的列名分别为 orderAll、order、工单编号、工单分类、工单来源、来电时间、来电类型、工单标题、工单内容、工单状态、是否延期、序号、处理时间、处理环节、处理单位、处理描述、extractAddress、lon84、lat84、cluster，5 列数据类型为 float64，2 列数据类型为 int64,13 列数据类型为 object，一些列的数据出现缺失，如下所示：

```
<class 'pandas.core.frame.DataFrame'>
Int64Index: 184568 entries, 125282 to 127953
Data columns (total 20 columns):
 #   Column           Non-Null Count   Dtype
---  ------           --------------   -----
 0   orderAll         184568 non-null  float64
 1   order            184568 non-null  float64
 2   工单编号          184568 non-null  int64
 3   工单分类          184567 non-null  object
 4   工单来源          184567 non-null  object
 5   来电时间          184567 non-null  object
 6   来电类型          184567 non-null  object
 7   工单标题          184567 non-null  object
 8   工单内容          184567 non-null  object
 9   工单状态          184567 non-null  object
 10  是否延期          184568 non-null  object
 11  序号              183977 non-null  float64
 12  处理时间          184567 non-null  object
 13  处理环节          184567 non-null  object
```

```
 14  处理单位           184179 non-null  object
 15  处理描述           184567 non-null  object
 16  extractAddress     131264 non-null  object
 17  lon84              126785 non-null  float64
 18  lat84              126785 non-null  float64
 19  cluster            184568 non-null  int64
dtypes: float64(5), int64(2), object(13)
memory usage: 29.6+ MB
None
```

为了更详细地观察缺失值的情况，如下代码实现了将各列数据的缺失数量打印出来：

```
In[2]:#二、打印缺失值信息
print(df0.isnull().sum())#观察缺失值数
```

通过 print(df0.isnull().sum()) 语句统计各列数据的缺失值情况，可以看出“extractAddress”列、“lon84”列、“lat84”列的缺失值较多，“序号”列、“处理单位”列也出现了一定的缺失值，而其他列出现的缺失值相对较少。由于部分字段是为了进行业务分析设立的，因此只选取部分字段进行分析：

```
orderAll              0
order                 0
工单编号              0
工单分类              1
工单来源              1
来电时间              1
来电类型              1
工单标题              1
工单内容              1
工单状态              1
是否延期              0
序号                591
处理时间              1
处理环节              1
处理单位            389
处理描述              1
extractAddress    53304
lon84             57783
lat84             57783
cluster               0
dtype: int64
```

5.2.2　每日平均工单量分析

为了观察数据集中每日工单量的情况，下面使用折线图展示每日工单数量的走势情况：

```
In[3]:#三、每日工单数量
    df0_split = df0["来电时间"].str.split(' ',expand=True) #用空格进行分列
    df0["来电日期"]=df0_split[0]   #选取来电日期数据，并在原数据框中增加 1 列
    df0["来电时分秒"]=df0_split[1] #选取来电时分秒数据，并在原数据框中增加 1 列
    date_statistics=df0["来电日期"].value_counts()          #统计每日来电数量
    date_statistics1 = date_statistics.sort_index()        #按时间重新排序
    print(date_statistics1.describe())                     #查看均值、最大值、最小值等

    fig = plt.figure(figsize=(20,10))
    sns.set(font_scale=1.5,font='SimHei')                  #设置字号大小、字体（这里是黑体）
    date_statistics1.plot()
    plt.xlabel("来电日期")
    plt.ylabel("每日来电数量（件）")
    plt.xticks(rotation=45,fontsize=15)                    #改变标签的显示角度，防止重叠
    plt.show()
```

为了更直观地观察每日处理信件的数量，可以将来电时间进行拆分，进而统计每日来电数量，并绘制每日来电数量时序图（见图 5-2）。

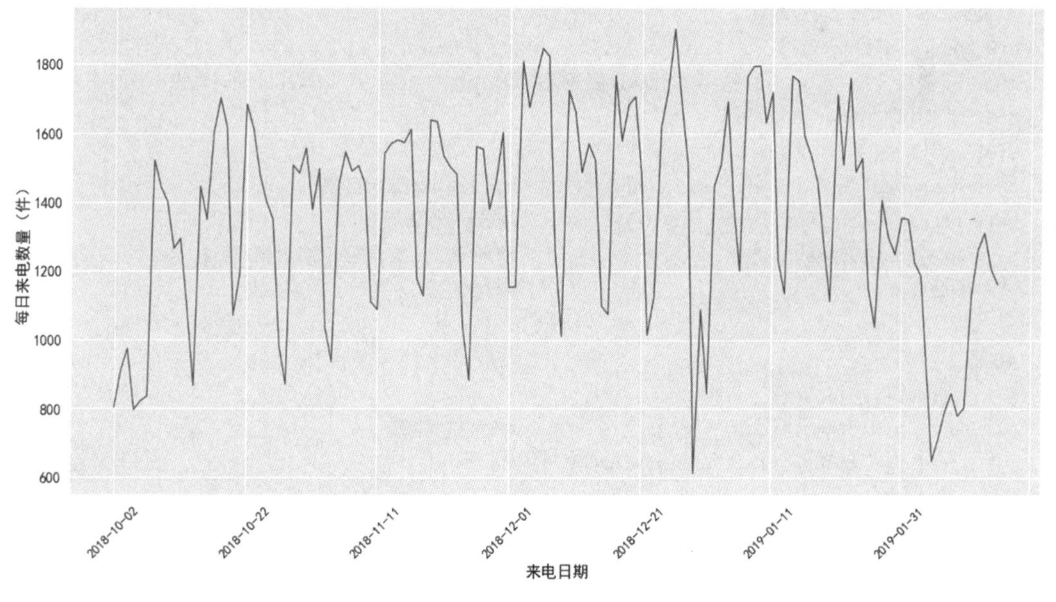

图 5-2　每日来电数量时序图

而利用 print(date_statistics1.describe())语句可以输出数据的统计信息，统计结果显示，2018 年 10 月 2 日—2019 年 2 月 15 日，“12345”市民服务热线共收到 184 568 件信息，日均 1357 件，日最多 1903 件，日最少 613 件：

```
count     136.000000
mean     1357.110294
std       307.097708
min       613.000000
25%      1127.250000
50%      1447.000000
75%      1583.000000
max      1903.000000
Name: 来电日期, dtype: float64
```

日均办件量相对较大，自动分类、转办等措施可以大幅度提高工作效率，降低对人工的依赖度。

5.2.3　来电时间分析

为了观察一天中市民服务热线的高峰期，本节用柱状图展示了 24 小时内每个小时的来电数量：

```
In[4]:#四、来电小时时间分布
    df0_hour = df0["来电时分秒"].str.split(':',expand=True)
    #用“:”进行分列，获取“小时”字段信息，后面可以直接统计（这里也可以采用处理时间的一些方法）
    df0["来电小时"]=df0_hour[0]
    df0["来电分钟"]=df0_hour[1]
    date_hour=df0["来电小时"].value_counts()      #统计每小时来电数量
    date_hour1 = date_hour.sort_index()          #按升序重新排序
    x = date_hour1.index                         #X 轴数据，方便后续绘制柱状图
    y = date_hour1                               #Y 轴数据

    #绘图
    plt.figure(figsize=(20,10))
    plt.bar(x,y,width=0.4,color='g')             #绘制柱状图
    plt.plot(x,y, color='black', linewidth=0.8) #绘制连线

    #为每个柱体添加数值标签
    for a, b in zip(x, y):
        plt.text(a, b + 0.05, '%.0f' % b, ha='center', va='bottom',
                 fontsize=17)
```

```
plt.xlabel('时间（时）',labelpad=10)                             #设置X轴名称
plt.ylabel('件\n数\n（件）',rotation=360,labelpad=30) #设置Y轴名称,并让标签文字上下显示
plt.show()
```

通过对 2018 年 10 月 2 日—2019 年 2 月 15 日每日 24 小时的来电信件进行统计，得到的来电小时图如图 5-3 所示。来电高峰出现在每日的 10:00—10:59，繁忙时段为每日的 9:00—11:59 和 15:00—17:59。与此同时，0:00—6:59 依旧有信件产生。鉴于来电信件的时间分布，建议在繁忙时段增加工作座席，凌晨之后可以减少工作座席，从而使人员配置达到最优。

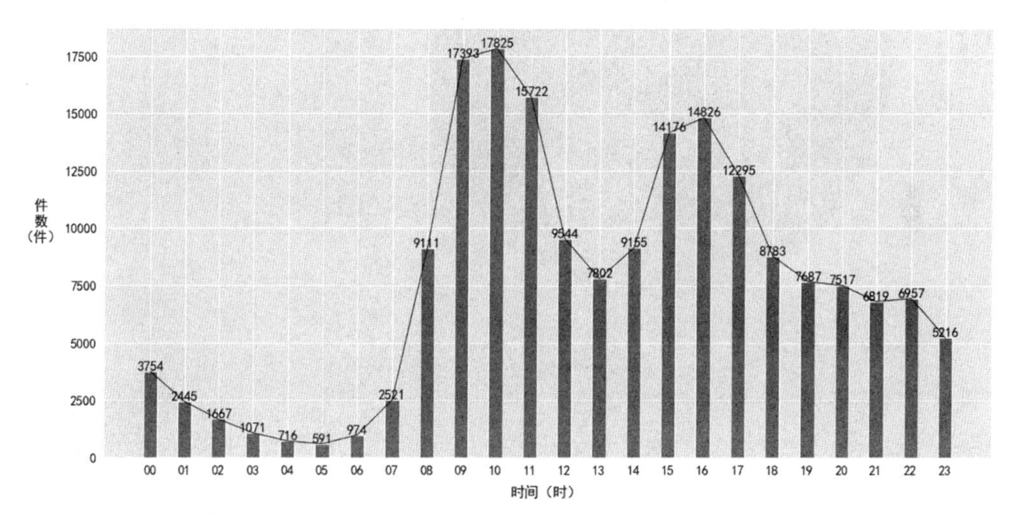

图 5-3　来电小时图

5.2.4　工单类型分析

为了更直观地查看工单的内容分类和工单的来源，本节使用饼图进行展示，来电类型使用柱状图进行展示：

```
In[5]:#五、工单内容分类
   fig = go.Figure(data=[go.Pie(labels=df0['工单分类'].value_counts().index,
       values=df0['工单分类'].value_counts()[:])])
   fig.show()
```

这里使用 Plotly 库进行工单内容分类的饼图展示，这样可以在一定程度上解决饼图占比标签重叠的问题。由图 5-4 可知，在工单分类中，36.1%的工单为建设交通类问题，17.2%的工单为公安政法类问题，9.1%的工单为社会管理类问题，这三类问题已经超过总问题的 50%。

```
In[6]:#六、工单来源
   fig = go.Figure(data=[go.Pie(labels=df0['工单来源'].value_counts().index,
```

```
    values=df0['工单来源'].value_counts()[:])])
fig.show()
```

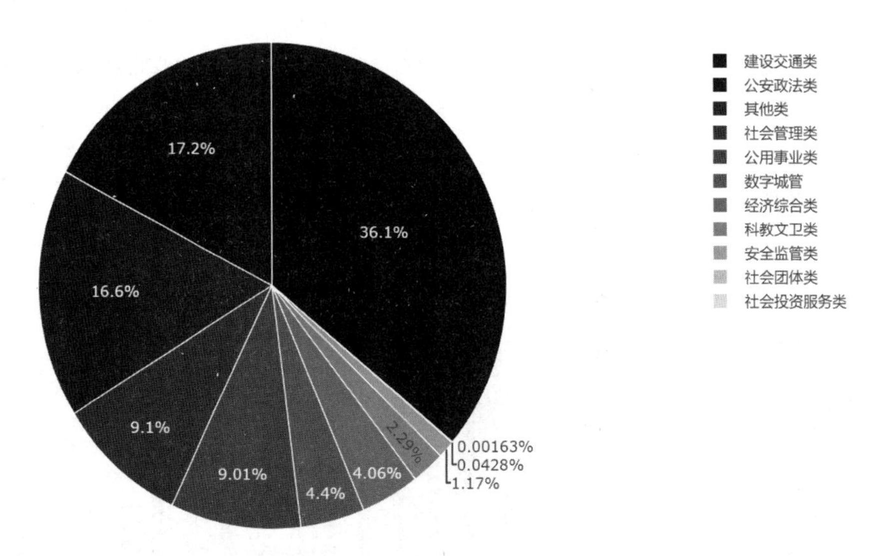

图 5-4　工单分类情况图

采用同样的方法可以绘制工单来源占比饼图。由图 5-5 可知，84.7%的市民选择使用语音（即电话）的方式反映问题，说明大部分市民更喜欢采用电话的方式反映问题。11.4%的市民选择使用微信反映问题，说明微信也已经成为市民反映问题的重要渠道。

```
In[7]:#七、统计来电类型
    types_of_tel=df0["来电类型"].value_counts()                    #统计来电类型
    print(types_of_tel)
    plt.figure(figsize=(20, 10))
    sns.countplot(x="来电类型",data=df0,order=types_of_tel.index)
    #利用 Seaborn 库中的 countplot()函数绘制来电类型饼图
    plt.xticks(rotation=45,fontsize=30)                             #改变标签显示角度，防止重叠
    plt.ylabel("来\n电\n数\n量\n（件）",rotation=360,labelpad=30)  #y 轴标签
    plt.show()
```

本例采用 Seaborn 库绘制来电类型的柱状图（见图 5-6）。在市民来电中，投诉举报类有 96 889 件，咨询类有 44 993 件，转接反馈类有 27 643 件，数字城管有 8124 件，求助类有 3089 件，意见建议类有 1822 件，其他类有 978 件，表扬感谢类有 644 件，无效类有 385 件。其中，投诉举报类、咨询类、转接反馈类、数字城管等问题相对较多，建议有关单位加大处理力度，切实解决市民关心的实际问题。

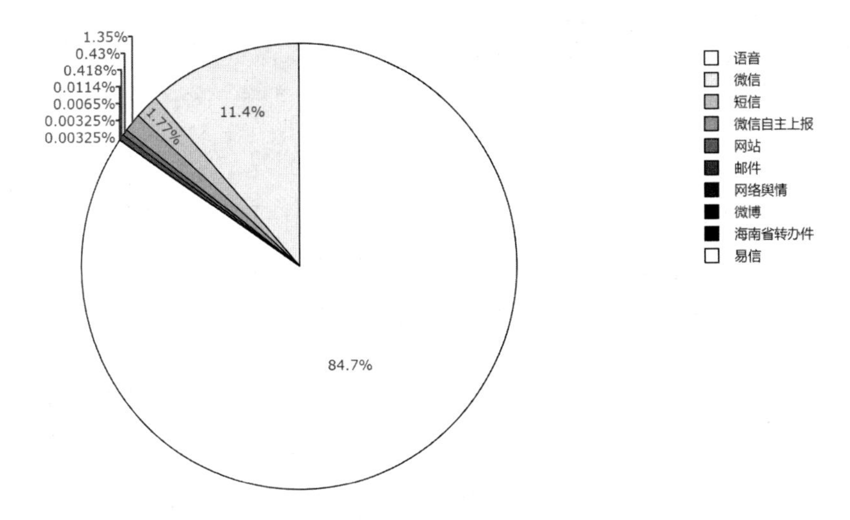

图 5-5　工单来源图

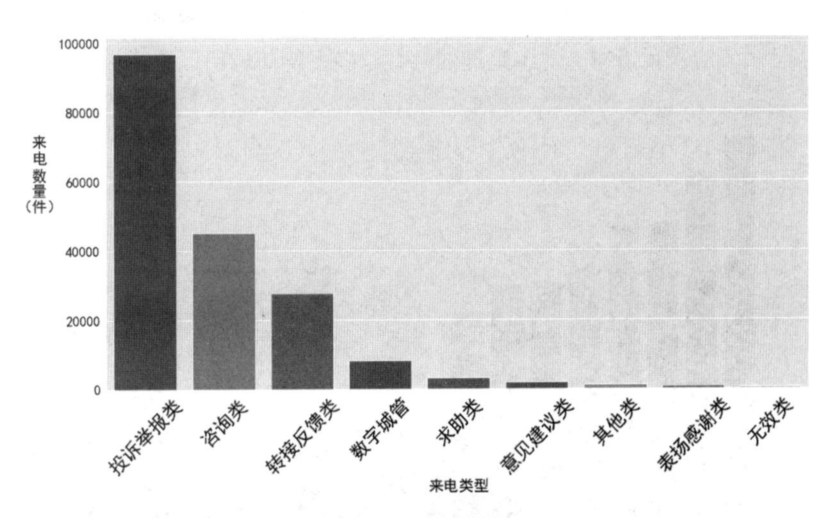

图 5-6　来电类型

```
In[8]:#八、统计处理单位
    company = df0["处理单位"].value_counts()#统计处理单位
    company1 = company[2:22]                    #除自办件外前 20 个办理单位
    print(company1)

    plt.figure(figsize=(20, 10))
    sns.set(font_scale=2,font='SimHei')
    #设置字号大小、字体（这里是黑体）
    sns.countplot(x="处理单位",data=df0,order=company1.index)
```

```
#利用 Seaborn 库中的 countplot()函数绘制处理单位柱状图
plt.xticks(rotation=90)  #改变标签显示角度，防止重叠
plt.ylabel('件\n 数\n（件）',rotation=360,labelpad=60)     #设置 Y 轴名称,并让标签文字上下显示
plt.show()
```

在 149 个处理单位中，话务 01 组处理了 58.2%的信件，“12345”市民服务热线后台处理了 10.9%的信件，除了话务 01 组和“12345”市民服务热线后台，处理信件最多的前 20 个单位如图 5-7 所示，分别是数字城管（5468 件）、市交通运输局（4925 件）、市住房和城乡建设局（4294 件）、天涯区城市管理局（4242 件）、市交警支队（4010 件）、吉阳区城市管理局（3507 件）、市公安局（3450 件）、市人力资源和社会保障局（2521 件）、吉阳区住房和城乡建设局（1753 件）、吉阳区办公室（1708 件）、市工商行政管理局（1585 件）、天涯区住房和城乡建设局（1275 件）、市食品药品监督管理局（934 件）、吉阳区发展改革局（797 件）、国家税务局总局三太市税务局（743 件）、天涯区指挥中心 1（736 件）、三太移动公司（709 件）、天涯区指挥中心 2（690 件）、天涯区发展改革局（655 件）、中国有线电视三太分公司（611 件），数字城管、市交通运输局、市住房和城乡建设局、天涯区城市管理局等单位处理的信件数量相对较多。为了及时响应市民诉求，建议处理信件数量较多的单位可以驻点办公，提升处理时效。

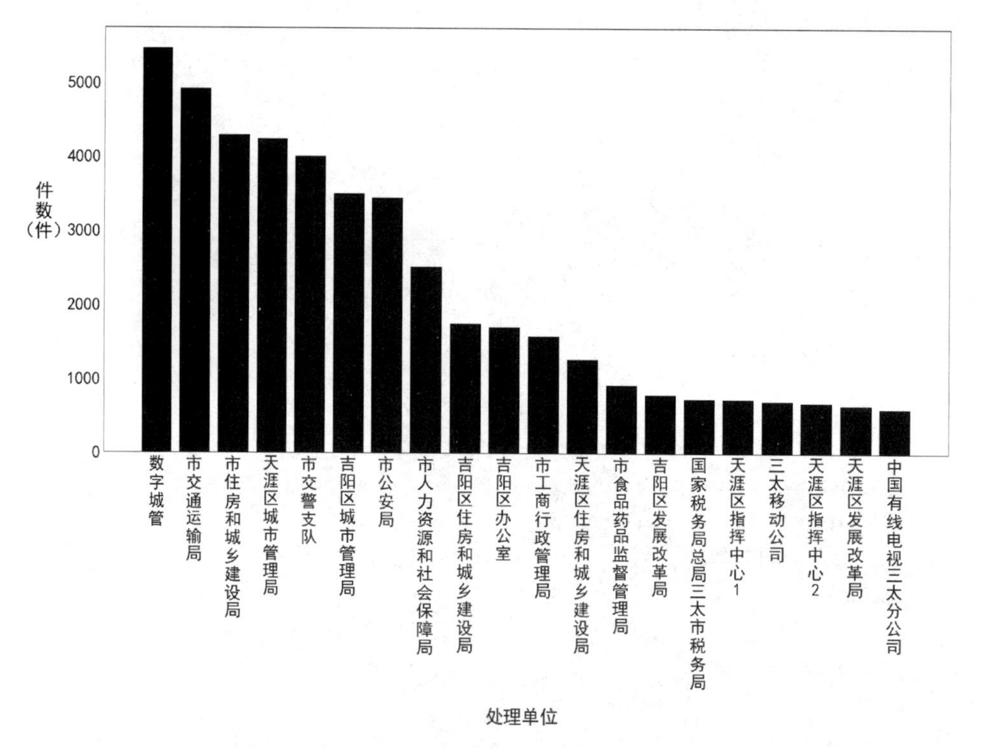

图 5-7　处理信件数量较多的单位（前 20 个）

5.3　利用词云图展示工单内容

词云图可以作为大数据分析的典型图表之一。词云图以文本中出现频率较高的关键词为基础，通过背景渲染、高频词突出等方式，形成高频词突出的文本图片。词云图可以设置成不同的背景和形状，而绘制词云图的方法也有很多种，本节仅介绍基本的词云图的绘制。

5.3.1　工单分词

在一般情况下，中文的文本由文章、段落、语句、词语等组成。词语作为中文中最基本的单位，在词云图中具有重要作用。文本分词是绘制词云图的第一步，分词的准确度直接关系到词云图及后续文本处理的效果。本节主要采用 jieba 库对中文工单内容进行分词处理：

```
In[1]:import pandas as pd
    import numpy as np
    import seaborn as sns
    import matplotlib.pyplot as plt
    import jieba
    import collections                                        #词频统计库
    from PIL import Image                                     #图像处理库
    import wordcloud                                          #词云图展示库

    #一、读取数据，并进行预处理
    df0 = pd.read_csv('…/01sanya12345_dataset1.csv',index_col=0)#读取数据
    df1 = df0.reset_index(drop=True)                          #重置索引
    df1['newOrder'] = df1.index                               #新增加一列：序号列，方便后续寻找
    df2 = df1[['newOrder','来电时间','工单内容','工单分类']]
    df2 = df2.dropna()                                        #删除缺失值
    content0 = df2['工单内容'].astype(str)                     #转为字符型
    content = content0.values.tolist()                        #将每篇文章转换成一个列表

    #二、对工单内容进行分词
    content_S = []
    for line in content:
        current_segment = jieba.lcut(line)
        #对每篇文章进行分词，jieba.lcut()函数直接生成一个列表
```

```
    sentence = []
    for every_word in current_segment:
        if len(every_word) >1 and every_word != '\r\n':
        #去除小于 1 的单词和换行符
            sentence.append(every_word)
    content_S.append(sentence)
    #保存分词的结果，append()函数将元素追加到列表尾部
print(content[0])
print(content_S[0])
```

上述程序首先对原始数据进行一定的预处理，截取 newOrder、工单内容、工单分类（后续分类、聚类需要）等字段，并转换为适合分词的数据格式。然后利用 jieba.lcut()函数对每个工单进行分词，工单分词前后对比图如图 5-8 所示，从结果来看，其过滤了“8:”“:”“在”“的”“、”“及”“不”“其”等包括数字、标点符号在内的常见连接词。

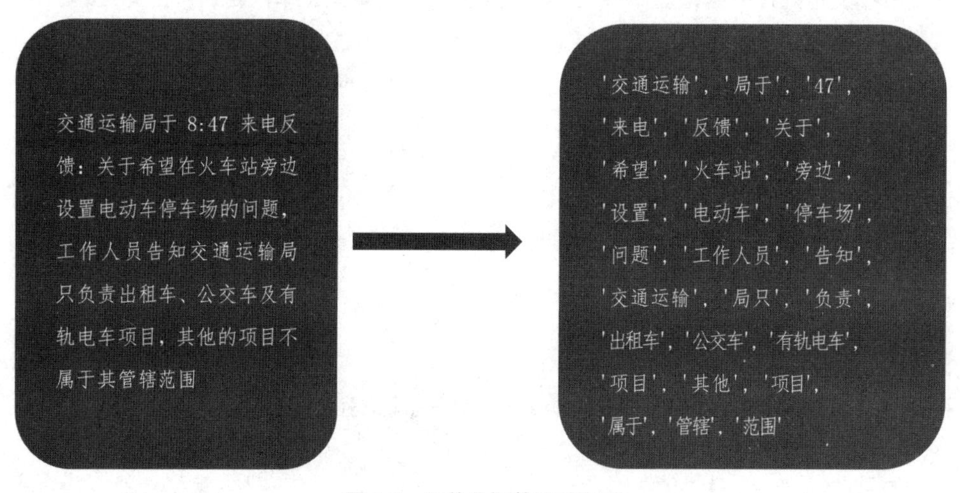

图 5-8　工单分词前后对比图

5.3.2　去除停用词

由于中文的语法规则比较复杂，不像英文每个单词由空格、标点等自然隔开，要将中文的一句话分割成不同的词语，除了连接词、标点等分割词，去除停用词可以在一定程度上提高分词的准确性。而本节采用的是网络中提供的一个停用词库，为了直观展示，可以将原本的 txt 格式的停用词库调整为表格展示，其基本内容如表 5-2 所示。读者也可以根据文本分析的需要调整停用词库，进一步提升分词的准确性。

表 5-2　停用词库（部分）

!	"	#	$	%	&	'	(	)	*	+	,	−	--	.
.	.	.	.	./	.—	记者	数	年	月	日	时	分	秒	/
//	0	1	2	3	4	5	6	7	8	9	:	://	::	;
<	=	>	>>	?	@	A	Lex	[	\	]	【	】	^	_

```
In[2]:#三、去除停用词
    stopwords=pd.read_csv("…/01stopwords.txt",index_col=False,sep="\t",
            quoting=3,names=['stopword'], encoding='utf-8')
    #读入停用词库

    def drop_stopwords(contents,stopwords):#定义去除停用词函数
        contents_clean = []
        all_words = []
        for line in contents:
            line_clean = []
            for word in line:
                if word in stopwords:
                    continue
                line_clean.append(word)
                all_words.append(str(word))
            contents_clean.append(line_clean)
        return contents_clean,all_words

    stopwords = stopwords.stopword.values.tolist()
    contents_clean,all_words = drop_stopwords(content_S,stopwords)#去除停用词
    print(contents_clean[0])
```

上述程序在读入停用词库后定义了一个去除停用词函数，通过该函数可以去除每个工单中的停用词。第一个工单的输出结果如下：

```
['交通运输', '局于', '反馈', '希望', '火车站', '旁边', '设置', '电动车', '停车场', '工作人员', '告知', '交通运输', '局只', '负责', '出租车', '公交车', '有轨电车', '项目', '项目', '管辖']
```

可以看出，比未去除停用词前删除了'47'、'来电'、'关于'、'问题'、'其他'、'属于'和'范围'等词。

5.3.3　词频统计

为了直观地观察数据集中所有工单内容的高频词汇，下面使用柱状图展示词频最高的 40 个词汇：

```
In[2]:#四、词频统计
    word_counts = collections.Counter(all_words)          #对分词做词频统计
    word_counts_top40 = word_counts.most_common(40)       #获取前 40 个最高频的词

    #柱状图展示
    sns.set(font_scale=1.5,font='SimHei')                 #设置字号大小、字体（这里是黑体）
    x=[x[0] for x in word_counts_top40]                   #统计 top40 个关键字
    y=[x[1] for x in word_counts_top40]                   #统计 top40 个关键字出现的次数
    fig = plt.figure(figsize=(20,10))
    plt.bar(x,y,color='blue')
    plt.xticks(rotation=90,fontsize=15)                   #改变标签显示角度，防止标签重叠
    plt.ylabel('词\n 频\n（次）',rotation=360,labelpad=60) #设置 Y 轴名称,并让标签文字上下显示
    plt.show()
```

上述程序通过 collections 词频统计库对分词后的工单进行词频统计，并获取词频最高的前 40 个词汇，分词后通过柱状图进行展示（见图 5-9）。“核实”出现了 58 607 次，“咨询”出现了 53 628 次，整个词频相对较高，这可能与工单录入的用词要求有关。此外，“吉阳”出现了 26 716 次，“小区”出现了 24 828 次，“天涯”出现了 24 402 次，“三太”出现了 23 040 次，地名出现的频率相对较高。“扰民”出现了 19 870 次，“车辆”出现了 19 485 次，“噪声”出现了 16 608 次，可以推断出，噪声扰民、车辆噪声扰民等问题反映较为突出，需要加大这方面的治理力度。

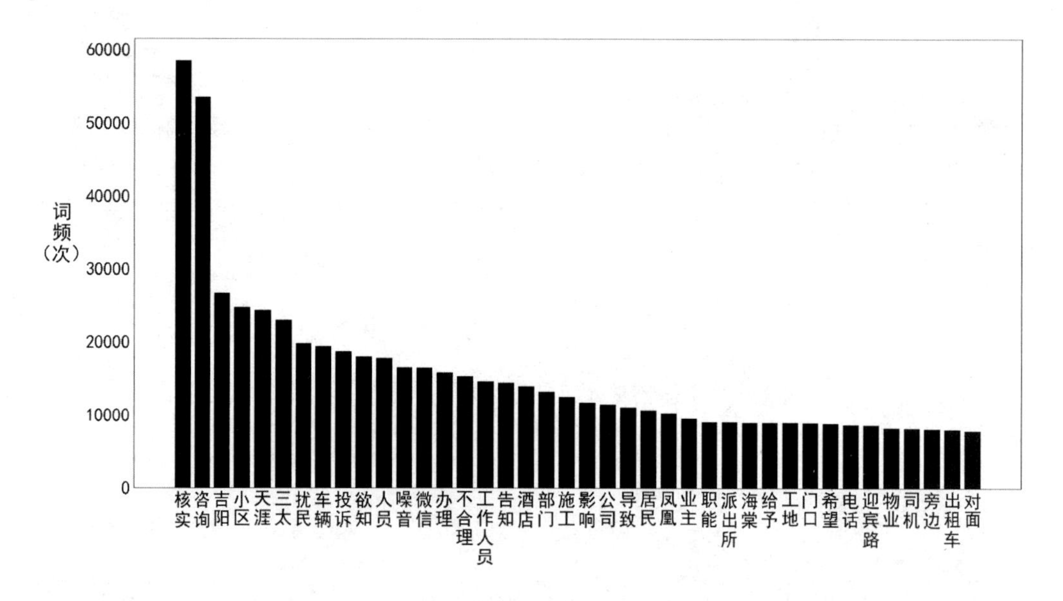

图 5-9 词频统计图（前 40 个）

5.3.4　市民反映问题词云图

词云图是文本分析中常见的图表之一，下面使用词云图展示市民服务热线中出现的高频词汇：

```
In[3]:#五、词云图展示
    mask = np.array(Image.open('…/02 背景图 1.jpg'))        #定义词频背景
    wc = wordcloud.WordCloud(
        font_path='C:/Windows/Fonts/simhei.ttf',            #设置字体格式
        margin=10, width=4000,height=6000,
        mask=mask                                            #设置背景图
    )

    wc.generate_from_frequencies(word_counts)               #从字典中生成词云图
    image_colors = wordcloud.ImageColorGenerator(mask)      #在背景图中建立颜色方案
    wc.recolor(color_func=image_colors)                     #将词云图颜色设置为背景图方案
    plt.imshow(wc)                                           #显示词云图
    plt.axis('off')                                          #关闭坐标轴
    plt.show()                                               #显示图像
    wc.to_file('…/02 留言词云图.jpg')                        #保存词云图
```

为了更直观地观察市民反映的问题，本节用词云图直观地展示各个词语出现的频率（见图 5-10）。除了“核实”和“咨询”这类目的性词汇，“三太”、“吉阳”、“天涯”和“小区”等地名比较突出，此外，“噪声”、“车辆”、“扰民”和“微信”等词汇在词云图中比较明显。由此可知，小区物业问题、噪声扰民是市民反映较为突出的问题，急需加大治理力度。

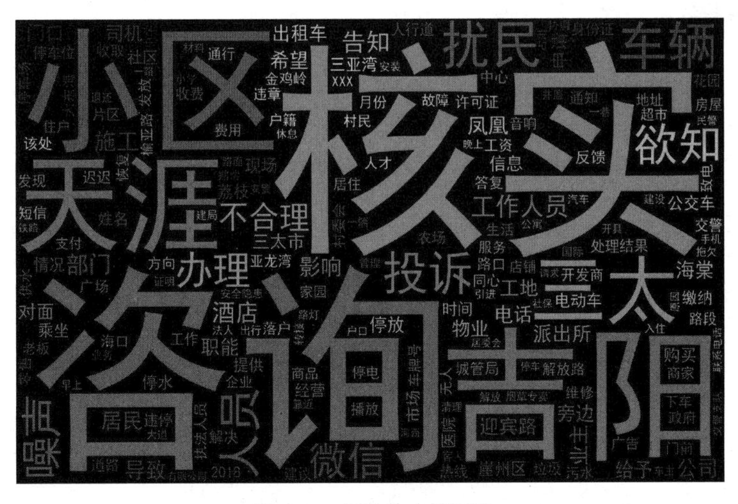

图 5-10　工单内容词云图

5.3.5 保存数据

分词后的数据会在后面用到，为了后面方便处理数据，这里将分词后的数据保存在本地备用：

```
In[4]:#六、变换为适合词袋模型的数据格式，并保存为 Excel 格式
    words = []
    # print(len(contents_clean))
    for line_index in contents_clean:
        try:
            words.append(' '.join(line_index))
            #join()函数用于将序列中的元素以指定的字符连接生成一个新的字符串
        except:
            print(line_index)
    # print(words)
    df_train=pd.DataFrame({'序号':df2['newOrder'],'来电时间':df2['来电时间'],
                           'contents_clean':words,'工单内容':df2['工单内容'],
                           'label':df2['工单分类']})
    df_train.to_excel('…/02 留言预处理.xlsx')
```

为了方便后续的分类、聚类运算，可以将分词的结果保存为新的 Excel 数据表。进行预处理之后的数据包括序号、来电时间、contents_clean（分词后的数据）、工单内容、label（标签）这 5 列数据（见表 5-3）。经过预处理之后，仅仅保留了 5 列后面需要的数据，整个数据格式更简洁，占用的内存也相对减少。该数据将作为后续朴素贝叶斯的文本分类、*K*-Means 文本聚类的源数据。

表 5-3　进行预处理之后的数据（部分）

序号	来电时间	contents_clean（分词后的内容）	工单内容	label（标签）
1	2018/10/02 08:50:24	交通运输 局于 反馈 希望 火车站 旁边 设置 电动车 停车场 工作人员 告知 交通运输 局只 负责 出租车 公交车 有轨电车 项目 项目 管辖	交通运输局于 8:47 来电反馈：关于希望在火车站旁边设置电动车停车场的问题，工作人员告知交通运输局只负责出租车、公交车及有轨电车项目，其他项目不属于其管辖范围	建设交通类
2	2018/10/02 08:56:37	临春 二路 一巷 红沙 隧道口 临春棚 改办 门口 对面 一条 高压电 距离 地面	"市民来电反映：关于临春二路一巷红沙隧道口“临春棚改办门口”对面有一条高压电线距离地面 1 米的问题，未处理好	公用事业类

续表

序号	来电时间	contents_clean（分词后的内容）	工单内容	label（标签）
3	2018/10/02 08:59:00	其于 2010 购买 天涯 三太湾 美丽 海岸 小区 3 号 708 房屋 大户型 房屋 开发商 办理 两个 小户型 房产证 不合理 违规 情况 区内 户型 房屋 情况 核实	市民来电反映：其于 2010 年购买天涯区三太湾美丽新海岸小区 3 号楼 708 房屋，该房屋属于大户型房屋，但开发商为其办理的是两个小户型的房产证，其认为不合理，存在违规的情况。小区内同户型的房屋均存在该情况，望核实处理	建设交通类
4	2018/10/02 08:57:49	天涯 水业 天涯 区桶 井村 红土 小组 片区 停水 核实 该处 时因 村内 维修 排污管 天涯 水业 供水管 挖断 昨日 关阀 抢修 抢修 预计 中午 00 恢复 供水	天涯水业来电称，关于天涯区桶井村红土小组片区停水的问题，经核实，该处时因村内维修排污管道时，将天涯水业的供水管道挖断，昨日已关阀抢修，目前正在抢修中，预计 13:00 恢复供水	公用事业类

5.4　基于朴素贝叶斯的工单自动分类转办

5.4.1　需求概述

目前，包括“12345”市民服务热线在内的工单，主要采用前端人工录入，转到后台之后由工作人员逐一核对，然后转到对应职能部门处理，在工单量不多的情况下可以采用这种方法。但是，随着工单量的增加，人工转派就不再适用，尤其在工单量高峰期，人力明显不足，工单转办会明显延迟。

机器自动转办不仅可以节省人力成本、提高办件效率，还可以提升用户满意度。所谓的转办，在算法层面可以归纳为分类问题，即将特定工单归为一类，进而转派给指定部门处理。

由于现实应用涉及较多知识点，本章仅从算法层面探索，并未进行网络及客户端的部署，因此感兴趣的读者可以继续探索完善。文本分类算法也有不同的方法，本章主要基于机器学习中的朴素贝叶斯算法进行介绍，探究模型效果。

5.4.2　朴素贝叶斯模型的基本概念

1. 朴素贝叶斯公式

在介绍朴素贝叶斯模型之前，下面先介绍朴素贝叶斯公式：

$$P(Y \mid X)=\frac{P(X \mid Y) \cdot P(Y)}{P(X)} \tag{5-1}$$

$P(Y \mid X)$ 称作后验概率，表示在事件 X 发生的前提下事件 Y 发生的概率。

$P(Y)$ 称作先验概率，表示事件 Y 发生的初始概率。

$P(X \mid Y)$ 称作似然概率，表示在事件 Y 发生的条件下事件 X 发生的概率。

$P(X)$ 称作边缘概率，表示事件 X 发生的概率。

朴素贝叶斯模型可以理解为，通过先验概率求解后验概率。朴素贝叶斯公式对初学者来说可能不太容易理解，下面通过一个具体案例进行解释。

2. 简单案例

基于朴素贝叶斯模型的文本分类的基本流程如下：首先将训练数据的文本进行分词、特征提取等，实现将文本数据数值化的过程；然后将特征数据代入朴素贝叶斯模型进行模型训练；模型训练完成后，将经过特征提取后的测试数据代入模型，根据后验概率的数值判断预测数据的类别。

假设有如下两条文本数据：一是“反映小区物业相关问题”，类别为“物业问题”；二是“反映农民工欠薪问题”，类别为“农民工问题”。现在有一条新的文本数据——“反映小区物业维修金问题”，那么该条数据的类别是“物业问题”还是“农民工问题”？人为判断这个问题比较简单，但是想让计算机能够判断，就可以用朴素贝叶斯模型进行数据分类。朴素贝叶斯模型简单实例如图 5-11 所示。

3. 数学推导

有了朴素贝叶斯模型的基本概念之后，上述分类问题就可以转化为概率大小的比较问题，即 $P(\text{物业问题} \mid \text{反映小区物业维修金问题})$ 和 $P(\text{农民工问题} \mid \text{反映小区物业维修金问题})$ 的概率大小问题。

根据式（5-1）可得

$$\begin{aligned}
&P(\text{物业问题} \mid \text{反映小区物业维修金问题})\\
&=\frac{P(\text{反映小区物业维修金问题} \mid \text{物业问题}) \cdot P(\text{物业问题})}{P(\text{反映小区物业维修金问题})}\\
&=\frac{P(\text{反映 小区 物业 维修金 问题} \mid \text{物业 问题}) \cdot P(\text{物业问题})}{P(\text{反映 小区 物业 维修金 问题})}\\
&=\frac{P(\text{反映} \mid \text{物业问题})P(\text{小区} \mid \text{物业问题})P(\text{物业} \mid \text{物业问题})P(\text{维修金} \mid \text{物业问题})P(\text{问题} \mid \text{物业问题}) \cdot P(\text{物业问题})}{P(\text{反映})P(\text{小区})P(\text{物业})P(\text{维修金})P(\text{问题})}
\end{aligned}$$

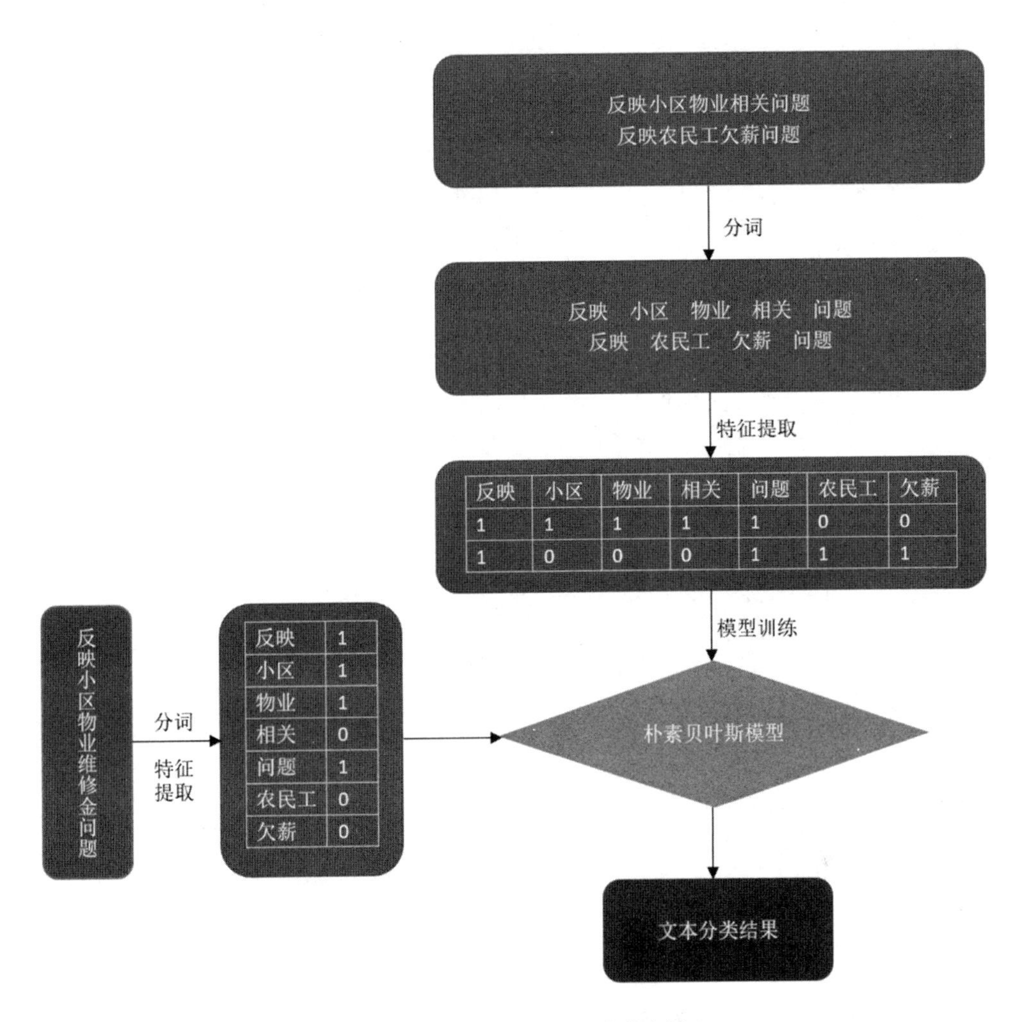

图 5-11 朴素贝叶斯模型简单实例

这个推导利用了一个假设——似然概率之间是相互独立的：

P(反映 小区 物业 维修金 问题|物业问题)
$=P$(反映 | 物业问题)P(小区 | 物业问题)P(物业 | 物业问题)P(维修金 | 物业问题)P(问题 | 物业问题)

现在问题就转化为 P(反映 | 物业问题)、P(小区 | 物业问题)、P(物业 | 物业问题)、P(维修金 | 物业问题)、P(问题 | 物业问题)、P(物业问题)、P(反映)、P(小区)、P(物业)、P(维修金)、P(问题)的求解。

在数学中，可以利用训练数据统计求解这些概率。如果读者不会推导也没有关系，Python 提供了相关的库，可以直接调用相关函数得出结果，通过程序得出后验概率（根据 Python 中提供的库计算的结果和数学推导结果可能存在出入，这是因为 Python 提供的库对计算方式做了适当的变动）：

$$P(\text{物业问题｜反映小区物业维修金问题})=0.74$$

$$P(\text{农民工问题｜反映小区物业维修金问题})=0.26$$

于是有

$$P(\text{物业问题｜反映小区物业维修金问题})>P(\text{农民工问题｜反映小区物业维修金问题})$$

所以，计算机认为“反映小区物业维修金问题”属于“物业问题”。

4．程序实现

这个案例也可以用 Python 程序实现，以加深读者对整个流程的理解：

```
In[1]:import pandas as pd
   from sklearn.naive_bayes import MultinomialNB
   from sklearn.feature_extraction.text import CountVectorizer

   word = ['反映 小区 物业 相关 问题',
          '反映 农民工 欠薪 问题']                    #训练数据
   cv = CountVectorizer()                            #创建词袋
   cv_fit=cv.fit_transform(word)                     #把词转换为特征向量
   print('单词列表为：')
   print(cv.get_feature_names())                     #显示单词列表
   print('训练数据特征矩阵为：')
   print(cv_fit.toarray())                           #显示特征矩阵
   y_train = [0,1]                                   #训练数据类别，0 为物业问题，1 为农民工问题
   test_words = ['反映 小区 物业 维修金 问题']        #测试数据
   test_trans = cv.transform(test_words)             #把测试单词转换为特征矩阵
   print('测试数据特征矩阵为：')
   print(test_trans.toarray())

   #拟合朴素贝叶斯模型
   classifier = MultinomialNB()                      #创建朴素贝叶斯模型
   clf_m = classifier.fit(cv_fit, y_train)           #模型训练
   pre_ym = clf_m.predict(test_trans)                #预测数据
   print('预测类别为：','%d' %(pre_ym))
   print('预测各个类别概率为：')
   #print(clf_m.predict_proba(test_trans))           #各类的概率值
   print(pd.DataFrame(clf_m.predict_proba(test_trans), columns=
```

```
    clf_m.classes_))                                 #预测各个类的概率
```

本案例使用了一个最简单的模型，训练集中只有两条数据。运用程序对上述模型进行验证，预测类别为“物业问题”的概率为 0.74，预测类别为“农民工问题”的概率为 0.26。因此，判断类别为“物业问题”。当然，实际情况比本案例复杂得多，数据量也要大得多。

```
out[1]:单词列表为：
    ['农民工', '反映', '小区', '欠薪', '物业', '相关', '问题']

    训练数据特征矩阵为：
    [[0 1 1 0 1 1 1]
     [1 1 0 1 0 0 1]]

    测试数据特征矩阵为：
    [[0 1 1 0 1 0 1]]

    预测类别为： 0

    预测各个类别概率为：
           0         1
    0  0.738512  0.261488
```

本节介绍了一个入门案例，使读者对朴素贝叶斯模型有直观的认识。接下来用三太市“12345”市民服务热线的信件数据进行更复杂的操作。

注：在 scikit-learn 中，可以通过 predict_proba 查看预测概率，但其结果并不是真实的概率。在朴素贝叶斯模型中，MultinomialNB 模型做了一些平滑处理，主要目的是在求解先验概率和条件概率的时候避免其值为 0。

5.4.3　朴素贝叶斯文本分类算法的流程

5.4.2 节通过一个简单的案例介绍了朴素贝叶斯模型分类的原理。完整的基于朴素贝叶斯模型的文本分类主要包括以下几个步骤（见图 5-12）。

（1）数据预处理。数据预处理包括对数据集进行分词处理，将段落划分为单词，最终形成分词列表。其中包括数据格式变换、缺失值处理、去除停用词等一系列操作，以及模型训练前数据集的拆分，可以将数据集分为训练数据和测试数据。

（2）特征提取。特征提取主要利用词袋模型或 TF-IDF 模型，将分词后的训练数据和测试数据列表进行特征提取（将单词变为数字矩阵），最终形成朴素贝叶斯模型可以使用的数值数据。

（3）模型训练。模型训练主要是将特征提取后的训练数据代入模型，然后进行模型训练。

（4）模型预测。模型预测是将特征提取后的测试数据代入模型，并进行模型预测，查看模型预测效果。

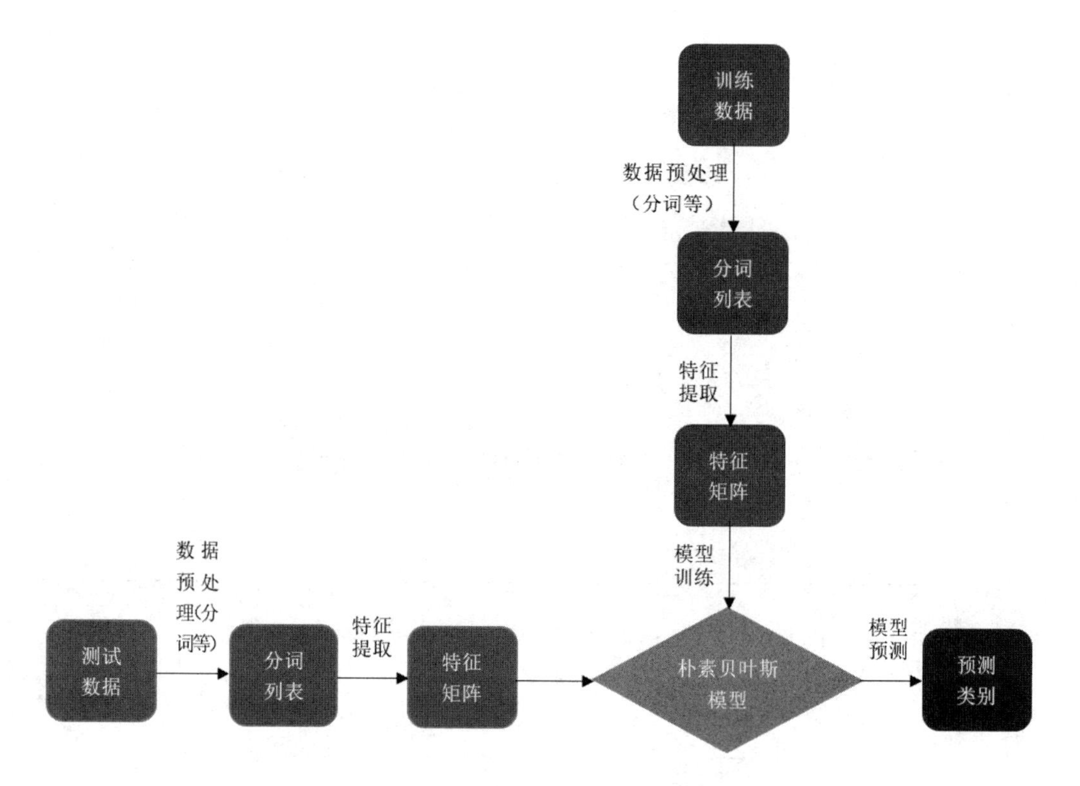

图 5-12　基于朴素贝叶斯模型的文本分类的主要步骤

5.4.4　程序实现

由于 5.3.5 节已经实现了对文本的预处理，因此本节直接从特征提取开始介绍。

1. 利用词袋模型实现特征提取

```
In[1]:import pandas as pd
   import numpy as np
   import matplotlib.pyplot as plt
```

```
import seaborn as sns
from sklearn.model_selection import train_test_split
from sklearn.feature_extraction.text import CountVectorizer
from sklearn.naive_bayes import MultinomialNB
from sklearn import metrics
from sklearn.feature_extraction.text import TfidfVectorizer

#一、读取数据
df0 = pd.read_excel('…/02留言预处理.xlsx',index_col=0)
#读取数据，index_col=0，为了防止产生“Unnamed: 0”列
print(df0.isnull().sum())
df0 = df0.dropna()#删除缺失值

#二、标签数字化
labels = df0['label'].unique()
#以数组形式（numpy.ndarray）返回列的所有标签名称，方便将标签映射为数字（后续绘制热力图会用到）
print(labels)
label_mapping = {"建设交通类":1,"公用事业类":2,"公安政法类":3,"其他类":4,
                 "科教文卫类":5,"经济综合类":6,"社会管理类":7,"安全监管类":8,
                 "数字城管":9,"社会团体类":10,"社会投资服务类":11}
df0['label'] = df0['label'].map(label_mapping)
#构建一个映射方法，将类别文字转换为数字
print(df0.head())

#三、切分数据集
x_train, x_test, y_train, y_test = train_test_split(df0['contents_clean'].values,
df0['label'].values,test_size=0.2, random_state=1)

#四、使用词袋模型
vec = CountVectorizer(analyzer='word',max_features=5000,lowercase=False)
feature = vec.fit_transform(x_train)    #训练数据集特征提取
print(feature.toarray())                #打印特征矩阵
```

基于前面介绍的内容，本节对预处理后的数据采用标签数字化、数据集切分、词袋模型等步骤，实现了对文本数据的特征提取。

利用词袋模型生成特征矩阵的主要步骤如下：首先，将数据集中的词汇构建一个词语列表；然后，对每条语句中词语出现的次数进行统计；最后，通过统计每个工单的词语在词语列表中出现的次数，生成一个工单特征向量。例如，5.4.2 节中提到的案例的词袋模型如图 5-13 所示。

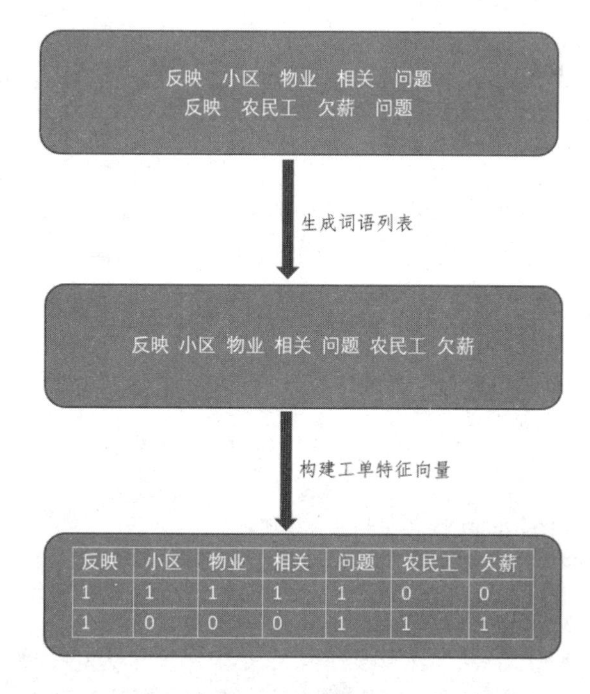

图 5-13 词袋模型

词袋模型的实现使用了 scikit-learn 机器学习库中的 CountVectorizer()，经过 CountVectorizer()及 fit_transform()的转换，将文本数据转换为数值数据，实现基于词频的文本数据的特征提取（见图 5-14）。

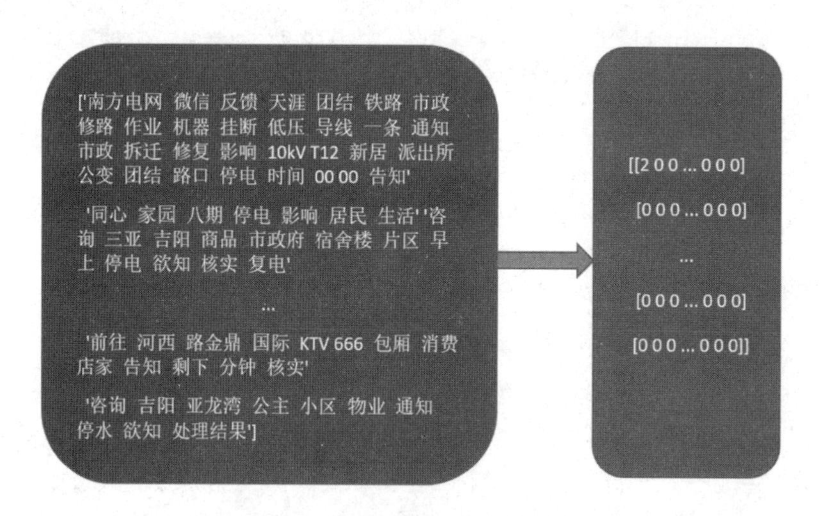

图 5-14 工单内容特征提取示意图

2. 模型训练

```
In[2]:#五、朴素贝叶斯模型训练
    classifier = MultinomialNB()
    clf_m = classifier.fit(feature, y_train)
```

这里采用了 MultinomialNB（先验多项式分布的朴素贝叶斯模型），选择的是默认参数，将特征提取后的数据 feature 和已知的训练数据的类别 y_train 代入 fit()就完成了对模型的训练。MultinomialNB 模型常用参数、属性、方法如表 5-4 所示。

表 5-4　MultinomialNB 模型常用参数、属性、方法

参数	
alpha	平滑参数，默认值为 1
fit_prior	是否学习类的先验概率，默认为 True
class_prior	每个类别的先验概率，如果没有指定，则从数据中学习得到先验概率
属性	
class_log_prior_	每个类别的先验概率（平滑处理后）
feature_log_prob_	给定特征类别的条件概率（对数概率）
class_count_	每个类别对应的样本数
feature_count_	每个类别中各个特征出现的次数
coef_	将朴素贝叶斯看作线性模型，相当于模型的系数
intercept_	将朴素贝叶斯看作线性模型，相当于模型的截距
方法	
fit(X,Y)	在数据集(X,Y)上训练模型
predict(X)	对数据集 X 进行预测，返回数据集 X 的预测类别
predict_proba(X)	预测数据集 X 属于各个类别的概率
predict_log_proba(X)	预测数据集 X 属于各个类别的概率的对数值
score(X,Y)	评估模型在数据集(X,Y)上的准确率
get_params()	获取模型参数

3. 模型预测及评估

```
In[3]:#六、词袋模型评估
    pre_ym = clf_m.predict(vec.transform(x_test))          #预测数据
    print(metrics.classification_report(y_test,pre_ym))   #评估报告
```

该类使用 predict()函数进行测试集数据的预测。为了评估模型的性能，可以使用 scikit-learn 库中的 metrics 模块，在测试集上使用 classification_report()打印评估报告。

```
                precision    recall   f1-score   support
```

```
           1       0.82      0.79      0.80     13380
           2       0.80      0.92      0.86      3343
           3       0.74      0.66      0.70      6309
           4       0.53      0.60      0.56      5951
           5       0.60      0.69      0.65       806
           6       0.72      0.52      0.60      1515
           7       0.69      0.62      0.65      3461
           8       0.44      0.76      0.55       460
           9       0.96      0.98      0.97      1666
          10       0.20      0.08      0.12        12

    accuracy                           0.73     36903
   macro avg       0.65      0.66      0.65     36903
weighted avg       0.74      0.73      0.73     36903
```

这里重点关注准确率（accuracy）指标，其表示所有样本正确分类的比例。在该例中准确率为 0.73，表示 73%的测试样本被正确分类，27%的样本被错误分类，这说明模型还有改进的空间。

评估报告中部分指标的含义和计算公式如表 5-5 所示。

表 5-5　评估报告中部分指标的含义和计算公式

指标名称	指标含义	计算公式
准确率（accuracy）	模型整体的准确性或正确预测的比例，可被理解为正确预测的样本数量占总样本的数量的比例	$accuracy=\frac{TP+TN}{TP+TN+FP+FN}$
精确度（precision）	表示被预测为阳性的样本中正确预测的比例	$precision=\frac{TP}{TP+FP}$
召回率（recall）	表示阳性样本中正确预测的比例	$recall=\frac{TP}{TP+FN}$
f1-score	准确率和召回率的调和平均值	$f1-score=2\times\frac{precision\times recall}{precision+recall}$
support	表示该类别中样本的数量	

图 5-15 对表 5-5 中各个公式的参数的含义用一个二元的分类结果进行解释。

真阳性（TP）：在数据集中，原本类别为 1，被正确预测为 1 的数量。

真阴性（TN）：在数据集中，原本类别为-1，被正确预测为-1 的数量。

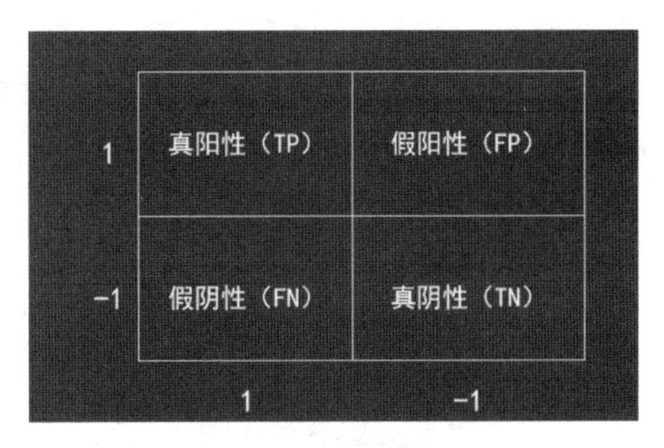

图 5-15　分类结果示意图

假阳性（FP）：在数据集中，原本类别为-1，被错误预测为 1 的数量。

假阴性（FN）：在数据集中，原本类别为 1，被错误预测为-1 的数量。

读者可以查询相关资料进行深入学习。

```
In[4]:#七、利用混淆矩阵展示测试集的分类结果
    plt.figure(figsize=(10, 10))
    # labels = ["建设交通类", "公用事业类", "公安政法类", "其他类", "科教文卫
              类", "经济综合类","社会管理类","安全监管类","数字城管","社会
              团体类","社会投资服务类"]
    sns.set(font_scale=1.8,font='SimHei')
    #设置字号大小、字体（这里是黑体），预防汉字不显示
    confm = metrics.confusion_matrix(y_test, pre_ym)
    cmap = sns.cubehelix_palette(start =1, rot =10, gamma=8, as_cmap = True)
    #设置热力图颜色
    sns.heatmap(confm.T,annot=True,fmt='d',cbar=False,cmap=cmap,
              xticklabels=labels, yticklabels=labels) #热力图
```

为了更直观地观察模型的预测结果，上述程序用 metrics.confusion_matrix(真实类别,预测类别)输出了混淆矩阵（见图 5-16），并用 sns.heatmap()绘制了热力图。

如图 5-16 所示，主对角线（从左上至右下）上的数据表示正确预测的样本数；第一列数据表示在“建设交通类”的样本中，有 10 599 个样本被正确预测为“建设交通类”，有 386 个样本被错误预测为“公用事业类”，有 681 个样本被错误预测为“公安政法类”，其余以此类推；第一行数据表示在预测为“建设交通类”的样本中，有 10 599 个样本原标签为“建设交通类”，有 105 个样本原标签为“公用事业类”，有 933 个样本原标签为“公安政法类”，其余以此类推。

	建设交通类中	公用事业类	公安政法类	其他类	科教文卫类	经济综合类	社会管理类	安全监管类	数字城管	社会团体类	社会投资服务类
建设交通类	10599	105	933	846	41	267	165	31	15	2	
公用事业类	386	3092	112	200	21	18	12	0	15	0	
公安政法类	681	21	4193	628	12	15	120	2	0	4	
其他类	1134	60	866	3545	128	218	700	47	0	4	
科教文卫类	39	8	58	142	560	22	93	4	0	1	
经济综合类	175	7	6	90	5	789	23	5	0	0	
社会管理类	274	30	104	419	25	101	2157	22	0	0	
安全监管类	69	4	25	70	14	85	186	349	0	0	
数字城管	21	16	11	10	0	0	5	0	1636	0	
社会团体类	2	0	1	1	0	0	0	0	0	1	
社会投资服务类											

图 5-16　使用混淆矩阵展示分类结果

至此，基于词袋模型的文本分类已经全部完成。但是模型分类的准确率并不是很高，下面尝试使用基于 TF-IDF 模型的特征提取方式进行模型训练。

4. 使用 TF-IDF 模型建模

```
In[4]:#八、使用 TF-IDF 模型建模
    vectorizer = TfidfVectorizer(analyzer='word',max_features=5000,
                                lowercase = False)
    feature_TF_IDF = vectorizer.fit_transform(x_train)

    classifier_TF_IDF = MultinomialNB()                               #朴素贝叶斯模型
    clf_m_TF_IDF = classifier_TF_IDF.fit(feature_TF_IDF, y_train)

    pre_TF_IDF = clf_m_TF_IDF.predict(vectorizer.transform(x_test))#预测数据
    print(metrics.classification_report(y_test,pre_TF_IDF))          #打印评估报告
```

词袋模型没有考虑文字背后的语义关联，完全依赖于词汇出现的频率，因此某些高频词汇的权重很大（如一些连接词），而对分类更重要的词汇（词频相对较低）可能会被忽略，而引入 TF-IDF 模型可以改善这个问题。关于 TF-IDF 模型更多的原理，读者可以自行查阅相关资料。

```
              precision    recall  f1-score   support

           1       0.75      0.87      0.80     13380
           2       0.87      0.86      0.87      3343
           3       0.75      0.66      0.70      6309
           4       0.57      0.56      0.57      5951
           5       0.78      0.56      0.65       806
           6       0.81      0.48      0.60      1515
           7       0.71      0.66      0.69      3461
           8       0.79      0.46      0.58       460
           9       0.99      0.93      0.96      1666
          10       0.00      0.00      0.00        12

    accuracy                           0.74     36903
   macro avg       0.70      0.60      0.64     36903
weighted avg       0.74      0.74      0.73     36903
```

由此可知，使用 TF-IDF 模型预测的准确率为 0.74，这说明 TF-IDF 模型预测的准确性在一定程度上有所提升。

5.5　基于 *K*-Means 算法和 PCA 方法降维的热点问题挖掘

5.5.1　应用场景

在“12345”市民服务热线办理过程中，经常需要统计近期市民反映的热点问题。传统的热点问题的挖掘主要基于一线办理人员的印象进行层层上报、汇总。随着数据量的增加，基于主观印象汇总的方法很难全面、客观地反映近期的热点问题。本节主要通过 *K*-Means 算法对近期的来电内容进行文本挖掘，自动查找近期的热点问题，为政府做出科学决策提供参考。

5.5.2　*K*-Means 算法和 PCA 方法的基本原理

1. *K*-Means 算法的基本原理

K-Means 属于无监督学习算法的一种，在聚类过程中可以理解为将 *N* 个点划分到 *K* 个类别中（*K* 为类别数目），使类内间距尽可能小，而类间间距尽可能大的一个过程。

K-Means 算法的基本流程如图 5-17 所示。

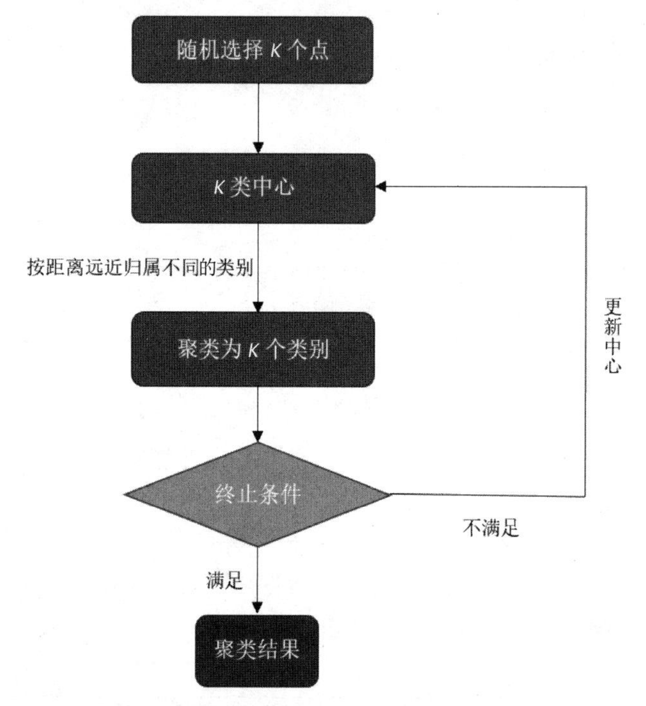

图 5-17　*K*-Means 算法的基本流程

（1）随机选取 *K* 个点作为初始的聚类中心（质心）。

（2）计算每个点到聚类中心的聚类，并按照距离远近将所有点分到 *K* 个类别中。

（3）重新计算每个类别的中心，并作为新的聚类中心（质心）。

（4）重复步骤（2）和（3），直到满足终止条件，这里的终止条件可以是聚类中心不再发生变化、误差平方和局部最小等。

2. PCA 方法概述

主成分分析（Principal Component Analysis，PCA）作为一种常用的线性降维方法，可以理解为，将高维数据（n 维）转换到 k 维数据的过程（通常 $k<n$）。PCA 方法一般应用于高维数据的降维、特征提取等方面。利用 PCA 方法进行数据降维的一般步骤如下。

（1）标准化数据：计算均值，并对原始数据进行替换。

（2）构建协方差矩阵。

（3）计算协方差矩阵的特征值和特征向量。

（4）对特征值进行降序排列，选取前 k 个特征值对应的特征向量。

（5）用前 k 个特征向量和原数据进行计算，得到新的 k 维矩阵，从而达到降维的目的。

下面用一个简单的例子来展示 PCA 方法的计算过程，假设存在一个 6×2 的数据表，即一个二维矩阵，将其降维到一维。

	x_1	x_2
a	1	2
b	2	4
c	3	6
d	4	8
e	5	10
f	6	12

（1）计算均值，并标准化。

根据 6 × 2 的数据表得到的矩阵为

$$X=\begin{pmatrix}1 & 2\\2 & 4\\3 & 6\\4 & 8\\5 & 10\\6 & 12\end{pmatrix}$$

而 x_1 和 x_2 的均值分别为

$$\overline{x}_1=\frac{1+2+3+4+5+6}{6}=3.5$$

$$\overline{x}_2=\frac{2+4+6+8+10+12}{6}=7$$

经过去中心化之后，原矩阵变换为

$$X=\begin{pmatrix}1-3.5 & 2-7\\2-3.5 & 4-7\\3-3.5 & 6-7\\4-3.5 & 8-7\\5-3.5 & 10-7\\6-3.5 & 12-7\end{pmatrix}=\begin{pmatrix}-2.5 & -5\\-1.5 & -3\\-0.5 & -1\\0.5 & 1\\1.5 & 3\\2.5 & 5\end{pmatrix}$$

（2）计算协方差矩阵。

有了去中心化之后的矩阵 $\boldsymbol{X}$，就可以计算协方差矩阵：

$$\Sigma = X^{\mathrm{T}}X = \begin{pmatrix} -2.5 & -5 \\ -1.5 & -3 \\ -0.5 & -1 \\ 0.5 & 1 \\ 1.5 & 3 \\ 2.5 & 5 \end{pmatrix}^{\mathrm{T}} \begin{pmatrix} -2.5 & -5 \\ -1.5 & -3 \\ -0.5 & -1 \\ 0.5 & 1 \\ 1.5 & 3 \\ 2.5 & 5 \end{pmatrix} = \begin{pmatrix} 17.5 & 35 \\ 35 & 70 \end{pmatrix}$$

（3）计算特征值和特征向量。

协方差矩阵的特征向量可以表示主成分，而对应的特征值表示它们的大小。有了协方差矩阵就可以计算出特征值和对应的特征向量。

特征值为

$$\lambda_1 = 0，\lambda_2 = 87.5$$

对应的特征向量为

$$\boldsymbol{c}_1 = \begin{pmatrix} -0.894\,427\,19 \\ 0.447\,213\,6 \end{pmatrix}，\boldsymbol{c}_2 = \begin{pmatrix} -0.447\,213\,6 \\ -0.894\,427\,19 \end{pmatrix}$$

这里没有展开介绍如何求解特征值和特征向量，这需要读者对线性代数有一定的了解，才能从数学的角度进行理解。

（4）计算降维后的数据。

由于目标是将二维数据降为一维数据，特征值 $\lambda_2 > \lambda_1$，这里选择 λ_2 对应的特征向量进行计算，降维后的数据为

$$X \times \boldsymbol{c}_2 = \begin{pmatrix} -2.5 & -5 \\ -1.5 & -3 \\ -0.5 & -1 \\ 0.5 & 1 \\ 1.5 & 3 \\ 2.5 & 5 \end{pmatrix} \begin{pmatrix} -0.447\,213\,6 \\ -0.894\,427\,19 \end{pmatrix} = \begin{pmatrix} 5.590\,169\,94 \\ 3.354\,101\,97 \\ 1.118\,033\,99 \\ -1.118\,033\,99 \\ -3.354\,101\,97 \\ -5.590\,169\,94 \end{pmatrix}$$

于是数据从原来的二维降为一维。当然，现实中的数据一般不会仅仅是二维，对高维数据的降维，也可以参照这个流程加以理解。本节的重点还是关于程序的实现，更多关于 PCA 方

法的数学原理，以及其对应的现实含义，读者可以自行查阅相关资料进行深入研究。

5.5.3　热点问题挖掘算法的流程

基于 *K*–Means 算法的热点问题挖掘的流程如图 5–18 所示。

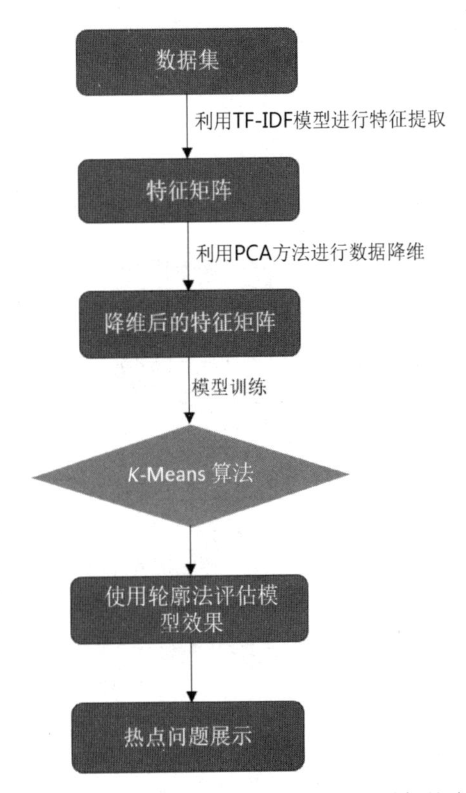

图 5-18　基于 *K*-Means 算法的热点问题挖掘的流程

（1）特征提取。这里使用了前面提到的 TF–IDF 模型，将分词后的文本数据转换成数字数据（每行代表一条文本信息）。

（2）数据降维。由于使用 TF–IDF 模型转换后的数据维度相对较高，后期计算量较大，因此需要采用 PCA 方法进行数据降维。

（3）模型训练。这里主要通过 *K*–Means 算法对模型进行训练，*K* 值的确定可以采用肘部法。

（4）结果展示。这里通过轮廓法评估模型效果，同时打印离质心最近的文档，以便了解近期典型的热点问题。

5.5.4 程序实现

1. 利用 TF-IDF 模型进行特征提取

```
In[1]:import pandas as pd
    import numpy as np
    import matplotlib.pyplot as plt
    import seaborn as sns
    from sklearn.feature_extraction.text import TfidfVectorizer
    from sklearn.cluster import KMeans
    from sklearn.decomposition import PCA
    from sklearn.metrics import silhouette_score,silhouette_samples

    #读取数据，并获取近期数据
    df0 = pd.read_excel('…/02 留言预处理.xlsx',index_col=0)
    #读取数据，index_col=0，为了防止产生“Unnamed: 0”列
    df0 = df0.dropna()#删除缺失值
    recent_month = '2019-01'
    #选取 2019 年 1 月的数据作为热点挖掘的源数据
    df0["来电时间"] = df0["来电时间"].astype('str')
    df1=df0.loc[df0['来电时间'].str.contains(recent_month)]
    #使用 str.contains()筛选字符中含有“2019-01”的数据
    df2 = list(df1['contents_clean'])#数据转为列表，方便后续做数据格式变换

    #一、利用 TF-IDF 模型实现特征提取
    tfidf = TfidfVectorizer(analyzer='word',max_features=5000,
                            lowercase=False)
    weight=tfidf.fit_transform(df2)

    tfidf_matrix = weight.toarray()
    #导出权重，实现了将文字向量化的过程，矩阵中的每行就是一个文档的向量表示
    print(tfidf_matrix)
```

为了寻找近期热点问题，本节选取 2019 年 1 月的 45 151 个来电信件作为分析目标。利用 TF-IDF 模型实现将文本数据数字化的特征提取过程，近期的工单便转换成一个 45 151 × 5000 的矩阵。

```
out[1]:[[0. 0. 0. ... 0. 0. 0.]
    [0. 0. 0. ... 0. 0. 0.]
    [0. 0. 0. ... 0. 0. 0.]
```

```
         ...
 [0. 0. 0. ... 0. 0. 0.]
 [0. 0. 0. ... 0. 0. 0.]
 [0. 0. 0. ... 0. 0. 0.]]
```

2. 利用 PCA 方法进行特征数据降维

```
In[2]:#二、利用 PCA 方法进行特征数据降维
    pca = PCA(n_components=2)  #降为二维，方便在平面上展示结果
    newData = pca.fit_transform(tfidf_matrix)
    #print(newData)
```

为了降低计算量，同时为了直观地展示聚类结果，这里采用 PCA 方法进行数据降维，将 45 151×5000 的特征矩阵变为 45 151×2 的矩阵，实现了将 5000 维数据变为二维数据（见图 5-19）。需要注意的是，为了便于理解，在采用 PCA 方法降维的过程中，仅仅控制了降维后的维度参数，其他参数均为默认参数，因此每次的运行结果可能有一定的出入。

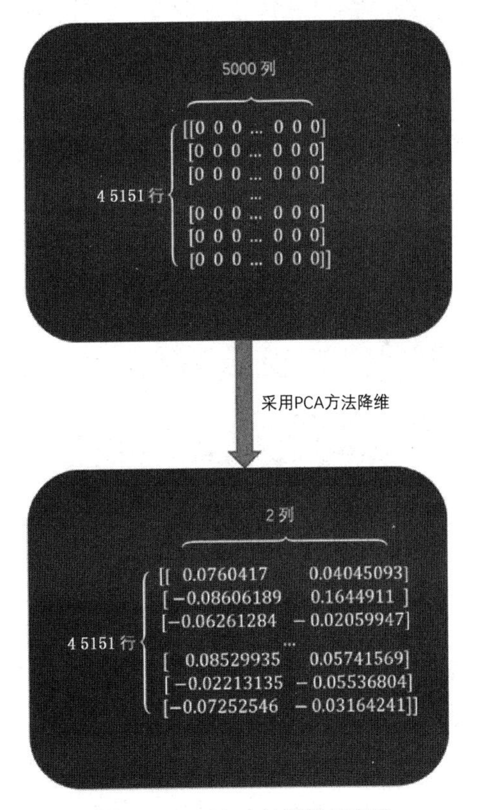

图 5-19　PCA 方法降维示意图

如果读者想了解更多关于 PCA 方法的内容，则可以参考相关的官方文档。

3. 肘部法确定聚类数量

```
In[3]:#三、采用肘部法确定聚类数量
    n_clusters= 20
    wcss = []
    for i in range(1,n_clusters):
    #Print(i) #查看程序运行程度，程序非常耗时
        km = KMeans(n_clusters=i)
        km.fit(newData)
        wcss.append(km.inertia_)

    sns.set(font_scale=1.5,font='SimHei')
    #设置字号大小、字体（这里是黑体），预防汉字不显示
    fig = plt.figure(figsize=(20,10))
    plt.plot(range(1,n_clusters),wcss)
    plt.xlabel('聚类的数量')
    plt.ylabel('类\n内\n误\n差\n平\n方\n和',rotation=360,labelpad=30)
    plt.show()
```

K 值的选择既可以根据应用场景来确定，也可以通过肘部法（因为使用该方法绘制的图形与人的手肘类似，所以以此命名）来确定，即曲率最大点作为 *K* 值的最佳选择点。由图 5-20 可以看出，在 *K*=3 时出现曲率最大转折点（形似肘部），并在之后逐渐变缓，因此，可以认为 *K*=3 相对较为合适。

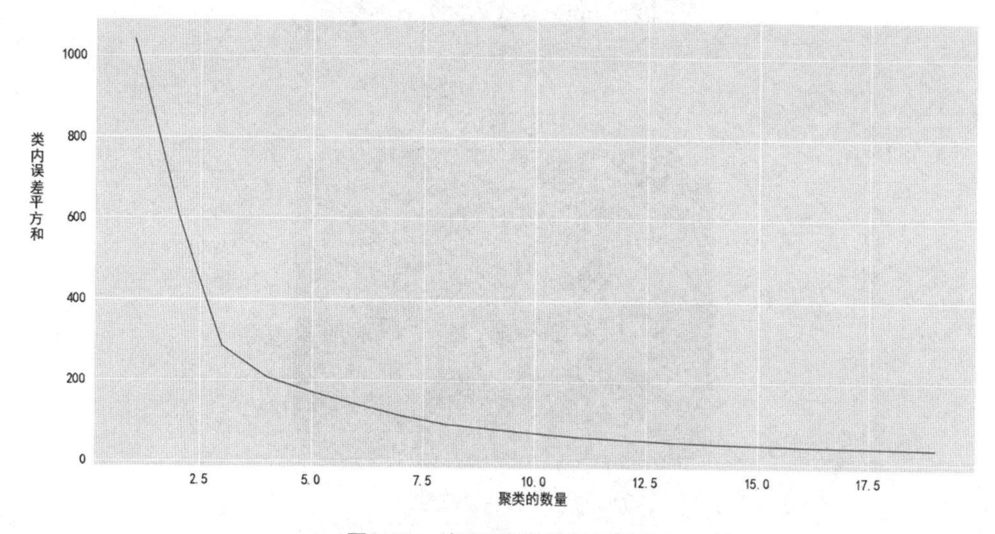

图 5-20　使用肘部法绘制的图形

4. 利用 *K*-Means 算法进行聚类分析

```
In[4]:#四、利用 K-Means 算法进行聚类分析
    clf = KMeans(n_clusters=3)                  #此时聚类类别选为 3
    KM_center = clf.fit(newData)
    # print(KM_center.cluster_centers_)         #输出聚类中心
    # print(KM_center.labels_)                  #输出类别标签
```

上述代码主要通过 KMeans 模型中的 fit()方法进行训练，聚类的类别由肘部法确定（*K*=3）。KMeans 模型常用的参数、属性、方法如表 5-6 所示。

表 5-6 KMeans 模型常用的参数、属性、方法

参数	
n_clusters	形成的簇数，以及生成的质心数
init	初始化方式，可选的方式有 k-means ++、random 或 ndarray
n_init	以不同的质心初始化值运行的次数，最终解是在 inertia 意义下选出的最优结果
max_iter	*K*-Means 算法单次运行的最大迭代次数
tol	容忍误差，当误差小于 tol 时就会停止迭代，与 inertia 结合来确定收敛条件
precompute_distances	是否需要提前计算距离，提前计算会让速度变快，但也会消耗内存
verbose	是否输出详细信息
random_state	初始化质心生成器
copy_x	当提前计算距离时，如果 copy_x 为 True（默认值）则不修改原始数据，如果 copy_x 为 False 则修改原始数据
n_jobs	指定计算所用的进程数
algorithm	优化算法的选择，可以选择 auto、full 或 elkan，默认为 auto
属性	
cluster_centers_	聚类的中心坐标
labels_	聚类的类别
inertia_	样本到其最近质心的平方距离之和
n_iter_	迭代次数
方法	
fit()	模型训练
predict()	预测样本所属类别
fit_predict()	相当于先做 fit()，再做 predict()
transform()	返回每个样本到每个聚类中心的距离，每个维度都是到相应聚类中心的距离

```
In[5]:##将聚类结果保存为新的文件
```

```
#计算每个点到质心的距离
dis = KM_center.transform(newData)#获取每个数据到各个质心的距离
dist = []
for i in dis:
    dist.append(min(i))
    #计算每个点到各个质心的最短距离，方便后续展示离质心最近的点
# print(dist)

df3 = pd.DataFrame({'来电时间':df1['来电时间'],
                    '降维后的X轴':newData[:, 0],
                    '降维后的Y轴':newData[:, 1],
                    '到质心的距离':dist,
                    '新类别':KM_center.labels_,
                    '工单分词':df2,
                    '工单内容':df1['工单内容']})
#转换成新的数据，包含“来电时间，降成二维后第一维数据，第二维数据，
#距离质心的距离，所属类别，文本分词结果、工单内容”
df3.to_excel('…/06 降维聚类结果.xlsx')
```

经过聚类训练之后，将每个工单所属的“新类别、到质心的距离”等数据重新整合成新的数据，并保存为 Excel 格式（见表 5-7）。

表 5-7　降维后的数据表（部分）

来电时间	降维后的X轴	降维后的Y轴	到质心的距离	新类别	工单分词	工单内容
2019-01-01 00:00:00	0.076 042	0.040 451	0.100 319	2	建议 税务局 设立 小时 值班 电话	市民来电反映：建议税务局设立 24 小时值班电话
2019-01-01 00:00:23	−0.086 06	0.164 491	0.118 406	0	短信 鸿洲 天玺 香榭 左岸 四楼 露天 酒吧 播放 音乐 唱歌 声音 过大 噪声 扰民 咨询 中国 露天 酒吧 文体局 审批 播放 音响 唱歌	市民短信反映：关于鸿洲天玺香榭左岸四楼露天酒吧每天播放音乐或唱歌声音过大噪声扰民的问题，以及关于咨询中国啤咔露天酒吧是否通过文体局审批可以播放音响和唱歌的问题，请尽快处理
2019-01-01 00:04:20	−0.062 61	−0.0206	0.040 728	1	路过 迎宾路 清平乐 西郡 小区 门口 路段 市政 放置 锁链 绊倒	市民再次来电反映：关于市民路过迎宾路清平乐西郡小区门口路段时被市政放置的锁链绊倒的问题，请尽快处理

续表

来电时间	降维后的X轴	降维后的Y轴	到质心的距离	新类别	工单分词	工单内容
2019-01-01 00:03:19	−0.065 56	−0.042 06	0.035 402	1	凤凰 机场 凤凰 机场 四周 人员 燃放烟花 影响 飞机 起降 希望 部门 给予	凤凰机场来电反映：凤凰机场四周都有人员燃放烟花，影响飞机起降，希望相关部门给予处理
2019-01-01 00:03:04	−0.020 84	−0.0551	0.013 546	1	投诉 吉阳 红土 村委会 肖记 烤鸭店 提供 机打 发票 该店 只能 提供 发票 商家 提供 消费 金额 发票	市民来电反映：关于投诉吉阳区红土坎村委会周边的肖记烤鸭店无法提供机打发票的问题，其表示若该店只能提供手撕发票，要求商家提供与消费金额对等的手撕发票
2019-01-01 00:54:05	−0.014 28	−0.069 21	0.028 696	1	滴滴 平台 预订 一辆车 支付 车费 司机 接他	市民来电反映：其在滴滴平台上预订了一辆车，并已支付车费，但司机却没有与他联系，也没有去接他
2019-01-01 00:06:59	−0.079 53	−0.034 39	0.050 432	1	微信 海坡村 安置 业主 有限公司 小区 停水 事先 通知 周边 小区 情况 安置 没水 小区 水箱 储水 导致 市政 停水 小区 没水 希望 部门 给予	市民微信反映：其是海坡村安置区的业主XXXX，有限公司不作为，小区经常停水，并且事先没有通知，在周边小区都有水的情况下安置区还是没水。不知道为何小区储水箱无法储水，导致市政一停水小区立马就没水，希望相关部门给予处理
2019-01-01 00:11:57	0.177 859	0.044 634	0.014 994	2	咨询 物品 遗失 出租车 知天行 出租车 公司 电话	市民来电咨询：其物品遗失在出租车上，欲知天行出租车公司电话
2019-01-01 00:09:28	−0.287 06	0.311 563	0.138 923	0	天涯 区育春路 同心家园 六期 门口 工地 施工 噪声 扰民 核实	市民来电反映：天涯区育春路同心家园六期门口有工地施工噪声扰民，望核实处理

5. 数据可视化

```
In[6]:#五、数据可视化
    #各类数据的分布
    groups = df3.groupby('新类别')              #groupby()方法用于进行数据的分组

    fig, ax = plt.subplots(figsize=(18, 10))    #设置图片大小
    plt.rcParams['axes.unicode_minus']=False    #用来正常显示负号
```

```
for name, group in groups:
    ax.scatter(group.降维后X轴, group.降维后Y轴, marker='o', s=20)
    #绘制降维后的每个文本的散点图
    ax.scatter( KM_center.cluster_centers_[name,0],
                KM_center.cluster_centers_[name,1],
                marker='*', s=200, c='black')#绘制质心
plt.xlabel('类别标签')                              #设置X轴名称
plt.ylabel('样本数量（个）')                        #设置Y轴名称
plt.show()

#各类文档的数量
x = groups.count().index                            #X轴数据，方便后续绘制柱状图
y = groups.count()['工单内容']                      #Y轴数据

#绘图
plt.figure(figsize=(20,10))
plt.bar(x,y,width=0.2,color='orange')
#添加数据标签
for a, b in zip(x, y):
    plt.text(a,b + 0.05,'%.0f' % b, ha='center', va='bottom',fontsize=17)
plt.xlabel('类别标签')                              #设置X轴名称
plt.ylabel('样本数量（个）')                        #设置Y轴名称
plt.show()
```

为了更直观地观察各类数据的分类情况，可以利用 groupby()方法对聚类后的数据进行分析，并通过 cluster_centers_绘制质心，如图 5-21 所示。

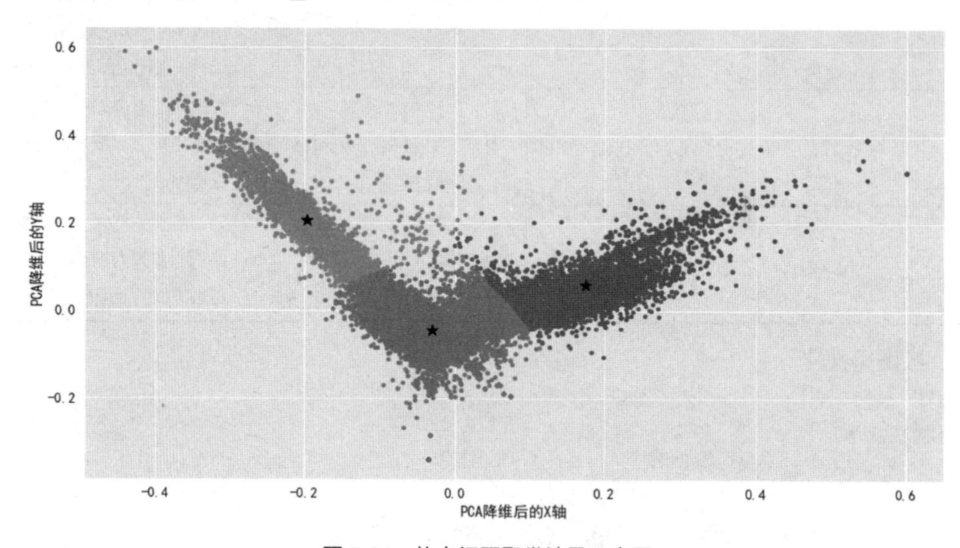

图 5-21　热点问题聚类结果示意图

按照“新类别”分组得到的结果如图 5-22 所示，标签为 0.0 的样本有 9953 个，标签为 1.0 的样本有 4012 个，标签为 2.0 的样本有 31 186 个。

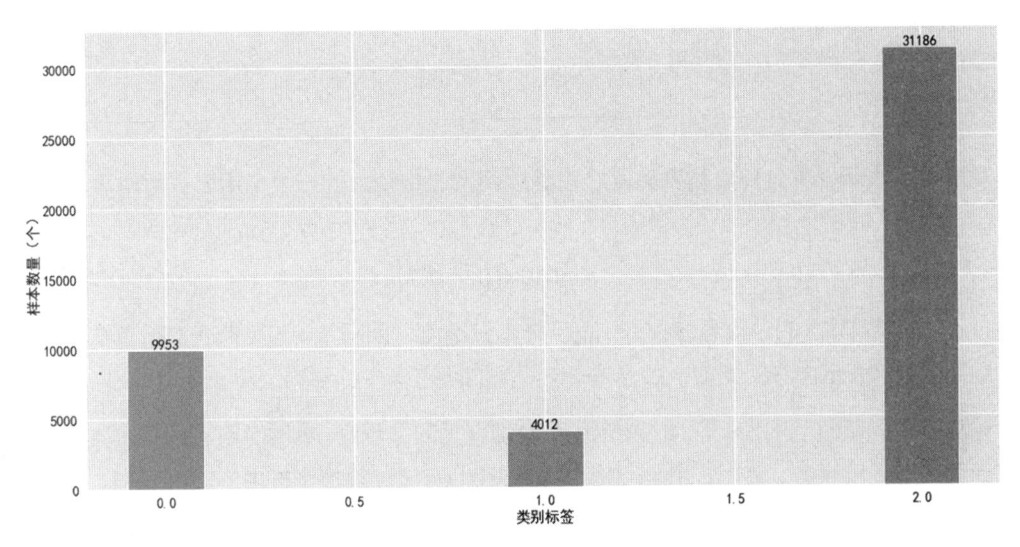

图 5-22　聚类样本数量

6. 利用轮廓系数评估聚类质量

```
In[7]:#六、模型评估
    k_pre = clf.fit_predict(newData)
    sil_score = silhouette_score(newData,k_pre)
    sil_samp_val = silhouette_samples(newData,k_pre)
    ##计算每个样本的轮廓系数
    plt.figure(figsize=(20,10))
    y_lower = 10
    n_clu = len(np.unique(k_pre))
    for j in np.arange(n_clu):
        clu_sil_samp_sort_j = np.sort(sil_samp_val[k_pre==j])
        size_j = len(clu_sil_samp_sort_j)
        #计算第 j 类的数量
        y_upper = y_lower + size_j
        plt.fill_betweenx(np.arange(y_lower,y_upper),0,clu_sil_samp_sort_j)
        #对曲线进行颜色填充
        plt.text(-0.05,y_lower+0.5*size_j,str(j))
        #利用 plt.text()方法为图形添加数据标签
        y_lower = y_upper + 5
    plt.axvline(x=sil_score,color="red",
              label="mean:"+str(np.round(sil_score,3)))
```

```
                #使用 axvline()方法绘制图形中的竖线
plt.xlim([-0.1,1])
plt.yticks([])
plt.xlabel('轮廓系数')     #设置 X 轴名称
plt.ylabel('类别标签')     #设置 Y 轴名称
plt.legend(loc=1)
plt.show()
```

轮廓系数表示样本分离度和聚集度之差除以两者之中较大的一个，用公式可以表示为

$$S^{(i)}=\frac{b^{(i)}-a^{(i)}}{\max\{b^{(i)},a^{(i)}\}}$$

其中，$S^{(i)}$表示样本 i 的轮廓系数；$b^{(i)}$表示样本分离度，即样本 i 与其他族群所有样本之间的平均距离；$a^{(i)}$表示样本聚集度，即样本 i 与同类的所有样本的平均距离。

轮廓系数的取值范围为−1 ~ 1，越接近 1 说明聚类效果越好。本例使用 silhouette_score()方法计算平均轮廓系数，使用 silhouette_samples()方法计算每个样本的轮廓系数，并根据每个样本的得分绘制平面填充图（见图 5−23）。由图 5−23 可知，轮廓系数均值为 0.627，说明聚类为 3 的效果良好。

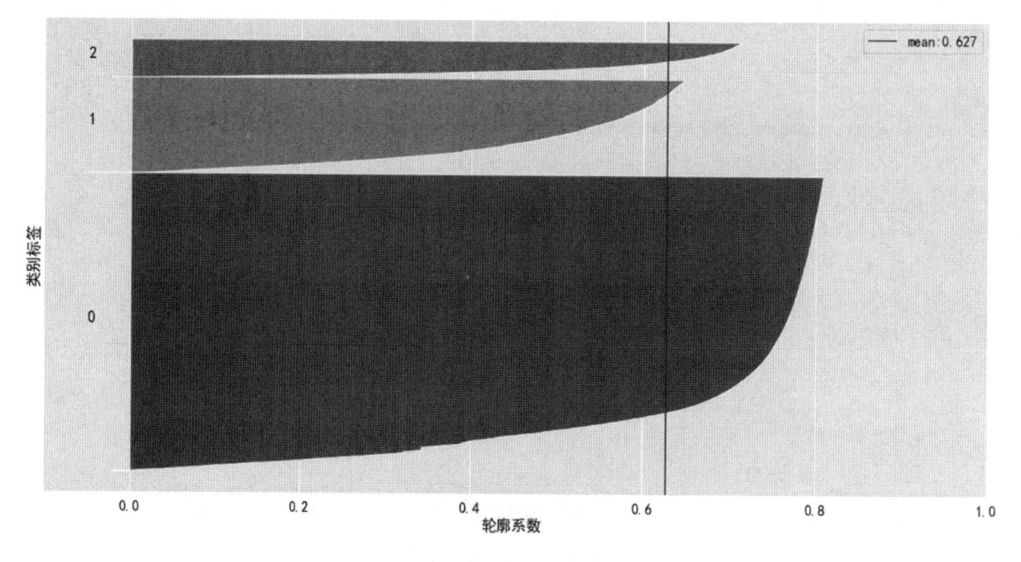

图 5-23　轮廓系数图

7. 结果展示

```
In[8]:#七、显示每类距质心最近的 10 篇文档
```

```
for name, group in groups:
    group1 = group.sort_values(by='到质心的距离')
    #按照质心距离从小到大排列
    group2 =  group1[['来电时间','工单内容']]
    print("该族群所含文档数量为",'%d' % (len(group1)))
    print("距离质心最近的 10 个工单为：")
    print(group2.head(10))
    print('\n-----------------------------------------')
```

综上可知，离质心最近的文档就是近期市民反映的热点问题。2019 年 1 月，三太市收到市民来电、来信、来邮等信件达 45 151 件，主要反映了投诉类问题、咨询类问题、噪声扰民问题等。

其中，噪声扰民类问题多达 4012 个，典型的 10 个问题如下：

```
------------------------------------------------------------------------------
2019-01-01 14:15:24  市民来电反映：吉阳区大东海珠江花园仙满楼酒吧附近的沙滩上有人员播放高音喇叭噪声扰民。

2019-01-01 14:02:27  市民来电反映：吉阳区大东海珠江花园仙满楼酒吧附近的沙滩上有人员播放高音喇叭噪声扰民。

2019-01-18 20:31:50  市民来电反映：吉阳区荔枝沟华强大厦服装商场三楼播放外置音响，噪声扰民。该问题还没得到解决，希...

2019-01-13 21:39:56  市民来电反映：吉阳区大东海银泰酒店前面海边沙滩上有人员播放低音炮噪声扰民，且该情况每晚都存...

2019-01-31 21:11:17  市民来电反映：关于迎宾路中铁子悦台靠广场区域有人员播放外置音响扰民的问题，表示噪声依旧很大未...

2019-01-16 20:35:44  市民来电反映：跃进路 181 号金德信珠宝行门店播放外置音响噪声过大扰民，影响居民休息，请求处理...

2019-01-05 21:02:47  市民来电反映：河西路 55 号福音医院对面有人员唱歌噪声扰民，望处理。

2019-01-05 01:01:12  市民来电反映：第一市场南门的聚财楼海鲜酒楼正在进行室内装修，施工噪声扰民，望核实处理。

2019-01-09 23:26:49  市民来电反映：海棠区仁恒酒店别墅区外围（靠近亚特兰蒂斯酒店方向）有工地夜间施工噪声扰民，望尽...
```

```
2019-01-09 23:59:54  市民来电反映:关于海棠区仁恒酒店别墅区外围（靠近亚特兰蒂斯酒店方向）有工地夜间施工噪声扰民的问题。
------------------------------------------------------------
```

投诉类问题多达 31 186 个，典型的 10 个问题如下：

```
------------------------------------------------------------
2019-01-10 12:28:47  市民微信反映：其于 12 月在荔枝沟三罗村君涵驾校报名考取驾照，现在驾校的练车场地被拆除，望驾...

2019-01-18 18:11:42  吉阳区住建局来电反馈：要求转接 8986，吉阳区住建局 186********让回电，告知 8986。

2019-01-21 09:03:03  市民来电反映：每天有很多油罐车在同心家园六期隔壁空地洗车，并且将洗车水乱排乱放，希望相关部门...

2019-01-22 23:34:12  110 来电反映：接到报警市民父亲（姓名 XXXX，66 岁）于 1 月 22 日 16:30 左右在凤凰路羊...

2019-01-10 15:07:42  市园林局于 15:05 来电反馈：海螺西路红树林公园北门靠近河边的绿化带里有一个自来水管爆...

2019-01-28 20:27:21  市民再次来电反映：海棠区梦幻海昌不夜场丛林盛筵餐厅餐具没有经过消毒，使用没有洗干净的抹布擦餐...

2019-01-28 15:12:08  市民来电反映：海棠区梦幻海昌不夜场丛林盛筵餐厅餐具没有经过消毒，使用没有洗干净的抹布擦餐具，...

2019-01-10 12:25:16  市民来电反映：其是红沙胜利街北路 32 号住户，49 号店铺长期将公共停车位占为己有。

2019-01-04 12:53:48  市民来电反映：崖州区水南四村果蔬批发市场公共地磅存在“吃称”乱收费情况，1000 多千克的果蔬...

2019-01-25 16:13:01  市民微信反映：其在吉阳区民族中学门口等车时，发现电子公交站牌上还有 15 路、17 路、24 路、2...
------------------------------------------------------------
```

咨询类问题多达 9953 个，典型的 10 个问题如下：

```
------------------------------------------------------------
2019-01-28 10:04:54  市民微信咨询：人才引进落户的政策是什么？如果在省内转移需要什么材料？

2019-01-22 10:17:39  市民微信咨询：已经办理个体营业执照，但是没有公章，可以去哪刻公章？
```

```
2019-01-25 15:51:32  市民来电咨询：其多次拨打人才引进电话都无人接听，其现在办理人才落户，但是现在需要将户口落户在...

2019-01-26 16:17:30  市民微信咨询：公租房的申请手续。

2019-01-07 21:28:07  市民来电咨询：其于 2018 年 10 月向新风派出所报案，现来电咨询案件处理进展。

2019-01-02 17:38:33  市民微信咨询：如何办理日本的签证?

2019-01-26 08:49:24  民来电咨询：三太市儿童福利院在哪里?

2019-01-26 08:18:25  市民来电咨询：三太市儿童福利院在哪里?

2019-01-23 15:50:48  市民来电咨询：乐东县人才落户事宜。

2019-01-31 12:33:02  市民微信咨询：公司拖欠工资如何处理?
-----------------------------------------------------------------------
```

5.6 本章小结

为了使读者熟悉更多的编程环境，本章将编程环境改为 Jupyter Notebook。首先，对数据进行统计分析，查看每日工单量的分布、来电时间分布情况、工单类型等。其次，使用词云图展示了工单的词云，方便直观地观察工单的高频词汇。再次，利用朴素贝叶斯模型对数据集工单进行分类，结果显示分类准确率均在 70%以上。最后，基于 *K*-Means 算法和 PCA 方法的相关原理构建了热点问题挖掘模型，利用 TF-IDF 模型、PCA 方法等对文本内容进行挖掘，实现了近期热点问题的自动提取。

第 6 章 决策树信贷风险控制

随着经济的发展，人们的消费欲望不断提升，随之而来的是各类贷款业务需求量的增加。商业银行和互联网金融公司都在尝试给个人发放信用贷款。如果借款人逾期还款、拒绝还贷，就会严重影响金融机构的业绩。因此，风险控制是这类金融机构的核心业务之一。进行信贷的风险控制是一个综合性问题，需要从多方面考虑。从数据分析的角度来看，这是一个分类问题，即通过大量借款人的历史借款信息，建立一个模型，进而根据该模型判断新的借款人会不会逾期。要实现这个模型，常用的机器学习方法有逻辑回归、决策树、随机森林等。本章将利用 Python 中的机器学习库，实现决策树的模型分类，并利用该模型预测申请人还款会不会逾期，进而决定是否给申请人发放贷款。由此，就可以将一个现实问题转换为数据建模问题。

6.1 准备工作

1. 编程环境

（1）操作系统：Windows 10 64 位操作系统。

（2）运行环境：Python 3.8.5，Anaconda 下的 Jupyter Notebook。

2. 安装依赖库

除了基本的 Pandas 库、Matplotlib 库、Seaborn 库、scikit-learn 库，本章还使用了

Graphviz 等决策树可视化库。

在 Windows 环境下，在 Anaconda Prompt 中输入“pip install pydotplus”即可安装 pydotplus 库，如图 6-1 所示。Graphviz 库的安装相对比较麻烦，读者可以参考附录 B 的一些方法。

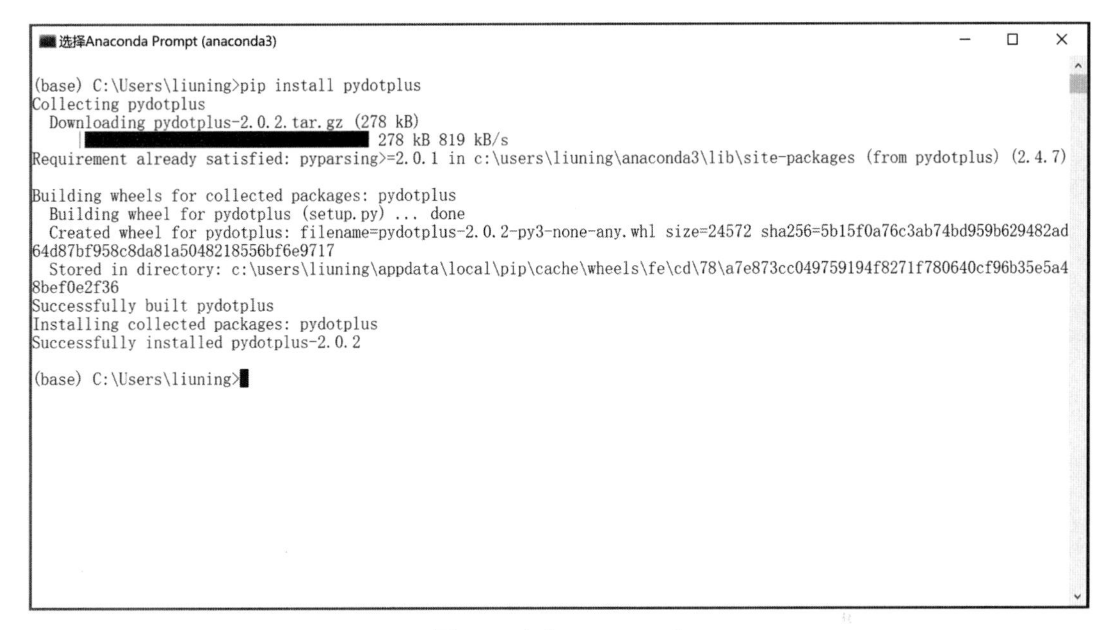

图 6-1　安装 pydotplus 库

3. 数据来源

获取数据的方式有多种，本章的数据是从 Kaggle 网站的 GiveMeSomeCredit 页面获取的。本章的数据包含 11 列，如 SeriousDlqin2yrs、RevolvingUtilizationOfUnsecuredLines、age、NumberOfTime30-59DaysPastDueNotWorse、DebtRatio、MonthlyIncome、NumberOfOpenCreditLinesAndLoans、NumberOfTimes90DaysLate、NumberRealEstateLoansOrLines、NumberOfTime60-89DaysPastDueNotWorse、NumberOfDependents，数据集以 CSV 的形式保存，部分内容如表 6-1 所示，每一列都是数值数据。

为了直观地查看数据，可以将每列数据的名称翻译成汉语并对其进行解释（见表 6-2），以便直观地理解每列数据的含义。

表 6-1　信用信息表（部分）

英文名称	1	2	3	4	5	6	7	8	9	10
SeriousDlqin2yrs	1	0	0	0	0	0	0	0	0	0
RevolvingUtilizationOf UnsecuredLines	0.766126609	0.957151019	0.65818014	0.233809776	0.9072394	0.213178682	0.305682465	0.754463648	0.116950644	0.189169052
age	45	40	38	30	49	74	57	39	27	57
NumberOfTime30−59 DaysPastDueNotWorse	2	0	1	0	1	0	0	0	0	0
DebtRatio	0.802982129	0.121876201	0.085113375	0.036049682	0.024925695	0.375606969	5710	0.209940017	46	0.606290901
MonthlyIncome	9120	2600	3042	3300	63588	3500	NA	3500	NA	23684
NumberOfOpenCredit LinesAndLoans	13	4	2	5	7	3	8	8	2	9
NumberOfTimes90 DaysLate	0	0	1	0	0	0	0	0	0	0
NumberRealEstate LoansOrLines	6	0	0	0	1	1	3	0	0	4
NumberOfTime60−89 DaysPastDueNotWorse	0	0	0	0	0	0	0	0	0	0
NumberOfDependents	2	1	0	0	0	1	0	0	NA	2

表 6-2 各字段数据含义对照表

英文名称	中文名称	解释
SeriousDlqin2yrs	未来两年可能逾期	是否有超过 90 天以上的逾期或更严重的不良行为
RevolvingUtilizationOfUnsecuredLines	剩余信用额度比例	信用卡和个人信用额度（不动产和汽车贷款等分期付款债务除外）的总余额除以信用额度之和
age	年龄	借款年龄
NumberOfTime30-59DaysPastDueNotWorse	逾期 30～59 天的次数	借款人逾期 30～59 天的次数，但在过去两年内没有更糟的情况
DebtRatio	负债率	月债务、赡养费、生活费除以月总收入
MonthlyIncome	月收入	每个月的收入
NumberOfOpenCreditLinesAndLoans	信贷数量	包括未偿贷款数量（分期付款，如汽车贷款或抵押贷款）和信贷额度（如信用卡）
NumberOfTimes90DaysLate	逾期 90 天及其以上的次数	逾期 90 天及以上的次数情况
NumberRealEstateLoansOrLines	固定资产贷款数量	包括房屋净值信贷额度在内的抵押贷款和房地产贷款数量
NumberOfTime60-89DaysPastDueNotWorse	逾期 60～89 天的次数	借款人逾期 60～89 天的次数，但在过去两年内没有更糟的情况
NumberOfDependents	家庭成员数	家庭中不包括自己的受抚养人数量（配偶、子女等）

6.2 数据集基本情况分析

6.2.1 查看数据大小和缺失情况

```
In[1]:import pandas as pd
   import matplotlib.pyplot as plt
```

```
import seaborn as sns

#一、获取数据
df0 = pd.read_csv('…/01-cs-training.csv',index_col=0)
#读取数据，index_col=0，为了防止产生“Unnamed: 0”列

#二、查看数据基本信息
print(df0.info())        #查看数据信息
print(df0.isnull().sum())#观察缺失值情况
```

为了直观地了解数据的特征，可以通过 print(df0.info())语句输出数据集的基本信息，数据集中包含 150 000 行、11 列数据。在 11 列数据中，4 列数据的格式为 float64，7 列数据的格式为 int64。而“MonthlyIncome”列和“NumberOfDependents”列的数据出现了一定的缺失。

```
<class 'pandas.core.frame.DataFrame'>
Int64Index: 150000 entries, 1 to 150000
Data columns (total 11 columns):
 #   Column                                Non-Null Count   Dtype
---  ------                                --------------   -----
 0   SeriousDlqin2yrs                      150000 non-null  int64
 1   RevolvingUtilizationOfUnsecuredLines  150000 non-null  float64
 2   age                                   150000 non-null  int64
 3   NumberOfTime30-59DaysPastDueNotWorse  150000 non-null  int64
 4   DebtRatio                             150000 non-null  float64
 5   MonthlyIncome                         120269 non-null  float64
 6   NumberOfOpenCreditLinesAndLoans       150000 non-null  int64
 7   NumberOfTimes90DaysLate               150000 non-null  int64
 8   NumberRealEstateLoansOrLines          150000 non-null  int64
 9   NumberOfTime60-89DaysPastDueNotWorse  150000 non-null  int64
 10  NumberOfDependents                    146076 non-null  float64
dtypes: float64(4), int64(7)
memory usage: 13.7 MB
None
```

通过 print(df0.isnull().sum())语句输出了数据集的缺失值信息，“MonthlyIncome”列包含 29 731 个缺失值，“NumberOfDependents”列包含 3924 个缺失值。

```
SeriousDlqin2yrs                               0
RevolvingUtilizationOfUnsecuredLines           0
age                                            0
NumberOfTime30-59DaysPastDueNotWorse           0
DebtRatio                                      0
MonthlyIncome                              29731
NumberOfOpenCreditLinesAndLoans                0
NumberOfTimes90DaysLate                        0
NumberRealEstateLoansOrLines                   0
NumberOfTime60-89DaysPastDueNotWorse           0
NumberOfDependents                          3924
dtype: int64
```

6.2.2　绘制直方图查看数据的分布情况

```
In[2]:#三、绘制各列数据的直方图，直观查看数据的分布情况
    plt.figure(figsize=(20,15))
    plt.subplots_adjust(wspace =0.3, hspace =0.3)#调整各子图之间的间距
    for n,i in enumerate(df0.columns):
    #enumerate()函数用于将一个可遍历的数据对象组合为一个索引序列，同时列出数据和数据下标
        plt.subplot(3,4,n+1)
        plt.title(i,fontsize=10)
        print(i)
        df0[i].plot(kind="hist",bins=20,color="blue",edgecolor="black",
                    density=True)           #直方图
        df0[i].plot(kind="kde",color="red") #加核密度图
        plt.title(i)                        #添加标题
```

上述代码使用 Pandas 库中的 plot()函数查看各列数据的分布直方图。通过图 6-2（加核密度图）可以直观地观察数据的分布情况。“SeriousDlqin2yrs”列仅包含“0.0”和“1.0”这两个标签，并且标签“1.0”占据较大比例。“age”列和“NumberOfOpenCreditLinesAndLoans”列数据的分布相对均匀。“RevolvingUtilizationOfUnsecuredLines”列、“DebtRatio”列、“NumberOfTime30-59DaysPastDueNotWorse”列、“NumberOfTime60-89DaysPastDue NotWorse”列、“NumberOfTimes90DaysLate”列、“MonthlyIncome”列等的数据跨度较大，但大部分数据集中在“0”附近，较难通过直方图观察出数据特征。

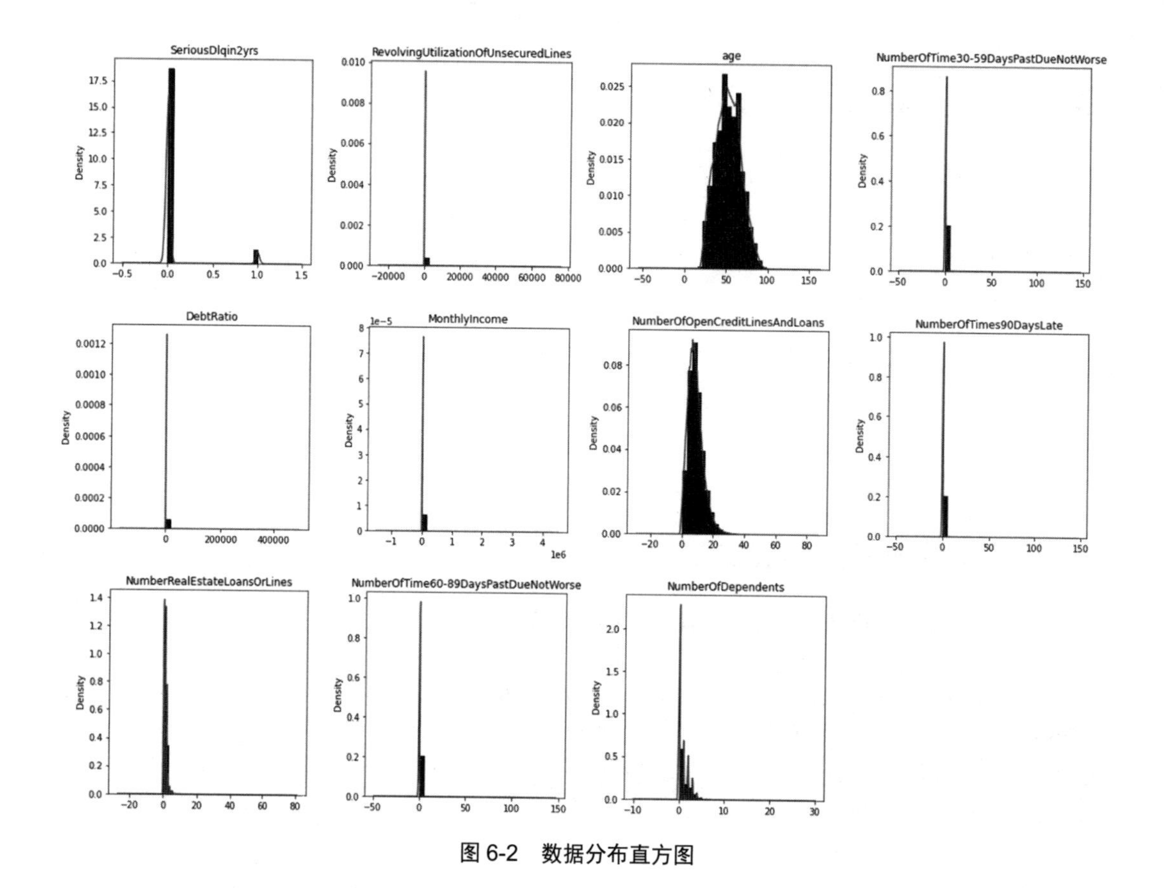

图 6-2 数据分布直方图

6.2.3 绘制直方图的 3 种方法

```
In[3]:#四、绘制直方图的 3 种方法
    fig = plt.figure(figsize=(15,5))
    sns.set(font_scale=1.5,font='SimHei',style='white')  #设置字号大小、字体（这里是黑体）
    plt.subplots_adjust(wspace =0.4)   #调整各子图间间距
    plt.subplot(131)
    df0['age'].plot(kind="hist",bins=20,color='white',ec='k',hatch='...')#pandas 库
    plt.xlabel('年龄（岁）')              #设置 X 轴名称
    plt.ylabel('频数')                    #设置 Y 轴名称
    plt.title('pandas')                   #添加标题

    plt.subplot(132)
    plt.hist(x=df0['age'],bins=20,color='white',ec='k',hatch='///')#matplotlib 库
    plt.xlabel('年龄（岁）')              #设置 X 轴名称
    plt.ylabel('频数')                    #设置 Y 轴名称
```

```
    plt.title('matplotlib')             #添加标题

    plt.subplot(133)
    sns.distplot(df0['age'],bins=20,kde=False,color="black",
                hist_kws=dict(edgecolor="black"))#Seaborn 库
    plt.xlabel('年龄（岁）')              #设置 X 轴名称
    plt.ylabel('频数')                   #设置 Y 轴名称
    plt.title('seaborn')                #添加标题
    plt.show()
```

通过直方图可以比较直观地反映数据的分布情况，Python 中绘制直方图的方法有多种，这里总结了 3 种常用的方法，分别为使用 Pandas 库、Matplotlib 库、Seaborn 库，使用这 3 种方法得到的结果如图 6-3 所示，结果基本一致。

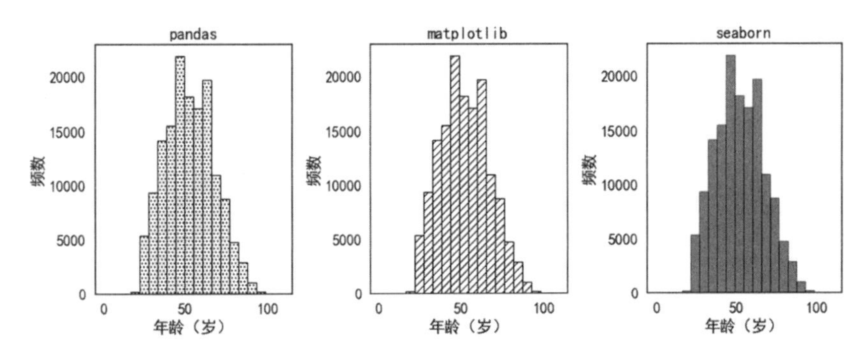

图 6-3　绘制直方图的 3 种方法

6.2.4　通过箱型图查看异常值的情况

```
In[4]:#五、通过箱型图查看数据的分布情况
    plt.figure(figsize=(20,13))
    df0.boxplot(
            patch_artist=True,              #设置用自定义颜色填充盒形图，默认使用白色填充
            boxprops = {"facecolor":"red"}, #设置箱体填充色
            flierprops = {"marker":"o","markerfacecolor":"#59EA3A","color":
                        "#59EA3A"},         #设置异常值属性，即点的形状、填充色和边框色
            medianprops = {"linestyle":"--","color":"#FBFE00"},
            #设置中位数线的属性，即线的类型和颜色
        )
    plt.grid(linestyle="--", alpha=0.3)
    plt.xticks(rotation=90,fontsize=25)           #改变 X 轴标签显示角度，防止重叠
    plt.xlabel('数据字段名')     #设置 X 轴名称
```

```
plt.ylabel('数据值')    #设置 Y 轴名称
```

本节利用 boxprops()函数对 DataFrame 数据在相同 Y 轴上通过箱型图进行展示。由图 6-4 可知，“MonthlyIncome”列的数据相对比较分散，其他列的数据相对集中，因此很难通过一张箱型图查看数据的分布情况。

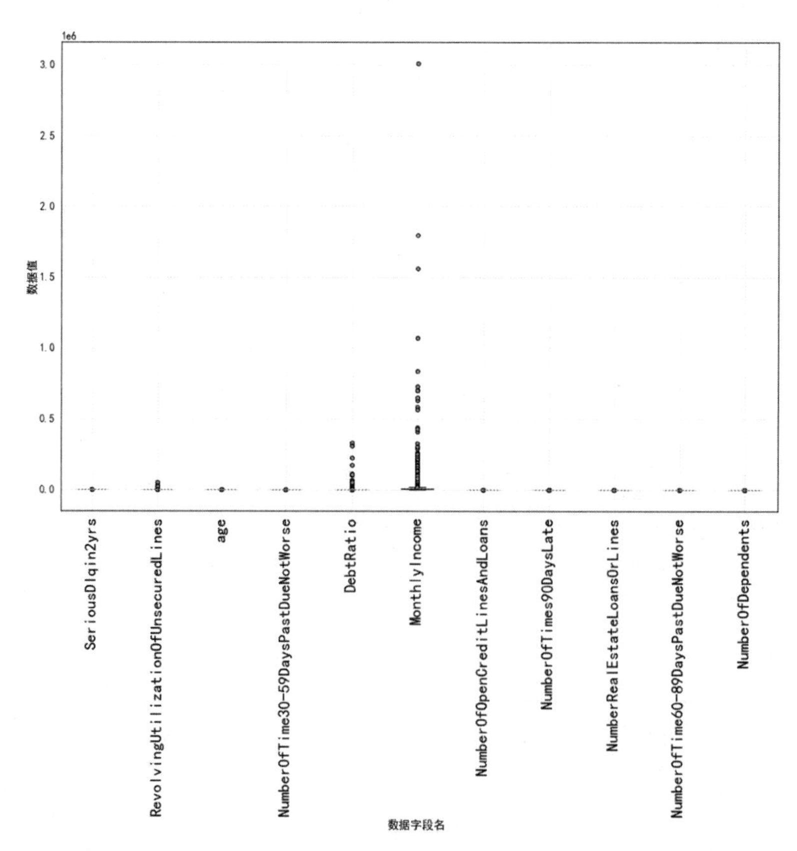

图 6-4　数据集箱型图

为了观察各列数据的分布情况，接下来将每列数据用箱型图单独显示。

```
In[5]:#六、通过箱型图观察各字段的异常情况
    plt.figure(figsize=(20,20))
    plt.subplots_adjust(wspace=0.5, hspace=0.3)
    for n,i in enumerate(df0.columns):
        plt.subplot(3,4,n+1)
            plt.title(i,fontsize=15)
            df0[[i]].boxplot( patch_artist=True,boxprops = {'facecolor':'black'} )
            #设置箱体填充色为红色
```

```
plt.xlabel('（数据字段名）')      #设置 X 轴名称
plt.ylabel('数据值')              #设置 Y 轴名称
```

上述代码在不同的坐标轴下利用箱型图展示数据集。通过图 6-5 可以直观地观察数据的分布情况，除了“age”列、“NumberOfOpenCreditLinesAndLoans”列、“NumberRealEstateLoansOrLines”列、“NumberOfDependents”列的数据出现箱体，其他列的数据均无明显箱体，这意味着数据分布相对集中。“RevolvingUtilizationOfUnsecuredLines”列、“DebtRatio”列存在较多异常值，从理论上来说，“RevolvingUtilizationOfUnsecuredLines”列、“DebtRatio”列中为小于或等于 1 的数据。“MonthlyIncome”列的最大值是 3 008 750，这里也认为其为异常值。

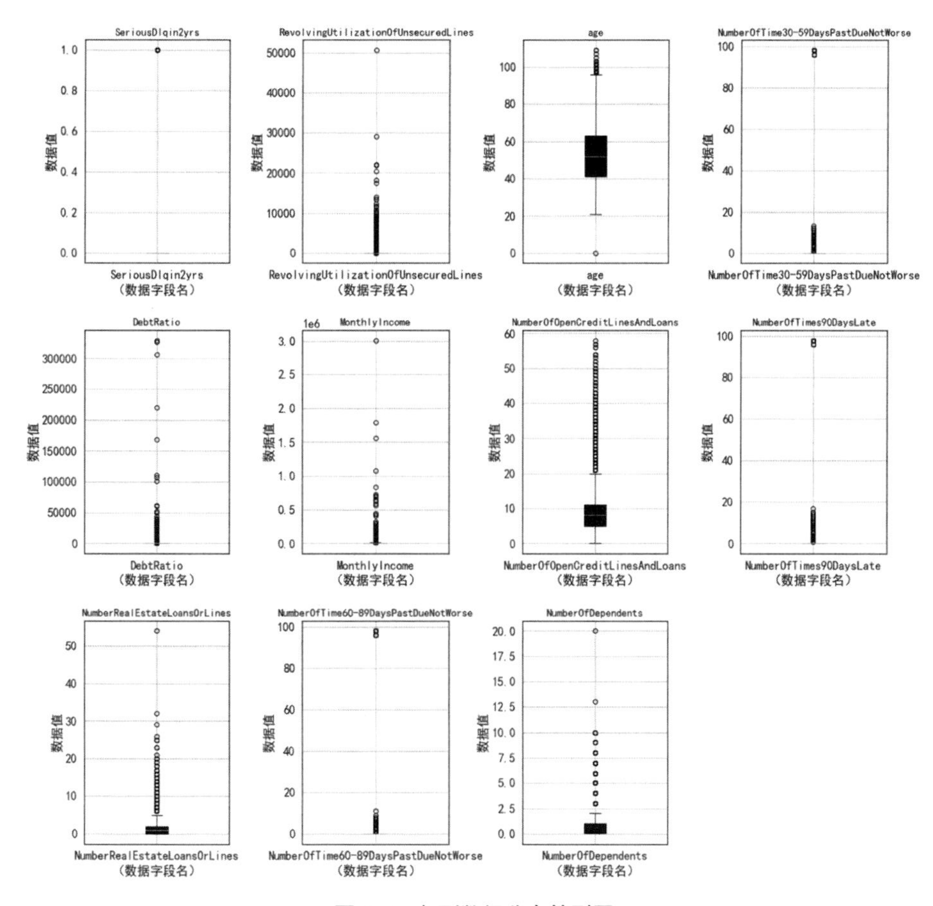

图 6-5　各列数据分布箱型图

箱型图的示意图如图 6-6 所示。箱型图主要包括离群点、下边缘、下四分位数、中位数、上四分位数、上边缘等。箱体（下四分位数和上四分位数之间的部分）部分表示数据的整体分布情况，箱体越窄表示数据越集中，体现在直方图上便是“瘦高”。离群点可以认为是异常值。

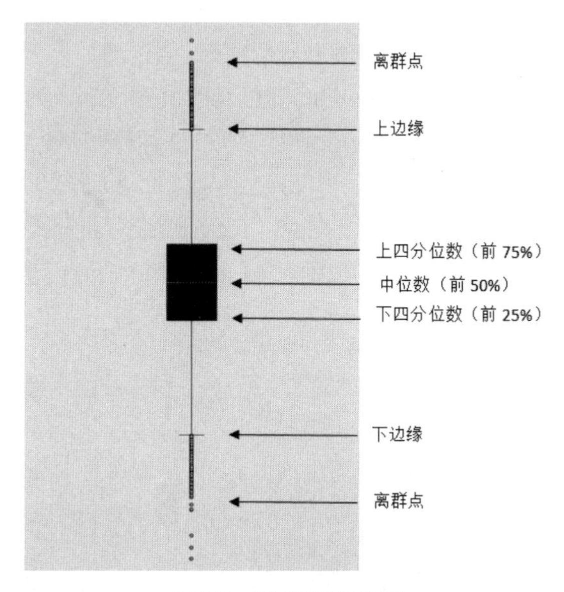

图 6-6　箱型图的示意图

将均值为 100、方差为 1 服从双正态分布的数据，用箱型图和直方图同时展示，这样读者可以直观地了解箱型图各分位数的含义。箱型图和直方图的对比图如图 6-7 所示。

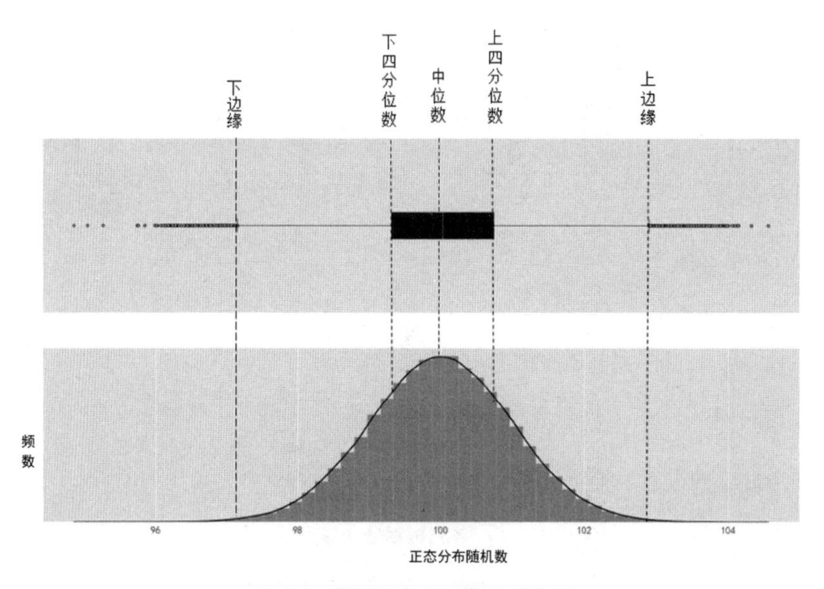

图 6-7　箱型图和直方图的对比图

6.2.5　异常值和缺失值的处理

```
In[6]:#七、异常值的处理
    df1 = df0[df0['RevolvingUtilizationOfUnsecuredLines']<=1]
    #筛选出“RevolvingUtilizationOfUnsecuredLines”列中小于或等于 1 的行
    df1 = df1[df1['DebtRatio']<=1]#筛选出“DebtRatio”列中小于或等于 1 的行
    df1 = df1[(df1['age']>18) & (df1['age']<80)]
    #筛选出“age”列中大于 18 岁和小于 80 岁的行
    df1 = df1[df1['NumberOfTime30-59DaysPastDueNotWorse']<20]
    #筛选出“NumberOfTime30-59DaysPastDueNotWorse”列中小于 20 的数据
    df1 = df1[df1['NumberOfTime60-89DaysPastDueNotWorse']<20]
    #筛选出“NumberOfTime60-89DaysPastDueNotWorse”列中小于 20 的数据
    df1 = df1[df1['NumberOfTimes90DaysLate']<20]
    #筛选出“NumberOfTimes90DaysLate”列中大于 20 的数据
    df1 = df1[(df1['MonthlyIncome']<100000) | df1['MonthlyIncome'].isna()]
    #筛选出“onthlyIncome”列中小于 100000 且有值的数据

    #删除缺失值
    df2 = df1.dropna()  #删除所有缺失行
    print('共删除异常、缺失数据 ',len(df0)-len(df2),' 条。')

    df2.to_excel(…/'01 预处理后的数据.xlsx') #保存预处理后的数据
```

由于本例的数据量相对较大，为了简化模型，方便理解，因此直接将异常值和缺失值删除（即筛选出特定条件的数据）。筛选出“RevolvingUtilizationOfUnsecuredLines”列和“DebtRatio”列中小于或等于 1 的数据，筛选出“NumberOfTime30-59DaysPastDueNotWorse”列、“NumberOfTime60-89DaysPastDueNotWorse”列和“NumberOfTimes90DaysLate”列中小于 20 的数据，筛选出“age”列中小于 18 和大于 80 岁的数据。筛选出“MonthlyIncome”列中小于 100000 的数据，并保留“NumberOfOpenCreditLinesAndLoans”列、“NumberRealEstateLoansOrLines”列、“NumberOfDependents”列中的数据。对于缺失值所在的行，直接进行删除处理。经过预处理，数据集变为 106 638 行、11 列，共删除异常、缺失的数据 43 362 行。

```
<class 'pandas.core.frame.DataFrame'>
Int64Index: 106638 entries, 1 to 150000
Data columns (total 11 columns):
 #   Column                                Non-Null Count   Dtype
---  ------                                --------------   -----
 0   SeriousDlqin2yrs                      106638 non-null  int64
 1   RevolvingUtilizationOfUnsecuredLines  106638 non-null  float64
```

```
 2   age                                  106638 non-null  int64
 3   NumberOfTime30-59DaysPastDueNotWorse 106638 non-null  int64
 4   DebtRatio                            106638 non-null  float64
 5   MonthlyIncome                        106638 non-null  float64
 6   NumberOfOpenCreditLinesAndLoans      106638 non-null  int64
 7   NumberOfTimes90DaysLate              106638 non-null  int64
 8   NumberRealEstateLoansOrLines         106638 non-null  int64
 9   NumberOfTime60-89DaysPastDueNotWorse 106638 non-null  int64
 10  NumberOfDependents                   106638 non-null  float64
dtypes: float64(4), int64(7)
memory usage: 9.8 MB
None
```

6.2.6 使用小提琴图展示预处理后的数据

```
In[7]:#八、使用小提琴图展示预处理后的数据
    plt.figure(figsize=(20,20))
    plt.subplots_adjust(wspace =0.5, hspace =0.3)
    for n,i in enumerate(df2.columns):
        plt.subplot(3,4,n+1)
        plt.title(i,fontsize=15)
        plt.grid(linestyle='--')
        sns.violinplot( y=df2[i] )
```

为了更直观地展示预处理后的数据，本节使用 Seaborn 库中的 violinplot()函数绘制每列数据的小提琴图（见图 6-8）。通过小提琴图可以看到，各列数据的异常值在一定程度上有所减少。

小提琴图结合了箱型图与核密度图的优势，不仅展示了数据的分位数，还展示了任意位置的密度，可以更直观地观察数据分布的特征。

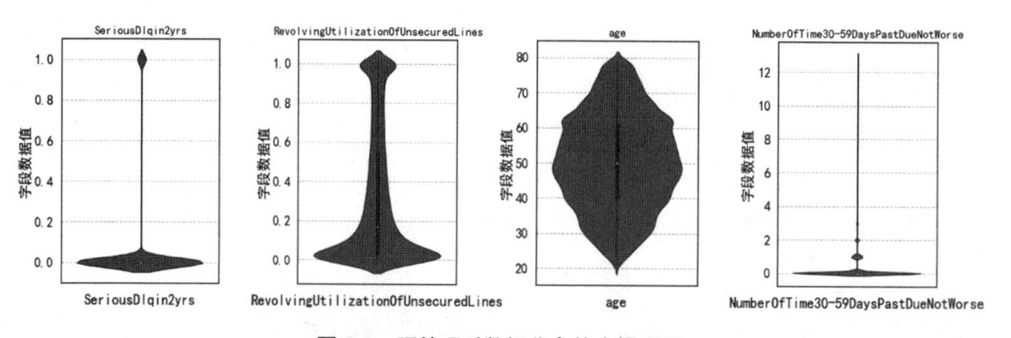

图 6-8 预处理后数据分布的小提琴图

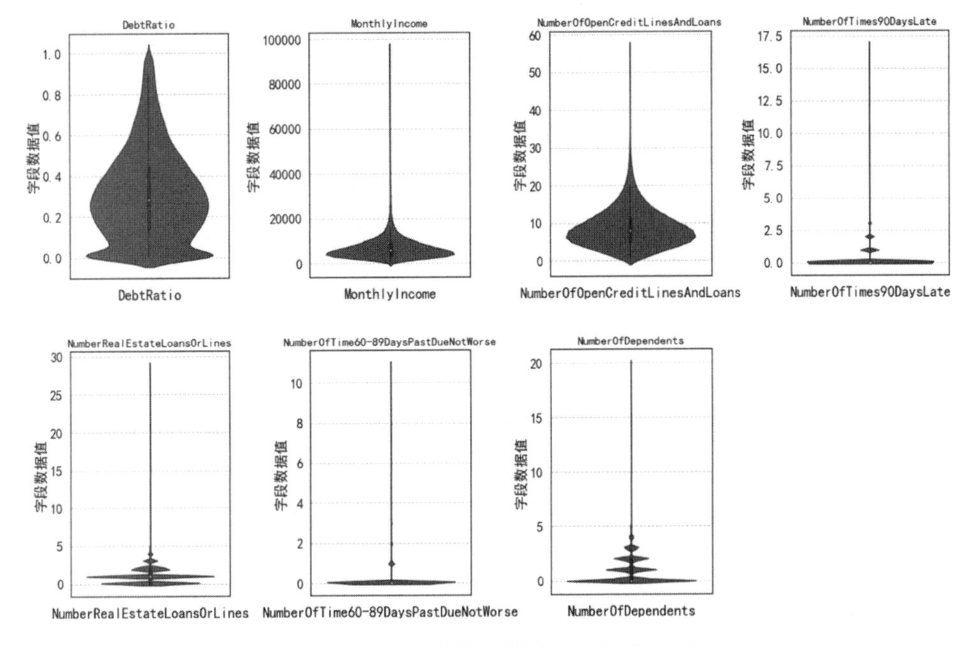

图 6-8　预处理后数据分布的小提琴图（续）

6.3　利用决策树进行信贷数据建模

6.3.1　决策树原理简介

1. 决策树的构成

简单的决策树一般由根节点、内部节点、叶子节点等组成（见图 6-9），决策树从根节点开始，按照一定的条件分裂数据，各个子节点按照该过程分裂，直到只剩下叶子节点为止。

2. 简单信贷历史数据案例

下面用一个简单的案例来解释决策树的生成。假设一家做信用贷款的金融机构打算通过分析借款人员的收入和负债情况，判断其会不会逾期还款。以往的部分借款人员的信息如表 6-3 所示，这时就可以通过历史数据构建一个决策树模型，然后根据该模型判断新的借款人员会不会逾期还款。

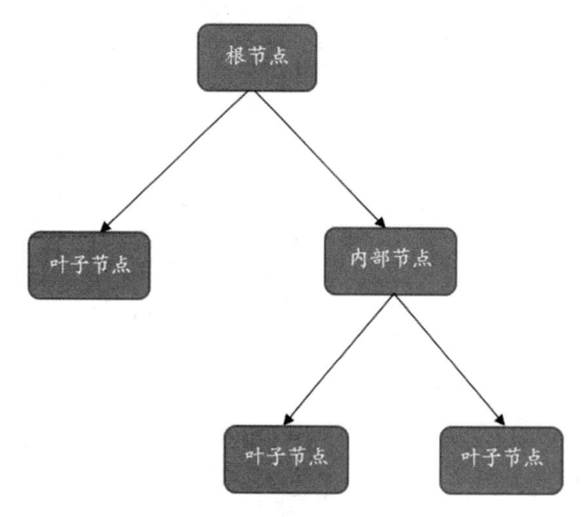

图 6-9　决策树的组成

表 6-3　部分借款人员的信息

负债	收入	是否有逾期记录
多	低	有逾期记录
少	低	有逾期记录
少	低	有逾期记录
多	高	无逾期记录
少	高	无逾期记录
少	低	无逾期记录
多	低	无逾期记录

3. 根节点的选择

由于本案例的变量不仅有收入还有负债，因此对根节点的选择也存在图 6−10 中的两种方式。

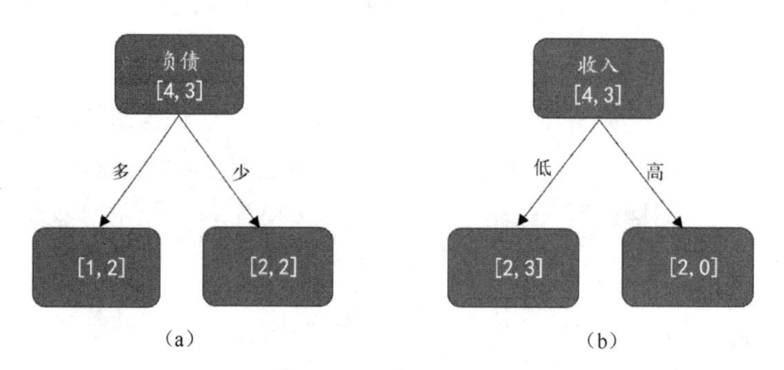

图 6-10　根节点的选择

如图 6-10（a）所示，按照负债多少进行分裂，左边节点负债多的有 3 人（1 人无逾期，2 人逾期），右边负债少的有 4 人（2 人无逾期，2 人逾期），结果如表 6-4 所示。

表 6-4　负债多少分类信息

负债	收入	是否有逾期记录
多	低	有逾期记录
多	高	无逾期记录
多	低	无逾期记录
少	低	有逾期记录
少	低	有逾期记录
少	高	无逾期记录
少	低	无逾期记录

如图 6-10（b）所示，按照收入高低进行分裂（4 个无逾期，3 人逾期），左边节点低收入的有 5 人（2 人无逾期，3 人逾期），右边节点高收入的有 2 人（2 人无逾期，0 人有逾期），如表 6-5 所示。

表 6-5　“收入高低”分类信息

负债	收入	是否有逾期记录
多	低	有逾期记录
少	低	有逾期记录
少	低	有逾期记录
少	低	无逾期记录
多	低	无逾期记录
多	高	无逾期记录
少	高	无逾期记录

4. 分裂效果判断

对于图 6-10 中的两种方式，哪种方式的分类效果更好呢？为了保证在信息量最大的情况下分裂，这里定义了一个目标函数——信息增益 $\mathrm{IG}(D)$：

$$\mathrm{IG}(D)=I(D_{\mathrm{father}})-\left[\frac{N_{\mathrm{left}}}{N}I(D_{\mathrm{left}})+\frac{N_{\mathrm{right}}}{N}I(D_{\mathrm{right}})\right] \tag{6-1}$$

信息增益即父节点和子节点之间的信息差异，子节点的杂质含量越低，信息增益就越大。信息增益越大，模型的分类效果就越好。

杂质含量 $I(D)$的度量可以采用熵、基尼系数等，这里采用熵进行解释：

$$I(D) = -\sum_{i=1}^{n} p_i \log_2 p_i \tag{6-2}$$

其中，p_i 表示样本的概率。

下面对式（6-1）中各指标的含义进行解释。

- $I(D_{\text{father}})$ 表示父节点的信息熵。
- $I(D_{\text{left}})$ 表示子节点中左边节点的信息熵。
- $I(D_{\text{right}})$ 表示子节点中右边节点的信息熵。
- N_{left} 表示父节点分裂后左边子节点的数量。
- N_{right} 表示父节点分裂后右边子节点的数量。
- N 表示样本的总数量。

于是，如果采用图 6-10（a）中的方式，则各指标的取值为

$$I(D_{\text{father}}) = -\frac{3}{7}\log_2\frac{3}{7} - \frac{4}{7}\log_2\frac{4}{7} \approx 0.985$$

$$I(D_{\text{left}}) = -\frac{1}{3}\log_2\frac{1}{3} - \frac{2}{3}\log_2\frac{2}{3} \approx 0.918$$

$$I(D_{\text{right}}) = -\frac{2}{4}\log_2\frac{2}{4} - \frac{2}{4}\log_2\frac{2}{4} = 1$$

信息增益为

$$\text{IG} \approx 0.985 - \left(\frac{3}{7}\times 0.918 + \frac{4}{7}\times 1\right) \approx 0.02$$

如果采用图 6-10（b）中的方式，则各指标的取值为

$$I(D_{\text{father}}) = -\frac{3}{7}\log_2\frac{3}{7} - \frac{4}{7}\log_2\frac{4}{7} \approx 0.985$$

$$I(D_{\text{left}}) = -\frac{3}{5}\log_2\frac{3}{5} - \frac{2}{5}\log_2\frac{2}{5} \approx 0.971$$

$$I(D_{\text{right}}) = -\frac{2}{2}\log_2\frac{2}{2} = 0$$

信息增益为

$$IG \approx 0.985 - \left(\frac{2}{7} \times 0 + \frac{5}{7} \times 0.971\right) \approx 0.291$$

综上可知，图 6-10（b）中的信息增益大于图 6-10（a）中的信息增益，因此，图 6-10（b）中的策树优于图 6-10（a）中的决策树。

5. 决策树的生长

中间节点采用相同的方法进行分裂，直到只剩下叶子节点为止。最终生成的决策树如图 6-11 所示。

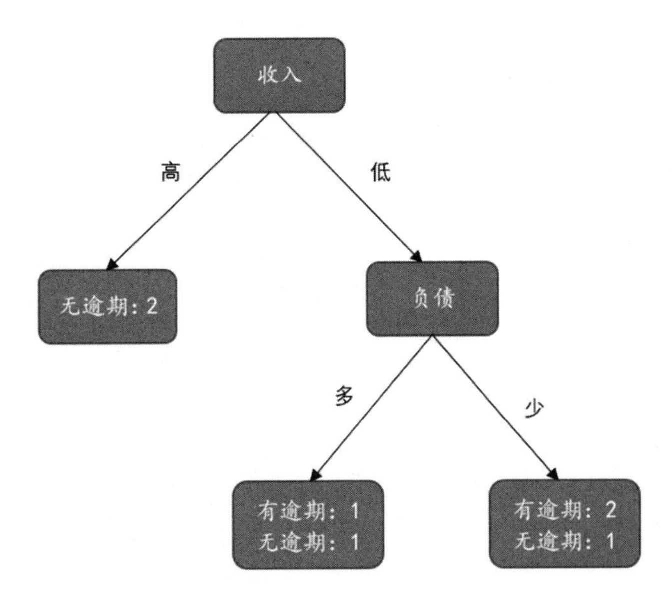

图 6-11　最终生成的决策树

6. 程序实现

```
In[1]:import pandas as pd
    from pandas import Series
    import matplotlib.pyplot as plt
    import sklearn.tree as tree
    import graphviz
    import os

    #加载训练数据
    df = pd.DataFrame({'负债':Series(['多','少','少','多','少','少','多']),
                    '收入':Series(['低','低','低','高','高','低','低']),
                    '是否有逾期记录？':Series(['是','是','是','否','否','否','否'])
```

```
                })          #生成上述案例数据
    df.replace({'多':1,'少':0,'高':1,'低':0,'是':1,'否':0},inplace = True)
    #将汉字替换成可计算的数字
    df.columns = ['debt','income','overdue? ']
    #重新命名列名，改成英文，防止决策树中出现中文乱码

    X = df[['debt','income']]#生成自变量数据
    Y = df[['overdue? ']]    #因变量

    clf = tree.DecisionTreeClassifier(criterion='entropy')#创建决策树分类对象
    clf.fit(X, Y)               #模型训练

    #决策树可视化——方法一
    plt.figure(figsize=(10, 10))
    tree.plot_tree(clf,feature_names=X.columns)
    plt.show()
```

下面利用 Python 实现上述案例，首先将汉字字符数值化，然后利用 Sklearn 机器学习库中的决策树算法进行训练，在模型训练后，使用 plot_tree()函数进行决策树可视化，这时就可以得到决策树（见图 6-12）。可以看出，通过程序生成的结果与手动运算的结果（见图 6-11）是一致的。

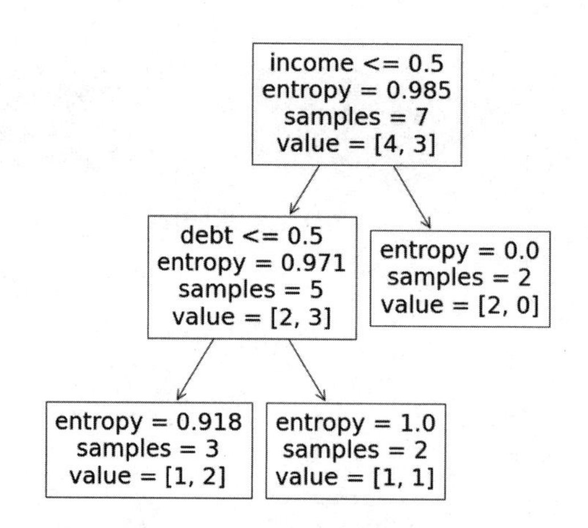

图 6-12　使用 plot_tree()函数绘制的决策树

```
In[2]:#决策树可视化——方法二
    # os.environ["PATH"] += os.pathsep + 'C:/Program Files/Graphviz/bin/'
    #如果使用从网站下载资源的方式，就需要改为计算机安装的路径
```

```
dot_data = tree.export_graphviz(clf,
                                out_file=None,
                                feature_names=X.columns,
                                filled=True,
                                rounded=True,
                     )


graph = graphviz.Source(dot_data)
graph.render("…/03 简单模型")#保存结果，需要修改为计算机的路径
```

除了上述程序中的 plot_tree()函数，还可以使用 export_graphviz 导出器以 Graphviz 格式导出决策树。Graphviz 库的安装方法可参考附录 B。

export_graphviz 导出器还支持多种图片渲染方式，包括按节点的类为节点着色，以及根据需要使用显式变量和类名。结果可以使用 render()函数导出，并以 pdf 文件的形式保存，渲染后的决策树如图 6-13 所示。

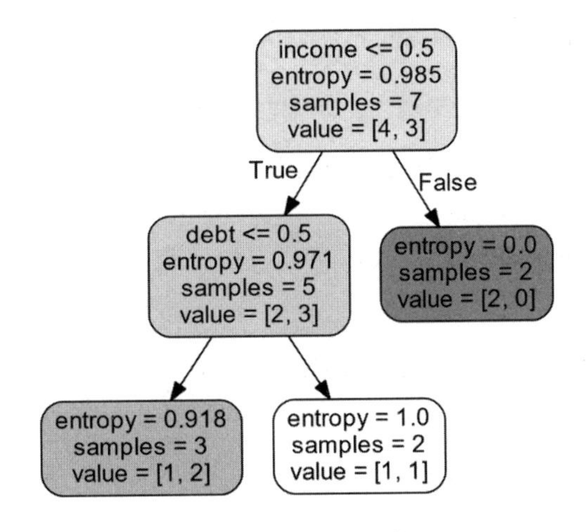

图 6-13　渲染后的决策树

决策树结果可视化的实现比较烦琐，读者可以多尝试几种方法。

本节介绍了决策树原理，并用一个简单的案例进行演示。当然，实际的情况比这个案例复杂得多，接下来将用更复杂的数据集进行演示。

6.3.2　决策树信贷建模流程

决策树的构建过程可以概括为数据预处理、数据建模和模型优化（见图 6-14）。前面已经

利用 Python 中的机器学习库实现了决策树算法。在一个更复杂的数据集上实现决策树的建模一般包括以下几个步骤。

图 6-14　决策树的构建过程

（1）数据预处理：主要包括利用可视化的方式查看数据特征，以及缺失值、异常值的处理等。

（2）数据建模：主要包括训练数据集和测试数据集的生成，模型训练，模型评估，以及模型的可视化等。

（3）模型优化：主要包括决策树的剪枝等。

6.3.3　利用 scikit-learn 库实现决策树风险控制算法

本节使用基于决策树的机器学习算法，对预处理后的信用数据进行建模，以期可以准确地判断出哪些人可以贷款，哪些人将被拒绝放贷。

```
In[1]:import pandas as pd
    from pandas import Series
    import matplotlib.pyplot as plt
    import sklearn.tree as tree
    from sklearn.model_selection import train_test_split
    import graphviz
    import os
    import sklearn.metrics as metrics
    import seaborn as sns

    #获取数据
    df = pd.read_excel('…/02 预处理后的数据.xlsx',sheet_name='Sheet1',
                    index_col=0)
    #读取历史数据，index_col=0，为了防止产生“Unnamed: 0”列

    #数据建模
    X = df.drop(['SeriousDlqin2yrs'],axis=1)     #生成自变量，也就是函数中的 X
    Y = df['SeriousDlqin2yrs']                   #生成因变量，也就是函数中的 Y
    train_X, test_X, train_Y, test_Y = train_test_split(X, Y, test_size=0.2,
```

```
train_size=0.8)                                #将数据集拆分为训练集和测试集

#模型训练
clf = tree.DecisionTreeClassifier(criterion='gini')
#初始化自由生长的决策树
clf.fit(train_X, train_Y)                      #模型训练
```

首先读取预处理后的数据，将数据集拆分为训练集和测试集。然后使用 Sklearn 机器学习库中的 DecisionTreeClassifier()函数，采用基尼系数方式初始化自由生长的决策树，并通过 fit()方法在测试集上对模型进行训练。DecisionTreeClassifier()函数的参数如表 6-6 所示。

表 6-6　DecisionTreeClassifier()函数的参数

参数英文名称	参数中文名称	备注
criterion	特征选择标准	基尼系数或信息熵（gini，entropy）的方式，默认为基尼系数的方式
splitter	特征划分标准	可以选择 best 或 random，默认为 best，数据量大的时候可以选择 random
max_depth	最大深度	默认为 None，数据量大的时候可以设置决策树生长的最大深度
min_samples_split	内部节点再拆分所需的最少样本数	默认为 2。如果取值为 int 型则传入该值，如果取值为 float 型则向上取整
min_samples_leaf	叶子节点最少样本数	默认为 1。这个值限制了叶子节点最少样本数，如果叶子节点样本数小于该值，将会被剪枝，在一定程度上起到了平滑模型的作用
min_weight_fraction_leaf	叶子节点最小的样本权重和	默认为 0，如果未提供，则样本权重相等
max_features	最佳划分需要考虑的特征数量	默认为 None
random_state	控制估算器的随机性	默认为 None
max_leaf_nodes	最大叶子节点数	默认为 None
min_impurity_decrease	节点划分最小不纯度	默认为 0，这个值限制了决策树的生长
min_impurity_split	树停止生长的阈值	默认为 0，决策树在创建分支时，信息增益必须大于该值，否则不分裂
class_weight	类别权重	默认为 None，主要用于避免在训练决策树时，某种类别的样本过多，导致结果偏向于这种类别
presort	预排序	默认为 deprecated，在 v0.24 版本后将被移除
ccp_alpha	复杂性参数	默认为 0

```
In[2]:#决策树可视化
    # os.environ["PATH"] += os.pathsep + 'C:/Program Files/Graphviz/bin/'
    #如果使用从网站下载资源的方式，则需要改为计算机安装的路径
    dot_data = tree.export_graphviz(clf,
                                    out_file=None,
                                    feature_names=train_X.columns,
                                    class_names=['0','1'],
                                    filled=True,
                                    rounded=True,
                                    special_characters=True)
    graph = graphviz.Source(dot_data)
    graph.render("…/04 信用决策树-自由生长") #模型保存
```

在模型训练之后使用 tree.export_graphviz()完成决策树可视化。最终自由生长的决策树包含过多的中间节点和叶子节点，所以图 6-15 仅展示部分内容。

图 6-15 最终自由生长的决策树（部分）

决策树节点参数示意图如图 6-16 所示，下面对决策树的根节点（最顶端的决策节点）的各个参数做简要解释，以方便读者理解。

- NumberOfTimes90DaysLate≤0.5：表示对“NumberOfTimes90DaysLate”列的连续数据，这里采用 0.5 作为分割点，小于或等于 0.5 的归为决策树的 True 节点，大于 0.5 的归为决策树的 False 节点。

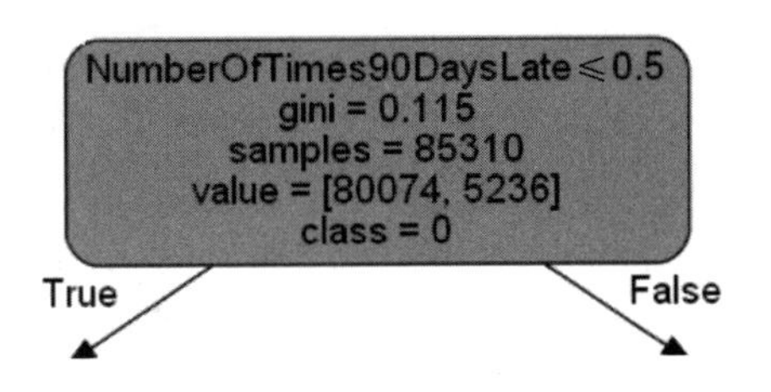

图 6-16　决策树节点参数示意图

- gini=0.115：表示这里采用基尼系数的方式，控制决策树的生长。该节点的基尼系数为 0.115。
- samples=85310：表示此时有 85 310 个样本。
- value=[80074,5236]：表示在 85 310 个样本中，因变量标签为 0 的样本有 80 074 个，因变量标签为 1 的样本有 5236 个。利用该值可以计算出该节点的基尼系数或熵。
- class=0：分类标签。

```
In[3]:#训练集模型评估
    print(metrics.accuracy_score(train_Y, clf.predict(train_X)))
    #输出模型预测准确率，正确分类的比例
    print(metrics.classification_report(train_Y, clf.predict(train_X)))
    #输出决策树模型的决策类评估指标

    #输入测试集混淆矩阵
    plt.figure(figsize=(10, 10))
    sns.set(font_scale=1.8,font='SimHei')
    #设置字号大小、字体（这里是黑体），预防汉字不显示
    confm = metrics.confusion_matrix(train_Y, clf.predict(train_X))
    #sns.heatmap(confm.T,square=True,annot=True,fmt='d',cbar=False)
    cmap = sns.cubehelix_palette(start = 1, rot = 3, gamma=5, as_cmap = True)
    #设置热力图的颜色
    sns.heatmap(confm.T,square=True,annot=True,fmt='d',cbar=False,cmap=cmap)
    plt.xlabel('真实的标签')
    plt.ylabel('预测标签')
```

通过 metrics.classification_report()输出训练数据集的评估报告。这里重点关注报告中的(accuracy,f1-score)，其表示模型准确率，输出模型的准确率高达 1，这说明在训练集中，所有的数据均得到了准确的分类，但这并不是一件值得庆幸的事，因为模型可能已经过拟合。

```
              precision    recall  f1-score   support

         0       1.00      1.00      1.00     80129
         1       1.00      1.00      1.00      5181
```

```
    accuracy                          1.00     85310
   macro avg       1.00      1.00      1.00     85310
weighted avg       1.00      1.00      1.00     85310
```

先通过 metrics.confusion_matrix()得到测试数据的混淆矩阵，再通过 sns.heatmap()对混淆矩阵进行热力图展示（见图 6-17）。通过混淆矩阵展示每类样本的分类情况，由此可以看到，在训练集中绝大部分标签都被准确分类。

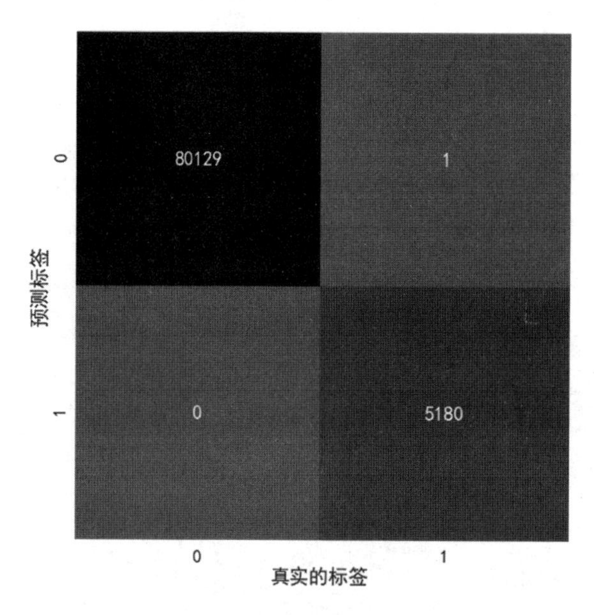

图 6-17　测试集混淆矩阵

运用同样的方法输出测试数据的评估报告。

```
              precision    recall  f1-score   support

           0       0.95      0.94      0.95     20004
           1       0.23      0.24      0.23      1324

    accuracy                           0.90     21328
   macro avg       0.59      0.59      0.59     21328
weighted avg       0.90      0.90      0.90     21328
```

此时模型的准确率降到了 0.90，说明模型的确出现了过拟合。同时，标签为 1 的 f1-score 值为 0.23，标签为 1 的数据被大量错误分类，说明上述模型过拟合相对较为严重。

6.3.4　模型优化

在自由生长的情况下，决策树变得极其复杂，输出报告中训练数据的准确率高达 1，标签为 1 的 f1-score 值明显偏低。这意味着模型出现了过拟合，以及训练数据标签为 1 的权重可能偏低的问题。因此，需要对决策树进行剪枝，以及重新分配权重。

```
In[4]:#决策树剪枝
    clf1 = tree.DecisionTreeClassifier(criterion='gini', max_depth=5,
                                         max_leaf_nodes=20)
    #初始化一个决策树模型，设置树的深度为 5，以及最大叶子节点为 20
    clf1.set_params(**{'class_weight': {0:1, 1:3}})
    #对不同的因变量进行权重设置，经过对比可以发现 1 : 3 的比例相对较好
    clf1.fit(train_X, train_Y)  #模型训练
    print(metrics.classification_report(test_Y, clf1.predict(test_X)))
    #输出决策树模型的决策类评估指标
```

在模型的优化操作中，主要通过对 tree.DecisionTreeClassifier()的参数进行控制，从而达到剪枝的目的。通过控制参数 max_depth 的大小来决定决策树的生长的深度，参数 max_leaf_nodes 的大小决定了叶子节点的数量。通过参数 class_weight 控制因变量标签的权重，从而对决策树的 f1-score 值进行优化。

经过在测试数据集上进行验证可以发现，max_depth=5，max_leaf_nodes=20，0 和 1 的权重比为 1：3，整个模型输出报告数据相对较好，最终得到的输出报告如下。

```
              precision    recall  f1-score   support

           0       0.96      0.95      0.96     20025
           1       0.36      0.42      0.39      1303

    accuracy                           0.92     21328
   macro avg       0.66      0.69      0.67     21328
weighted avg       0.93      0.92      0.92     21328
```

可以看出，优化后的模型预测的准确率由 0.9 提高到了 0.92，标签为 1 的 f1-score 值也由 0.23 提高到了 0.39，整个模型得到了优化，优化后的决策树也更清晰（见图 6-18）。

决策树算法可能还存在不少问题，如果继续进行优化，则可以尝试随机森林等算法，感兴趣的读者可以进一步探索。

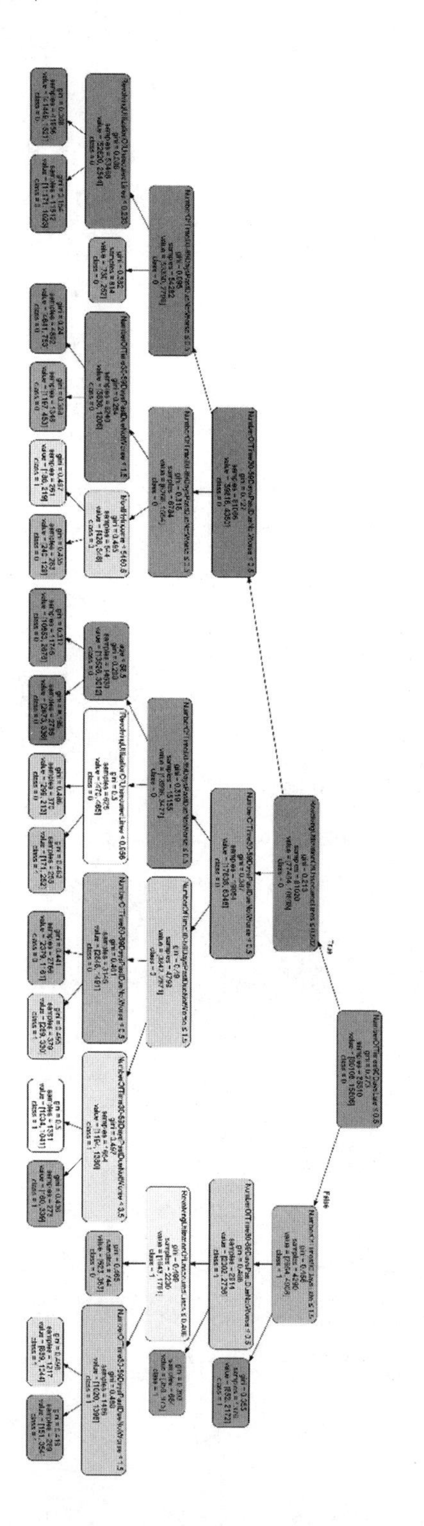

图 6-18　优化后的决策树

6.4 本章小结

本章首先对数据进行可视化，查看数据的基本特征。然后用一个简单的案例引入了决策树的概念。在数据预处理之后，利用 Sklearn 库的决策树函数，实现了决策树的训练，以及可视化。在对结果进行评估后，又对决策树的模型进行了优化，优化后的模型参数得到了进一步的提升。本章的目的在于实践整个决策树模型，为了保证模型的可理解性，笔者省略了一些细节问题（如分割点如何选择、决策树如何生长等），感兴趣的读者可以继续深入挖掘。而分类效果的提升有待感兴趣的读者进一步探索。

第 7 章 利用深度学习进行垃圾图片分类

随着社会的快速发展，随之而来的垃圾数量也在不断地增加，垃圾治理已经成为全社会共同关注的问题。因此，有些城市提出了“源头充分减量，前端分流分类，中段干湿分离，末端综合利用”的垃圾治理模式。垃圾分类作为垃圾治理的一个重要环节，有效的垃圾分类将极大地降低垃圾治理的难度，提升垃圾治理的效果。本章从垃圾分类的角度，利用人工智能技术对垃圾图片进行自动分类。本章主要通过卷积神经网络（Convolutional Neural Networks，CNN）的深度学习方法，利用图像库中的生活垃圾图片训练分类模型，并将该模型用于对陌生垃圾的分类，进而判断陌生垃圾所属的类别。

7.1 准备工作

1. 编程环境

（1）操作系统：Windows 10 64 位操作系统。

（2）运行环境：Python 3.8.5，Anaconda 下的 Jupyter Notebook。

2. 完善编程环境

本章的 CNN 在 Python 3.8.5 中完成，使用的库为 Keras，而最新的 Keras 随 TensorFlow 2 打包在一起，要使用 Keras，安装 TensorFlow 2 即可。按照 Keras 官网的解释，Keras/TensorFlow 可以与以下环境或版本兼容。

- Python 3.5～3.8。
- Ubuntu 16.04 或更高版本。
- Windows 7 或更高版本。
- macOS 10.12.6（Sierra）或更高版本。

本章内容主要基于在 Windows 10 环境下安装 TensorFlow 2 上，按照 TensorFlow 中文官网的解释，在安装最新的 TensorFlow 之前，可能需要安装适用于 Visual Studio 2015、2017 和 2019 的 Microsoft Visual C++可再发行软件包。可以通过在 Anaconda Prompt 中输入“pip install tensorflow”或“pip install tf-nightly”安装 TensorFlow 2（安装过程可参考附录 C）。更多关于 TensorFlow 的介绍可以参考官方文档。

3. 用到的部分依赖库

除了 Pandas 库、Matplotlib 库、Seaborn 库，本章还用到了以下依赖库。

- scikit-learn：机器学习库。
- TensorFlow：一个端到端开源机器学习平台。本章使用的 TensorFlow 的版本为 2.5.0。
- Keras：利用 Python 编写的深度学习 API。Keras 运行在机器学习平台 TensorFlow 2 之上，是 TensorFlow 2 的高级 API。
- OpenCV：用于图像处理。本章采用了镜像的安装方式。
- pydot：CNN 模型的可视化，安装语句为“pip install pydot”。
- Graphviz：模型可视化，使用 conda 软件包管理器，在 Anaconda Prompt 中输入“conda install python-graphviz”进行安装。

4. 数据的基本情况

本章使用的源数据来自“2020 深圳开放数据应用创新大赛”算法赛道生活垃圾图片，经笔者整理而成，整个数据包含充电宝、包、洗护用品等 44 类二级类别垃圾图片，44 类二级类别归属于可回收物、厨余垃圾、有害垃圾、其他垃圾这 4 类一级类别。下载 trainval.zip 文件并解压后，可以得到如图 7-1 所示的 3 个文件。

其中，classify_rule.json 文件包含一级类别和二级类别的对应关系，后续用到该关系时将二级类别标签转换为一级类别数字。train_classes.txt 为所有垃圾图片的二级类别名称。VOC2007 文件夹中包含 Annotations、ImageSets、JPEGImages 这 3 个文件夹（见图 7-2）。

Annotations 文件夹中为 xml 文件，xml 文件包含垃圾图片的类别、具体坐标等信息（见图 7-3），在后续程序中会用到该文件夹中的垃圾名称、垃圾在图中的详细坐标等信息，主要用于获取垃圾图片所属类别、抠取垃圾图片等。

图 7-1　解压后的数据集文件

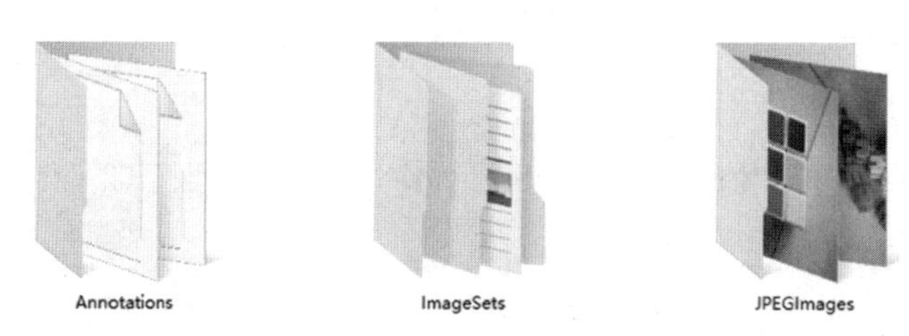

图 7-2　VOC2007 文件夹包含的 3 个文件夹


```
<?xml version="1.0"?>
- <annotation>
    <folder>1label</folder>
    <filename>2b09f04c1b078b57980c0ac9cc18c6b.jpg</filename>
    <path>C:\Users\hwx594248\Desktop\1label\2b09f04c1b078b57980c0ac9cc18c6b.jpg</path>
  - <source>
      <database>Unknown</database>
    </source>
  - <size>
      <width>1080</width>
      <height>1440</height>
      <depth>3</depth>
    </size>
    <segmented>0</segmented>
  - <object>
      <name>金属厨具</name>
      <pose>Unspecified</pose>
      <truncated>1</truncated>
      <difficult>0</difficult>
    - <bndbox>
        <xmin>302</xmin>
        <ymin>1</ymin>
        <xmax>877</xmax>
        <ymax>1440</ymax>
      </bndbox>
    </object>
  - <object>
      <name>砧板</name>
      <pose>Unspecified</pose>
      <truncated>1</truncated>
      <difficult>0</difficult>
    - <bndbox>
        <xmin>1</xmin>
        <ymin>1</ymin>
        <xmax>1025</xmax>
        <ymax>1440</ymax>
      </bndbox>
    </object>
</annotation>
```


图 7-3　Annotations 文件夹中 xml 文件包含的信息

ImageSets 文件夹中包含所有图片的文件名前缀，本章未使用该文件夹中的相关信息。JPEGImages 文件夹中存储所有的图片，也是本章的图像数据集。JPEGImages 文件夹中部分生活垃圾图片如图 7-4 所示，可以看出，图片的大小不统一，背景多种多样，存在一张图片中有多种垃圾的情况，这为图片分类带来了很大的挑战。图片集在笔者的计算机中的存储路径为"....../ trainval/VOC2007/JPEGImages"（这里省略了前半部分），后续将通过该路径读取相应的图片数据。

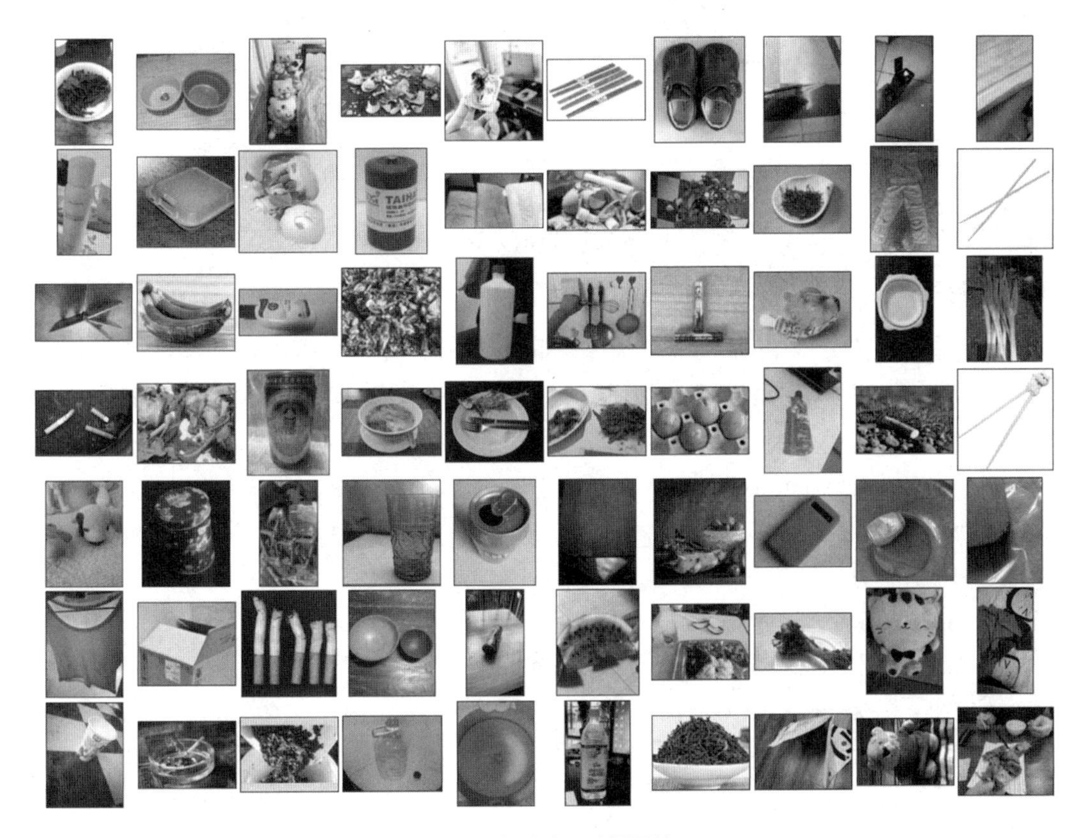

图 7-4 部分生活垃圾图片

7.2 深度学习的基本原理

7.2.1 CNN 的基本原理

CNN 作为深度学习的典型方法之一，其一般由输入层、卷积层、池化层、全连接层、输出层组成（见图 7–5），其中，卷积层、池化层可以按照实际需求进行增加，以达到加深网络的目的。

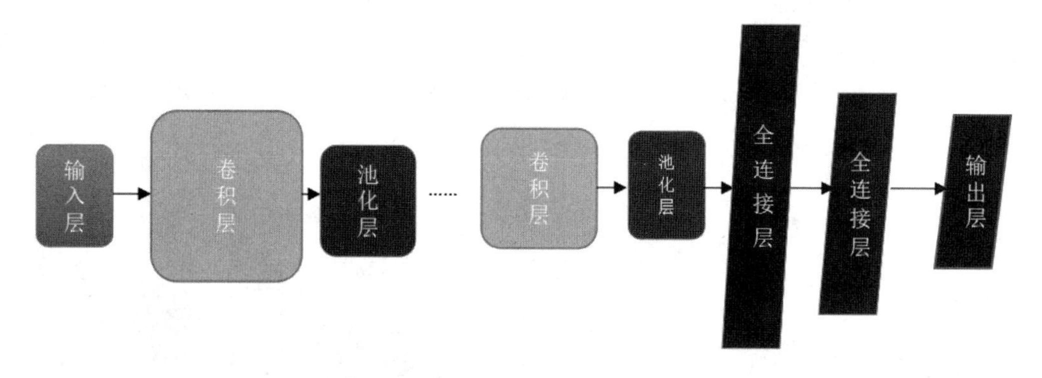

图 7-5　CNN 示意图

1. **卷积层**

卷积运算和图像处理中的滤波操作类似，如果输入样本是一个 8×8 的矩阵，卷积核是一个 3×3 的矩阵，卷积过程则是卷积核在输入样本上进行滑动运算，并通过激活函数最终得到特征图。

在图 7–6 中，特征图中的一个数的计算方式为 2×(−1)+ 3×(−1)+ 5×(−1)+ 5×0+10×0+1×0+7×1+3×1+3×1=3，特征图中的其他数据可以通过卷积核滑动运算求得。

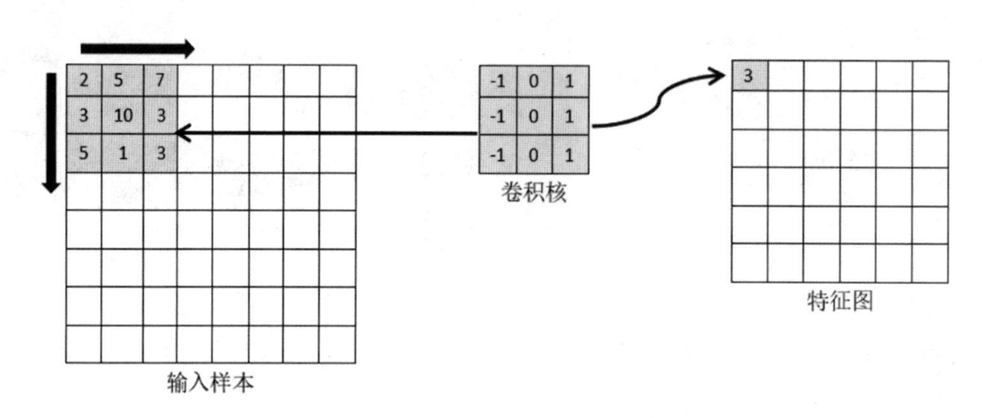

图 7-6　卷积运算示意图

2. **池化层**

池化操作有最大值池化、平均池化等，最大值池化就是取池化范围内的最大值，其以一个固定大小的窗口矩阵，在特征图上滑动，每步选取窗口中的最大值。在图 7-7 中，如果以一个 2×2 的窗口进行池化，那么池化结果为 10。

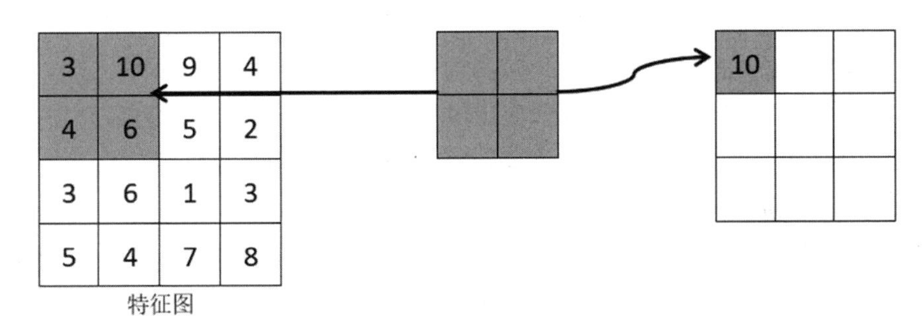

图 7-7　池化操作示意图

3. 全连接层

全连接层的输入一般是池化层或卷积层的输出，经过展平、降维等流程，进入输出层。全连接层示意图如图 7-8 所示。

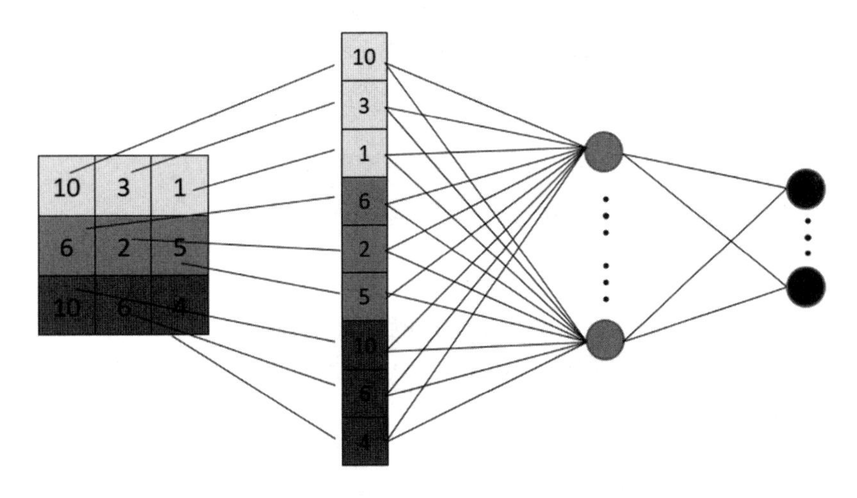

图 7-8　全连接层示意图

加深全连接层的层数有助于提高模型的非线性表达能力，但过深的层数又容易造成过拟合、运算效率变低等问题。全连接层的深度作为一个超参数，需要进行不断调整，以达到最佳效果。在全连接层之后，输出层使用似然函数计算各个类别的似然概率，进而将概率最大的类别作为分类结果。

CNN 的原理相对比较复杂，如果想了解更多 CNN 的原理，读者还需要学习反向传播、梯度下降等数学知识，本章不做详细的介绍，感兴趣的读者可以自行查阅相关资料学习。

7.2.2 Keras 库简介

CNN 的原理可能比较难以理解，如果读者在开始学习阶段没有深入了解相关原理也没有关系。Python 中提供了较多的库，可以帮助读者快速搭建一个模型。本章选择易于学习和使用的 Keras 库，Keras 库是用 Python 编写的深度学习 API，在机器学习平台 TensorFlow 的前端运行，其遵循减少认知困难的原则，将用户操作数量降至最低，所以 Keras 库具有用户友好、模块化、易扩展性等特点。Keras 库随着 TensorFlow 2 打包在 tensorflow.keras 中。如果需要调用 Keras 库，只需要安装 TensorFlow 2 就可以。

Keras 库较简单的模型是 Sequential 顺序模型，它由多个网络层线性堆叠而成。使用 Keras 库建立模型的流程如下：先使用 Sequential()方法创建顺序模型，再使用 add()方法将各层添加到模型中，然后通过 compile()方法完成神经网络模型编译，最后使用 fit()函数完成神经网络模型训练（见图 7-9）。

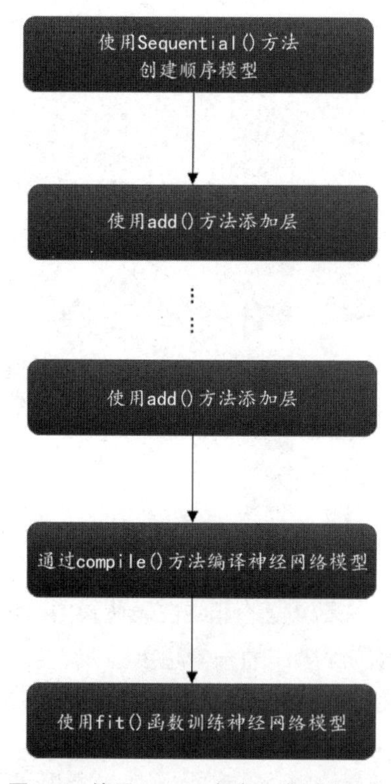

图 7-9 使用 Keras 库建立模型的流程

7.3　利用 Keras 库实现基于 CNN 的垃圾图片分类

7.3.1　算法流程

本节基于 Keras 库建立了一个完整的 CNN 模型，主要包括以下步骤：数据获取、数据预处理、CNN 模型建立、模型训练、模型评估、模型保存与运用等，如图 7–10 所示。

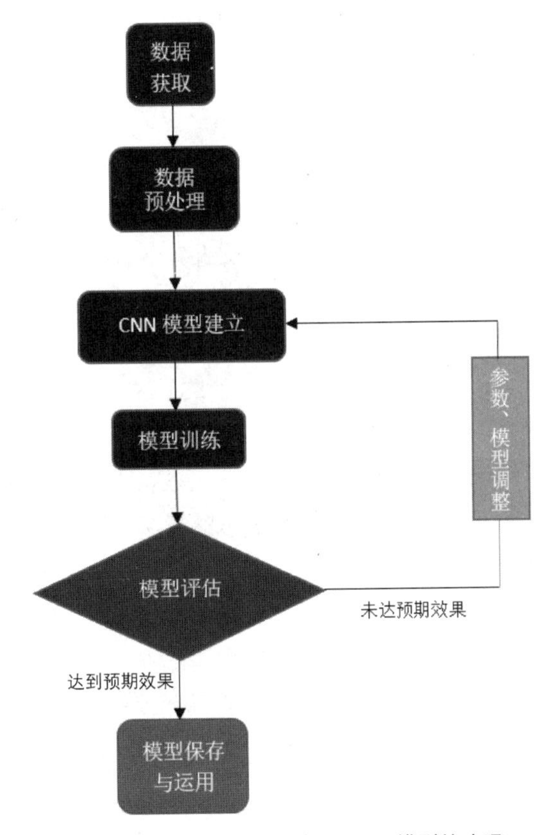

图 7-10　基于 Keras 库建立 CNN 模型的步骤

7.3.2　数据预处理

1. 导入数据

导入必要的库，本节主要使用 TensorFlow、Keras 深度学习库，以及 OpenCV 图像处理库等。

```
in[1]:import numpy as np
    import pandas as pd
    import seaborn as sns
    import matplotlib.pyplot as plt
    import os
    import os.path
    import xml.dom.minidom
    import cv2
    from sklearn.model_selection import train_test_split
    from sklearn import metrics

    import tensorflow as tf
    from tensorflow import keras

    from tensorflow.keras.models import Sequential
    from tensorflow.keras.layers import Conv2D, MaxPool2D, Dropout, Flatten, Dense
    from tensorflow.keras.models import load_model
    from tensorflow.keras.preprocessing.image import ImageDataGenerator
    from tensorflow.keras import regularizers
    from tensorflow.keras import models
    from tensorflow.keras.callbacks import EarlyStopping,ModelCheckpoint
```

在 CNN 深度学习中，有些超参数需要进行不断调整，直至达到满意的效果。设置以下几个超参数：epochs=100，该参数表示后续模型训练的轮次，这里设置的训练轮次为 100 轮。由于数据集中的图片大小不一，为方便计算，因此将图片大小统一为 32 像素 × 32 像素（size=32,32）。num_classes=4，表示本次垃圾数据的 4 个一级类别。

```
in[2]:#超参数
    epochs = 100          #设置训练轮次，这里设置为 100 轮
    size = 32,32          #统一图片大小
    num_classes = 4       #垃圾图片数据集对应的一级类别数
```

为了方便计算，可以将数据存储在计算机的相应文件夹下，具体路径如下（这里省略了笔者计算机的路径名称）。

```
in[3]:#设置路径
    path ="……//trainval//VOC2007//Annotations"
    #xml 文件夹，每个 xml 文件包含该图片的名称、标签情况等
    #这里省略了具体的文件地址，读者需要改为自己计算机中保存数据集的路径
    files = os.listdir(path)  #得到文件夹中所有文件的名称
```

```
train_dir = ……//trainval//VOC2007//JPEGImages"
#文件存储路径名称建议不要使用中文，否则 OpenCV 库可能会报错
```

Annotations 文件夹中（路径为“……/trainval/VOC2007/Annotations”）存在 14 965 个 xml 文件，每个文件对应图片名称、垃圾坐标、垃圾类别等信息。图 7-11 展示了一张“金属厨具和砧板”图片对应的 xml 文件中保存的信息，可以看到，xml 文件中包含图像名称（2b09f04c1b078b57980c0ac9cc18c6b.jpg）、垃圾坐标（xmin、ymin、xmax、ymax）、垃圾二级类别（金属厨具、砧板）等信息。需要注意的是，本章使用的垃圾图片库中的大部分垃圾图片只对应一个二级类别，但也存在一些图 7-11 所示的图片，这类图片对应两个（或两个以上）二级类别，在读取图像信息时需要区别对待。

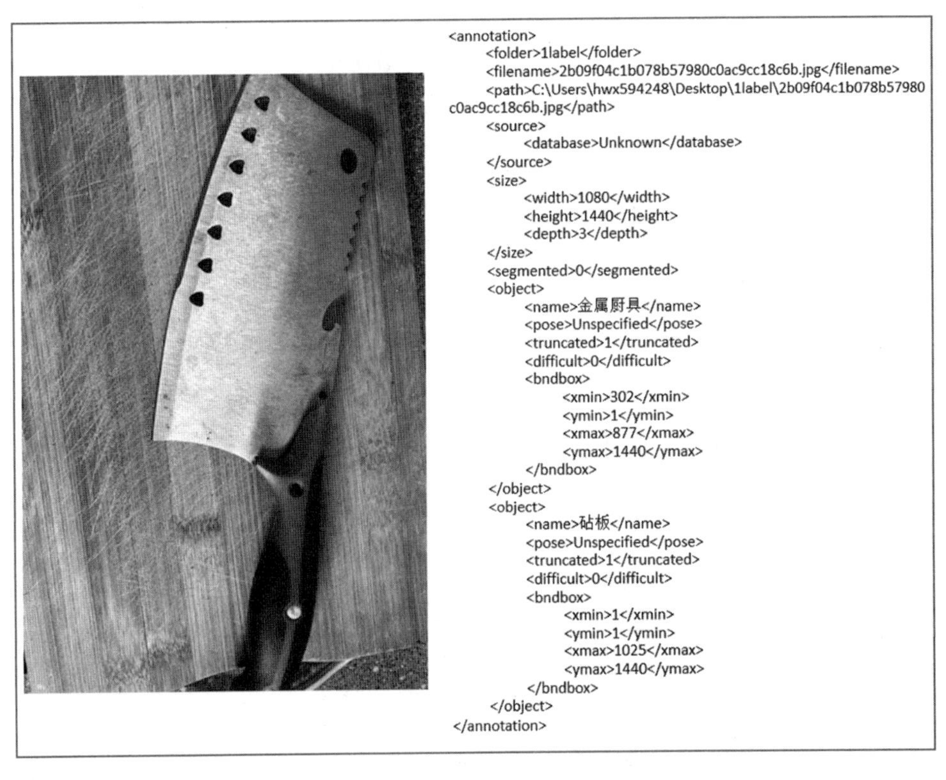

图 7-11　垃圾图片对应的 xml 信息

接下来读取每张图片，最终生成适合 CNN 模型的数据格式。

```
in[4]:#读取图片信息
    train_images = []
    train_labels = []
    for xmlFile in files:                              #遍历文件夹
```

```
    if not os.path.isdir(xmlFile):                  #判断是否是文件夹，不是文件夹才打开
        dom = xml.dom.minidom.parse(os.path.join(path,xmlFile))
        root = dom.documentElement                  #返回文档的所有元素
        name = root.getElementsByTagName("name")  #获取标签对 name 之间的值
        if len(name)==1:
        #选取图片中仅包含一个二级类别标签的图片的数据（存在一张图片对应几个二级类别标签的情况）
            filename = root.getElementsByTagName("filename")
            #获取图片名称
            img_path=train_dir + "/" + filename[0].firstChild.data
            #生成每张图片的路径
            if os.path.exists(img_path)==True:     #判断该路径的图片是否存在
                objects=root.getElementsByTagName("object")
                objects_num=len(objects)
                for object in objects:              #获取垃圾图块，方便后续抠图
                    bndbox = object.getElementsByTagName('bndbox')[0]
                    xmin = bndbox.getElementsByTagName('xmin')[0]
                    xmin_data=int(xmin.childNodes[0].data)#坐标 xmin
                    ymin = bndbox.getElementsByTagName('ymin')[0]
                    ymin_data=int(ymin.childNodes[0].data)#坐标 ymin
                    xmax = bndbox.getElementsByTagName('xmax')[0]
                    xmax_data=int(xmax.childNodes[0].data)#坐标 xmax
                    ymax = bndbox.getElementsByTagName('ymax')[0]
                    ymax_data=int(ymax.childNodes[0].data)#坐标 ymax
                    train_img = cv2.imread(img_path)#读入图片
                    crop = train_img[ymin_data:ymax_data,xmin_data:xmax_data]
                    #抠取目标图块
                    crop = cv2.resize(crop, size)
                    #重置图片大小，这里将图片大小统一，以适应后续计算
                    train_images.append(crop)
                    #append()用于在列表末尾添加新的对象
                    current_label = name[0].firstChild.data #标签名称
                    train_labels.append(current_label)
print("completed")
```

上述程序在了解了基本图片信息之后，通过遍历“…… /trainval/VOC2007/Annotations”文件夹中的每个 xml 文件，利用 xml 编程接口 DOM 解析每个文件。获取每个文件的类别后，为了后续分类准确，只获取仅存在一种垃圾类别的图片（即抛弃了一张图片中存在多种垃圾的图片）。然后通过 root.getElementsByTagName("filename")语句获取每张图片的名称，结合存储图片的路径，最终获取每张图片的具体路径。之后获得对应的垃圾图块在原图中的坐标，以及每个图块的类别；接着通过 OpenCV 图像处理库读取每张图片，并截取每个垃圾图块的

信息；最后生成垃圾图块数组，以及与其对应的垃圾类别数组。

2. 数据格式转换

```
in[5]:#类别数字化
    labels={"label" : train_labels}     #将列表转换成字典
    labels=pd.DataFrame(labels)          #将字典转换成数据框
    labels.replace({"充电宝":0,"包":0, "洗护用品":0, "塑料玩具":0,"塑料器皿":0,
                    "塑料衣架":0,"玻璃器皿":0,"金属器皿":0, "快递纸袋":0,
                    "插头电线":0,"旧衣服":0,"易拉罐":0, "枕头":0, "毛绒玩具":0,
                    "鞋":0,"砧板":0,"纸盒纸箱":0,"调料瓶":0,"酒瓶":0,
                    "金属食品罐":0,"金属厨具":0,"锅":0,"食用油桶":0,"饮料瓶":0,
                    "书籍纸张":0,"垃圾桶":0,"剩饭剩菜":1,"大骨头":1,
                    "果皮果肉":1,"茶叶渣":1,"菜帮菜叶":1,"蛋壳":1,"鱼骨":1,
                    "干电池":2,"软膏":2,"过期药物":2,"一次性快餐盒":3,
                    "污损塑料":3,"烟蒂":3,"牙签":3,"花盆":3,"陶瓷器皿":3,
                    "筷子":3,"污损用纸":3},inplace = True)
    #将一级类别的汉字替换成可计算的数字
```

为了将数据转换为 CNN 模型可以接受的格式，可以采用 replace()函数，按照 trainval 文件集中，classify_rule.json 文件提供的类别的对应关系，将二级标签全部转换成一级标签数字，其中 0 代表可回收物，1 代表厨余垃圾，2 代表有害垃圾，3 代表其他垃圾。

```
in[6]:#查看类别分布
    labels_new = labels['label'].value_counts()
    print(labels_new)
    sns.set(font_scale=2,font='SimHei')     #设置字号大小、字体（这里是黑体）
    plt.figure(figsize=(10, 10))
    sns.countplot(x="label",data=labels)    #利用 Seaborn 库中的 countplot()函数绘图
    plt.xticks(rotation=90,fontsize=15)     #改变标签显示角度，防止重叠
    plt.show()
```

为了更直观地查看各类图片的分布情况，可以利用 Seaborn 库进行垃圾类别统计（见图 7-12），其中，可回收物（标签为 0）图片为 6593 张，厨余垃圾（标签为 1）图片为 1708 张，有害垃圾（标签为 2）图片为 747 张，其他垃圾（标签为 3）图片为 1197 张。从结果来看，数据分布并不均匀，可回收物垃圾图片较多，有害垃圾图片相对较少。

```
in[7]:#格式转换
    train_images = np.array(train_images)
    train_images = train_images.astype('float32')/255.0
    #将像素值压缩为 0~1
    labels = keras.utils.to_categorical(labels, num_classes)
    #进行 one-hot 编码，num_classes 为 4 类一级类别
```

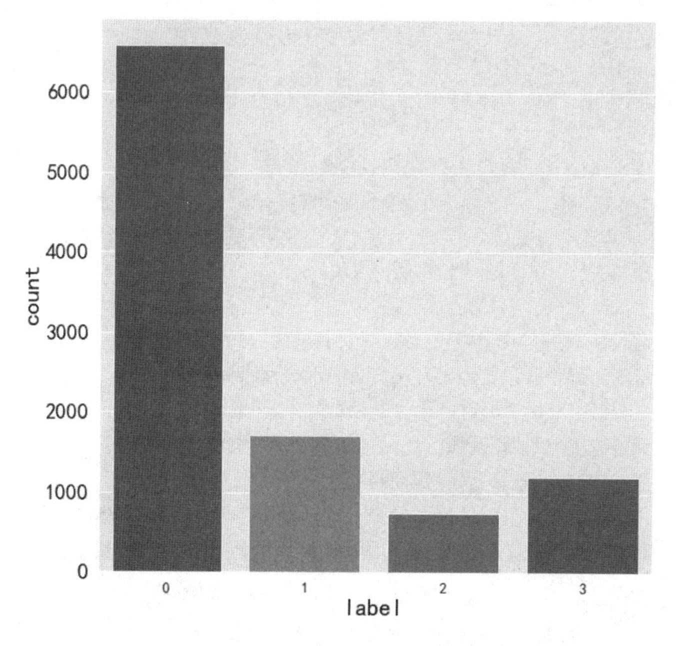

图 7-12　垃圾类别统计

为了适应 CNN 的数据格式要求，当使用 categorical_crossentropy()损失函数进行模型编译时，标签应为相应的 n 维向量（也就是说，如果有 4 个类，每个样本的标签值应该是一个四维的向量，这个向量除了表示类别的那个索引为 1，其他均为 0）。本段程序将垃圾图片的标签转换成 4 个数字类别（0、1、2、3）后，对 4 类垃圾类别数据使用 to_categorical()函数进行 one-hot 编码。最后将垃圾标签数据转换成 one-hot 编码的特征矩阵（见图 7-13）。

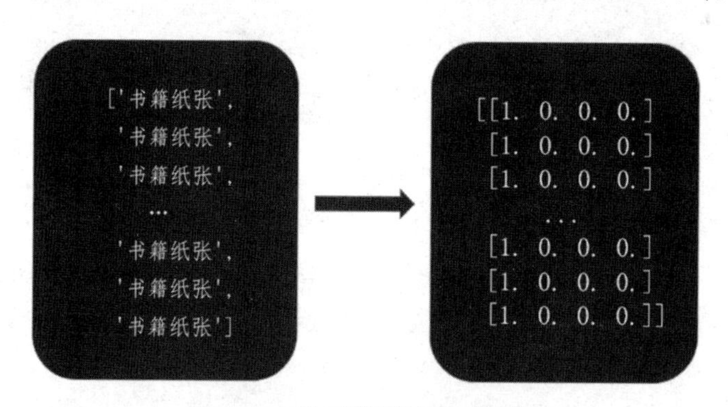

图 7-13　垃圾类别数据格式转换

3. 切分数据集

```
in[8]:#切分数据集
    x_train, x_test, y_train, y_test = train_test_split(train_images,labels,
```

```
        test_size=0.2, random_state=1) #切分数据集
```

为了训练模型和评估模型效果，这里采用 train_test_split()函数进行了数据集切分，用 80%的数据作为训练集，用剩余 20%的数据作为测试集。这就完成了对训练数据、验证数据的分割，为后续模型训练和验证做好了准备。

7.3.3　CNN 模型实现

1. 模型建立

本节建立的是一个简单的 CNN 模型，包括两层卷积层、两层池化层、两层全连接层。

```
in[9]:#建立 CNN 模型
    model = Sequential() #启动神经网络

    model.add(Conv2D(32, kernel_size =[5,5],strides = 2, activation= 'relu',
              input_shape =x_train.shape[1:]))
    #添加一个包含 32 个过滤器，且大小为 5*5 的卷积核的卷积层。需要设置 input_shape 参数值（输入数据的尺寸）
    #需要输入数据的尺寸
    model.add(MaxPool2D(pool_size = [2,2], strides = 2))
    #添加一个 2*2 的最大池化层

    model.add(Conv2D(64, kernel_size = [3,3], activation = "relu"))
    #第二层卷积层
    model.add(MaxPool2D(pool_size = [2,2], strides = 2))
    #第二层池化层

    model.add(Flatten()) #添加一层来展平输入，将向量展平为一维


    model.add(Dense(num_classes, activation = 'softmax'))
    #添加使用 softmax 激活函数的全连接层


    model.summary() #输出模型各层的参数
```

Keras Sequential 顺序模型是多个网络层的线性叠加，这里通过 add()方法将各层添加到模型中。首先添加第一层卷积层，第一层卷积层包含 32 个滤波器，卷积核大小为 5×5，步长为 2，激活函数为 ReLU 型，由于模型需要知道其输入的尺寸，在第一个卷积层需要提供输入数据的尺寸（input_shape 参数）。再添加第一层池化层，第一层池化层通过 MaxPool2D()函数，对一个 2×2 的区域进行步长为 2 的池化操作；接着使用同样的方法添加第二层卷积层、第二层池化层；然后通过 Flatten()函数将数据展平为一维。由于数据集有

4 类，因此再添加 1 个 Dense 层（包含 4 个输出的 softmax 激活函数），由此完成了整个 CNN 模型的建立。最后通过 model.summary()输出模型各层的参数情况，通过如下参数，可以看到各个模型的组成情况。

```
Model: "sequential"
_________________________________________________________________
Layer (type)                 Output Shape              Param #
=================================================================
conv2d (Conv2D)              (None, 14, 14, 32)        2432
_________________________________________________________________
max_pooling2d (MaxPooling2D) (None, 7, 7, 32)          0
_________________________________________________________________
conv2d_1 (Conv2D)            (None, 5, 5, 64)          18496
_________________________________________________________________
max_pooling2d_1 (MaxPooling2 (None, 2, 2, 64)          0
_________________________________________________________________
flatten (Flatten)            (None, 256)               0
_________________________________________________________________
dense (Dense)                (None, 4)                 1028
=================================================================
Total params: 21,956
Trainable params: 21,956
Non-trainable params: 0
_________________________________________________________________
```

2. 模型训练

```
in[10]:#模型编译
   model.compile(loss = "categorical_crossentropy", #交叉熵
                optimizer = "adam",                 #Adam 优化器
                metrics = ["accuracy"])             #将准确率作为性能指标
```

在进行模型训练之前，需要配置相应的学习过程，这里利用 model.compile()函数进行训练模型的配置。该函数有 3 个参数，分别为 loss（损失值）、optimizer（优化器）、metrics（评估指标）。这里选择常用的参数进行试验，在 7.4 节将进一步对比不同损失值和优化器对模型性能的影响。

```
in[11]:#模型训练
   model_hist = model.fit(x_train,y_train, #训练数据
                          epochs = epochs,
                          validation_data=(x_test,y_test))
```

这里采用固定的轮次训练模型，其中，x_train 表示训练数据的 NumPy 数组，y_train 表示目标数据（垃圾类别）的 NumPy 数组，epochs 表示训练模型的迭代轮次，validation_data 表示验证数据元组，用来评估损失值等。前 10 轮的输出结果如下。

```
Epoch 1/100
257/257 [==============================] - 3s 10ms/step - loss:1.0644 - accuracy: 0.6264 - val_loss: 0.9495 - val_accuracy: 0.6637
Epoch 2/100
257/257 [==============================] - 2s 6ms/step - loss: 0.9349 - accuracy: 0.6630 - val_loss: 0.9264 - val_accuracy: 0.6623
Epoch 3/100
257/257 [==============================] - 2s 6ms/step - loss: 0.8992 - accuracy: 0.6821 - val_loss: 0.8690 - val_accuracy: 0.6964
Epoch 4/100
257/257 [==============================] - 2s 7ms/step - loss: 0.8607 - accuracy: 0.7006 - val_loss: 0.8389 - val_accuracy: 0.7082
Epoch 5/100
257/257 [==============================] - 2s 7ms/step - loss: 0.8342 - accuracy: 0.7142 - val_loss: 0.9186 - val_accuracy: 0.6877
Epoch 6/100
257/257 [==============================] - 2s 7ms/step - loss: 0.8120 - accuracy: 0.7156 - val_loss: 0.8209 - val_accuracy: 0.7135
Epoch 7/100
257/257 [==============================] - 2s 8ms/step - loss: 0.7838 - accuracy: 0.7247 - val_loss: 0.7975 - val_accuracy: 0.7213
Epoch 8/100
257/257 [==============================] - 2s 6ms/step - loss: 0.7529 - accuracy: 0.7332 - val_loss: 0.8257 - val_accuracy: 0.7018
Epoch 9/100
257/257 [==============================] - 2s 8ms/step - loss: 0.7243 - accuracy: 0.7454 - val_loss: 0.7680 - val_accuracy: 0.7330
Epoch 10/100
257/257 [==============================] - 2s 7ms/step - loss: 0.7230 - accuracy: 0.7442 - val_loss: 0.7874 - val_accuracy: 0.7106
```

为了更直观地观察模型的训练结果，可以将训练结果可视化。

```
in[12]:#查看损失值和准确率
    #损失值
    plt.figure(figsize=(15, 10))
    sns.set(font_scale=1.5,font='SimHei') #设置字号大小、字体（这里是黑体）
    plt.plot(model_hist.history['loss'], color='red')
```

```
plt.plot(model_hist.history['val_loss'], linestyle='--', color='blue')
# plt.title('损失值对比图')
plt.legend(['Training Loss', 'Test Loss'])
plt.xlabel('Epoch（轮）')
plt.ylabel('Loss（损失值）')
plt.show()

#准确率
plt.figure(figsize=(15, 10))
plt.plot(model_hist.history['accuracy'], color='red', marker='*')
plt.plot(model_hist.history['val_accuracy'], linestyle='--', marker='o',
color='blue')
# plt.title('准确率对比图')
plt.legend(['train_acc', 'test_acc'])
plt.xlabel('Epoch（轮）')
plt.ylabel('acc（准确率）')
```

上述代码通过损失值和准确率来展示深度学习的性能情况。由图 7-14 可以看出，在经历 100 轮的训练后，训练集上的损失值接近 0，测试集上的损失值却出现了上升趋势（在一般情况下，测试集上更小的损失值对应更好的模型）。

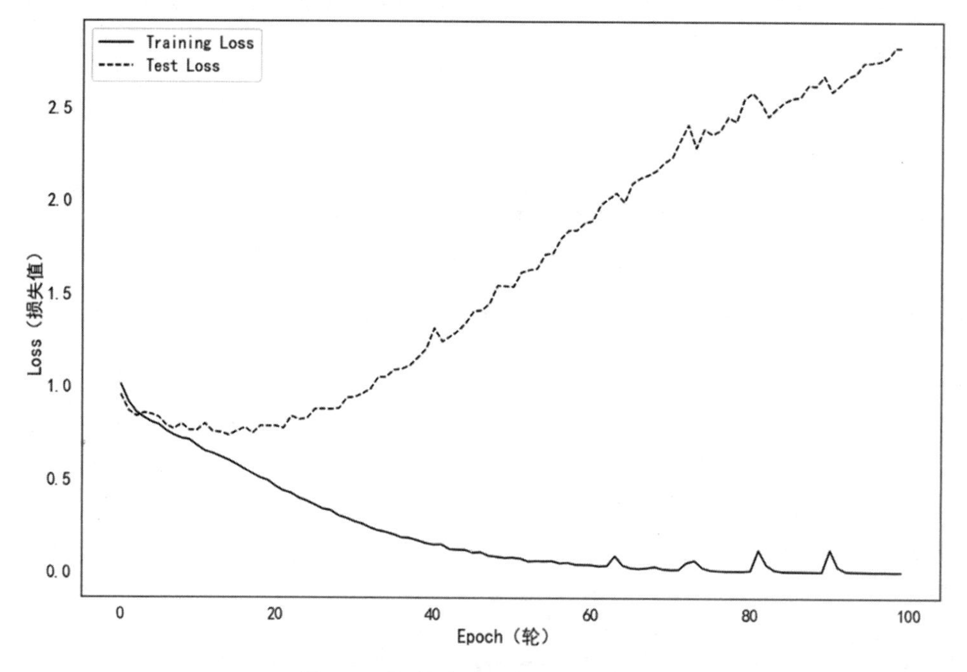

图 7-14　训练集和测试集上的损失值

图 7-15 展示了训练集和测试集的准确率，在经历 100 轮的训练之后，训练集数据的准确率已经达到 90%以上，而测试集数据的准确率为 65%～75%，并趋于稳定。这说明模型在训练集上出现了一定的过拟合，模型还有优化的空间。

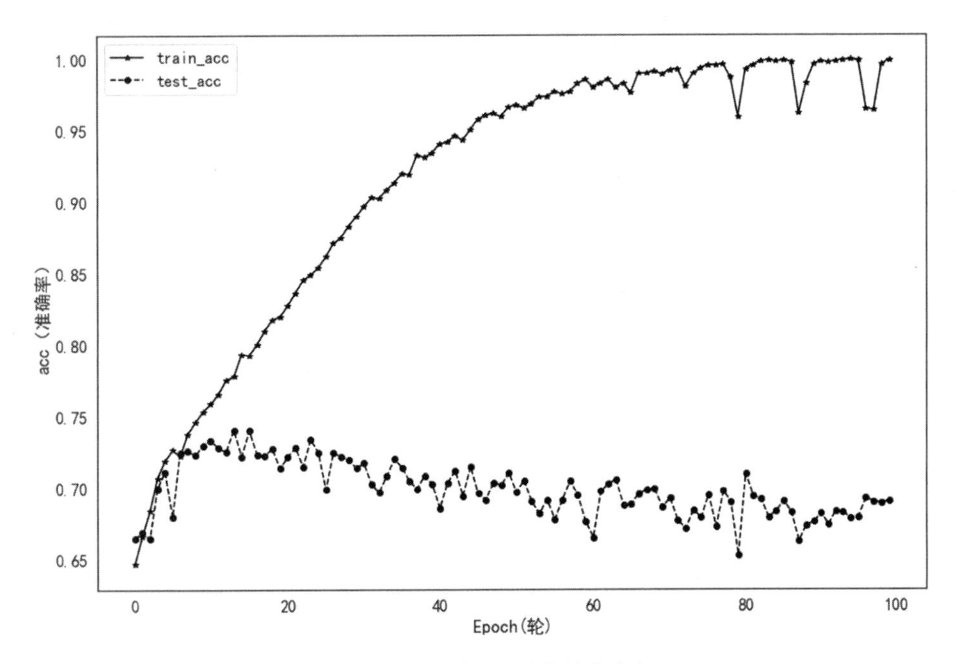

图 7-15　训练集和测试集的准确率

3. 模型评估

为了更直观地查看模型分类的准确率，可以采用 evaluate()函数，在验证数据时进行评估（在后续的模型优化过程中可以省略该函数，直接给出模型评估结果）。

```
in[13]:#评估训练模型
    scores = model.evaluate(x_test, y_test, verbose=1)
    print('Test loss:', scores[0])
    print('Test accuracy:', scores[1])
```

评估结果如下。

```
65/65 [====================] - 0s 2ms/step - loss: 2.9342 - accuracy: 0.6637
Test loss: 2.934213399887085
Test accuracy: 0.6637384295463562
```

测试集分类准确率为 66.37%左右。至此，建立了一个从数据获取到模型评估的完整的深度学习程序。当然，还可以利用 predict()函数对未知的测试数据进行预测。

4. 模型保存与加载

```
in[14]:#模型保存与加载
    model.save("…/model.h5")             #模型保存（需要更改计算机的保存路径）
    #model = load_model("…/model.h5") #模型加载
```

上述代码利用 model.save()实现了将训练后的模型保存在本地,将文件格式保存为 HDF5 的目的，后续可以利用 load.model()加载该模型。

7.4 优化 CNN 模型

一个简单的模型在测试集上的准确率约为 66%，并没有达到预期的效果，接下来通过对参数进行调整、超参数的反复试验，争取在一定程度上对模型进行优化，使垃圾分类准确率有一定程度的提高。

7.4.1 选择优化器

在 7.3.3 节的 in[10]处，Keras 模型中使用了如下编译参数。

```
in[10]:#模型编译
    model.compile(loss = "categorical_crossentropy",      #交叉熵
              optimizer = "adam", #优化器，这里分别改为 SGD、RMSProp、Adam、Adadelta、Adagrad、
              #Adamax、Nadam、Ftrl 进行对比
              metrics = ["accuracy"])                     #将准确率作为性能指标
```

优化器和损失函数（或称为目标函数、优化评分函数）是编译 Keras 模型所需的两个重要参数，不同的参数意味着不同的算法，其对模型最终的效果也有一定的影响。官方文档提供了如下 8 种优化器：SGD 优化器、RMSProp 优化器、Adam 优化器、Adadelta 优化器、Adagrad 优化器、Adamax 优化器、Nadam 优化器和 Ftrl 优化器。

在 7.3.3 节的基础上，将 in[10]处的 optimizer 的取值分别改为 SGD、RMSProp、Adam、Adadelta、Adagrad、Adamax、Nadam、Ftrl，并且分别在数据集上进行训练和测试，其结果如图 7-16 所示。在不同优化器下对测试集数据进行评估，其结果如图 7-17 所示，可以看出，SGD 优化器的准确率最高，其在测试集上的准确率达到了 73.3%，但通过图 7-16 可以发现，SGD 优化器在测试集上分类的准确性并不稳定。Adamax 优化器的准确率次之。后续选择准确率相对较高、模型较为稳定的 Adamax 优化器作为模型编译的参数之一。

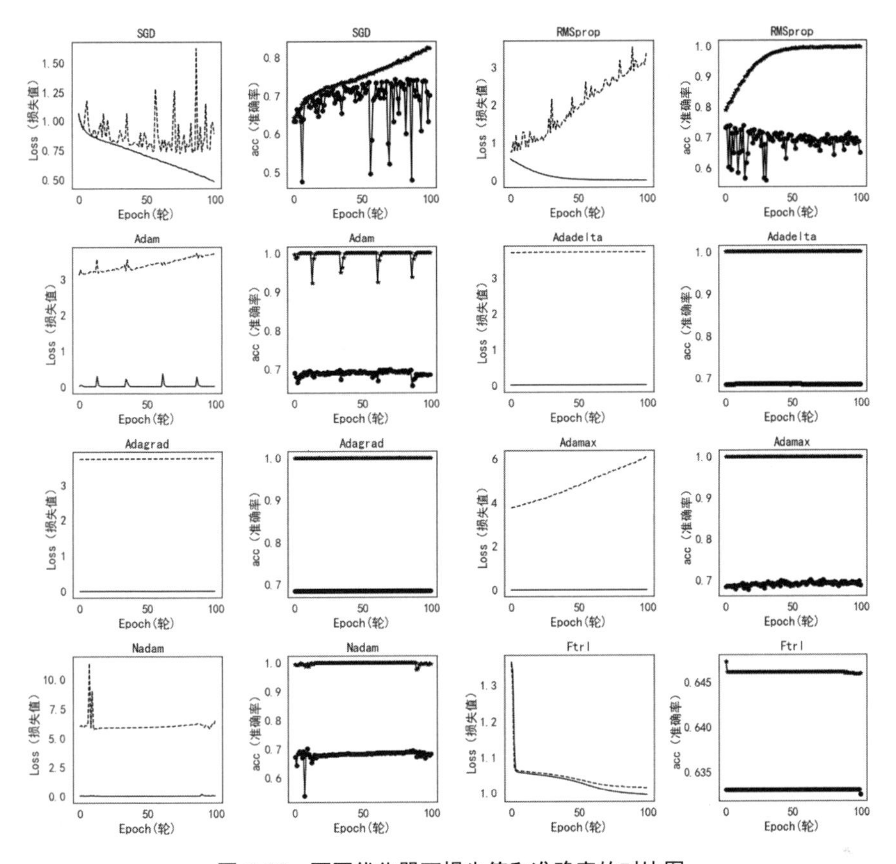

图 7-16　不同优化器下损失值和准确率的对比图

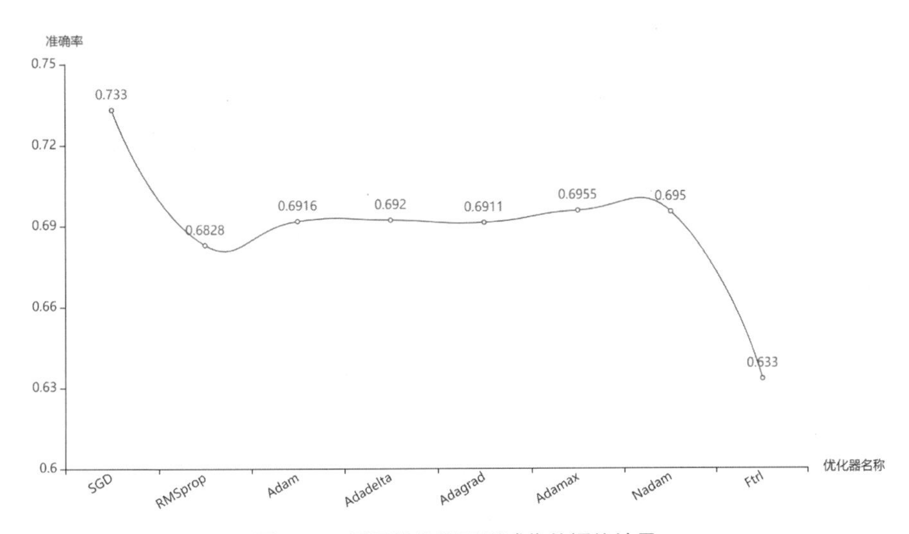

图 7-17　不同优化器下测试集的评估结果

7.4.2 选择损失函数

由于损失函数是模型编译的另一个重要参数，因此选择合适的损失函数对结果的影响也比较大。Keras 库提供了 3 类损失函数：一是概率损失类，包括 BinaryCrossentropy、CategoricalCrossentropy/sparse_categorical_crossentropy（由于两者的主要区别是对目标数据编码方式的要求不同，因此这里仅验证其中一个）、Poisson、KLDivergence；二是回归损失类，包括 MeanSquaredError、MeanAbsoluteError、MeanAbsolutePercentage Error、MeanSquaredLogarithmicError、CosineSimilarity、Huber、LogCosh；三是“最大间隔”分类的铰链损失类，包括 Hinge、SquaredHinge、CategoricalHinge。不同的损失函数对应不同的计算方式。为了测试不同的损失值对模型分类结果的影响，本节在 7.3.3 节的基础上，将 in[10]处的优化器改为 Adamax，分别尝试不同的损失函数。

```
in[10]:#模型编译
    model.compile(loss = "categorical_crossentropy",
                 #分别测试 BinaryCrossentropy、CategoricalCrossentropy、
                 #Poisson、KLDivergence、MeanSquaredError、MeanAbsoluteError、
                 #MeanAbsolutePercentageError、MeanSquaredLogarithmicError、
                 #CosineSimilarity、Huber、LogCosh、Hinge、SquaredHinge、
                 #CategoricalHinge 这 14 类损失函数
                 optimizer = "Adamax",        #这里采用 Adamax 优化器
                metrics = ["accuracy"])      #将准确率作为性能指标
```

在经过 100 轮的训练之后，测试集中不同损失值对应的准确率历史如图 7-18 所示。

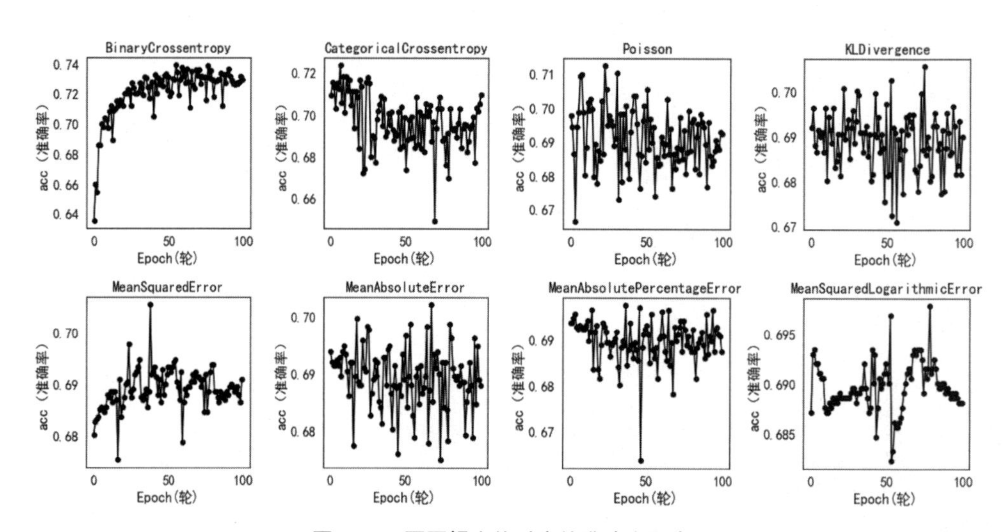

图 7-18　不同损失值对应的准确率历史

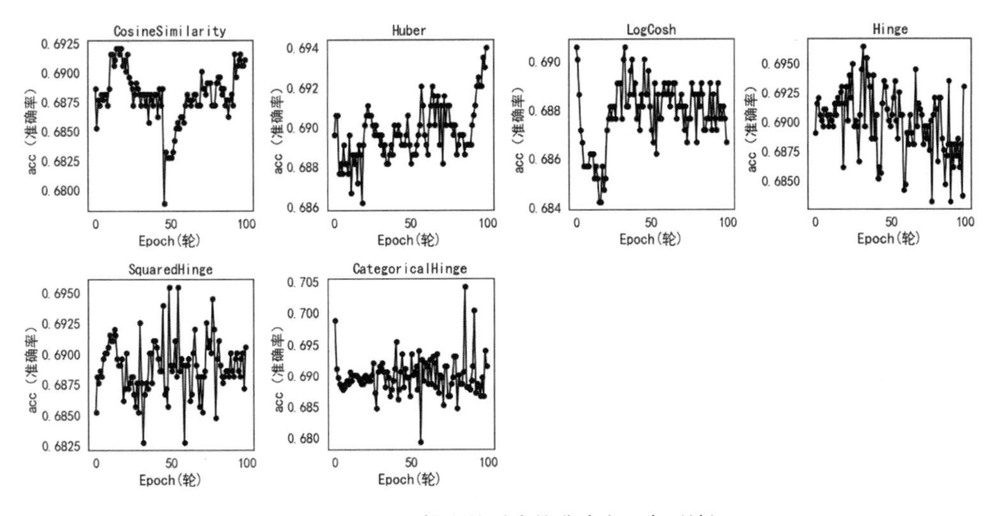

图 7-18　不同损失值对应的准确率历史（续）

不同损失值模型的分类准确率对比如图 7-19 所示。

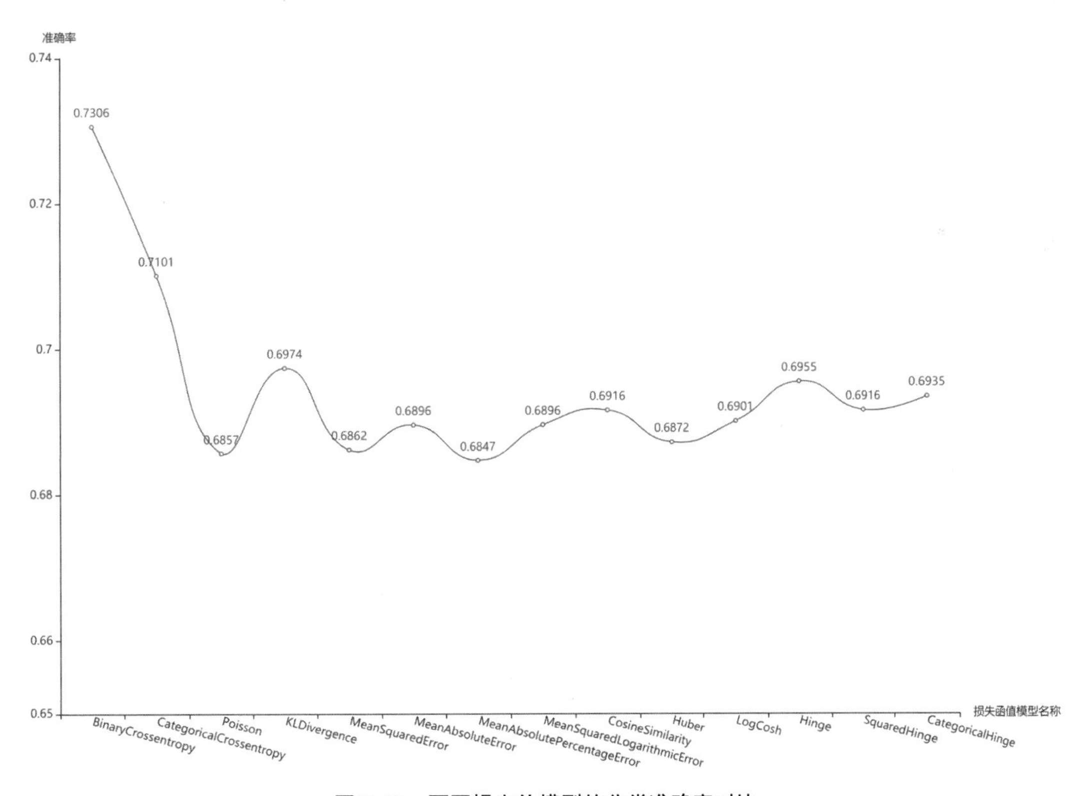

图 7-19　不同损失值模型的分类准确率对比

在对各类损失值进行尝试后，由图 7-19 可以看出，BinaryCrossentropy 损失值对应的准确率达到了 73.06%，CategoricalCrossentropy 损失值对应的准确率为 71.01%。其他损失值对应的准确率集中在 69%左右，差别并不是很大。由于 BinaryCrossentropy 损失值一般应用于两个标签类别的模型，因此后续程序选择用于两个或多个标签类别的 CategoricalCrossentropy 交叉熵损失作为模型编译的参数之一。

7.4.3 调整模型

为了适应本节的数据，下面在 7.3.3 节 in[9]处程序的基础上对模型进行调整。

```
in[9]:#三、建立 CNN 模型
    model = Sequential() #启动神经网络

    model.add(Conv2D(32, kernel_size =[5,5], strides = 2, activation ='relu',
        input_shape =x_train.shape[1:]))
    #添加一个包含 32 个过滤器，大小为 5*5 的卷积核的卷积层。第一层卷积需要设置 input_shape 参数值（输入
    #数据的尺寸）
    model.add(MaxPool2D(pool_size = [2,2], strides = 2))
    #添加一个 2*2 的最大池化层

    model.add(Conv2D(64, kernel_size = [3,3], activation = "relu"))#第二层卷积层
    model.add(MaxPool2D(pool_size = [2,2], strides = 2))            #第二层池化层

    model.add(Dropout(0.1))  #添加 Dropout 层，减少过拟合的概率

    model.add(Flatten())      #添加展平层，展平输入

    model.add(Dense(512, activation = 'relu'))
    #添加带 ReLU 激活函数的有 512 个神经元的全连接层，转换成全连接层可用的格式

    model.add(Dropout(0.1))  #添加 Dropout 层，减少过拟合的概率

    model.add(Dense(4,activation='softmax',kernel_regularizer=regularizers.l2(0.01)))
    #添加使用 softmax 激活函数的全连接层
    #这里使用 kernel_regularizer=regularizers.l2(0.01)进行权重调整

    model.summary()            #输出模型各层的参数
```

```
keras.utils.plot_model(model, show_shapes=True)
#绘制模型，显示每个图层的输入形状和输出形状
```

新的模型在 Flatten 展平层之后，添加了一个有 512 个神经元的全连接层。在第二层池化层、全连接层之后分别添加了 Dropout 层。Dropout 层是一种常用的神经网络调节方法，其在一定程度上可以降低过拟合程度。同时，对 softmax 激活函数的全连接层的权重调整是通过在该层中添加 kernel_regularizer=regularizers.l2(0.01)进行的，0.01 表示对参数惩罚的程度，权重调整也可以在一定程度上减轻模型的过拟合程度。调整后的模型如下。

```
Model: "sequential"
_________________________________________________________________
Layer (type)                 Output Shape              Param #
=================================================================
conv2d (Conv2D)              (None, 14, 14, 32)        2432
_________________________________________________________________
max_pooling2d (MaxPooling2D) (None, 7, 7, 32)          0
_________________________________________________________________
conv2d_1 (Conv2D)            (None, 5, 5, 64)          18496
_________________________________________________________________
max_pooling2d_1 (MaxPooling2 (None, 2, 2, 64)          0
_________________________________________________________________
dropout (Dropout)            (None, 2, 2, 64)          0
_________________________________________________________________
flatten (Flatten)            (None, 256)               0
_________________________________________________________________
dense (Dense)                (None, 512)               131584
_________________________________________________________________
dropout_1 (Dropout)          (None, 512)               0
_________________________________________________________________
dense_1 (Dense)              (None, 4)                 2052
=================================================================
Total params: 154,564
Trainable params: 154,564
Non-trainable params: 0
_________________________________________________________________
```

这里使用 keras.utils.plot_model(model, show_shapes=True)绘制了模型图，直观地显示每个图层的输入形状和输出形状。调整后的模型图如图 7–20 所示。

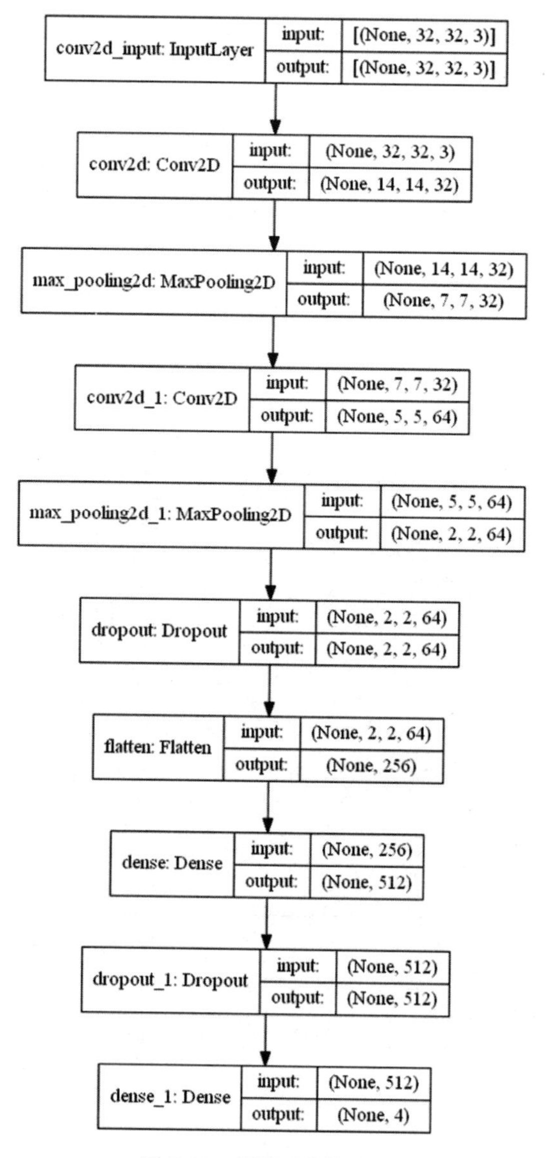

图 7-20　调整后的模型图

更多的层并不一定意味着更好的模型，不同的模型对不同的数据可能会表现出不同的效果。在图片处理（机器学习）中，常见的图片规格有 32 像素×32 像素、64 像素×64 像素、128 像素×128 像素、256 像素×256 像素等，较大的像素在一定程度上可以保留更多的信息，但是过大的像素也意味着需要占用更大的内存。在本例使用的图片库中，存在 2048 像素 × 1154 像素、768 像素 × 1024 像素等多种规格的图片，为了适应 CNN 模型的要求，可以将数据集中图片的规格统一为 32 像素 × 32 像素、64 像素 × 64 像素、128 像素 × 128 像素等，并在新模型下逐一测试。为此，将 7.3.2 节中 in[2]处的超参数 size 依次设置为 32 像素 × 32 像素、64 像素 × 64 像素、128 像素 × 128 像素，并逐一测试。

```
in[2]:#超参数
    epochs = 100     #设置训练轮次，这里设置为 100 轮
    size = 32,32     #分别测试 32 像素*32 像素、64 像素*64 像素、128 像素*128 像素下的模型效果
    num_classes = 4 #分类类别数
```

经过逐一测试，通过 100 轮的训练之后，32 像素 × 32 像素的分类准确率为 71.06%、64 像素 × 64 像素的分类准确率为 75.35%、128 像素 × 128 像素的分类准确率为 76.57%，如表 7-1 所示。由此可见，适当地增加图片的像素有利于准确率的提高，但是保留过大的像素就需要更强的算力，这里没有再继续尝试增加图片的像素。后续将图片的规格统一为 128 像素 × 128 像素。

表 7-1　改变像素后分类准确率对比

图片大小	32 像素 × 32 像素	64 像素 × 64 像素	128 像素 × 128 像素
分类准确率	71.06%	75.35%	76.57%

需要注意的是，仅仅通过改变 CNN 模型，不改变图片像素，测试集上数据的分类准确率并没有明显提高，这意味着不同的模型对不同的数据会表现出不同的效果，更复杂的模型不一定会提高模型的性能。CNN 模型的层、惩罚参数、数据集像素值等作为超参数，可能需要读者在不断的尝试中选择更适合数据集的参数。

7.4.4　图片增强

当没有大型图片数据集时，通过对训练图片进行变换（如旋转、缩放、白化等操作），可以在一定程度上增加样本的多样性。在数据量有限的情况下，增加样本的多样性不仅有助于提高模型的泛化能力，还可以减轻模型过拟合的程度。Keras 库中提供了 ImageDataGenerator 类，用来实现一批数据增强。如下代码实现了对一张图片的增强，达到观察图片增强的目的。

```
import matplotlib.pyplot as plt
import cv2
import tensorflow as tf
from tensorflow import keras
from tensorflow.keras.preprocessing.image import ImageDataGenerator
from tensorflow.keras.preprocessing import image
```

```
#图片增强
datagen = ImageDataGenerator(
        featurewise_center=True,
        featurewise_std_normalization=True,
        rotation_range=40,                          #旋转，随机旋转的度数范围
        width_shift_range=0.2,
        height_shift_range=0.2,
        shear_range=0.2,                            #错切变换的角度
        zoom_range=0.2,                             #随机缩放图像
        horizontal_flip=True,                       #翻转图像
        zca_whitening=True,                         #白化
)

img = cv2.imread('...//img_001520.jpg')
#使用 OpenCV 库读取一张图片，这里需要改为计算机存储图片的路径
# plt.imshow(img)
img_new = image.img_to_array(img)                   #将图片转换为数组
img_new = img_new.reshape((1,) + img_new.shape) #改变数组形状

#显示图片
i=1
plt.figure(figsize=(16,10))
plt.subplots_adjust(wspace =0.01, hspace =0.1)  #调整各子图之间的间距
for batch in datagen.flow(img_new,batch_size=1):
    plt.subplot(2,4,i)
    plt.imshow(image.array_to_img(batch[0]))
    plt.axis("off")                                 #不显示坐标轴
    i += 1
    if i%9== 0:                                     #设置终止条件，这里显示 8 张图片
        break
plt.show()
```

增强后的图片如图 7-21 所示，其在原图的基础上进行了旋转等变化。

为了检验图片增强对本模型的效果，下面在 7.3.3 节的基础上，将 in[11]处的代码做如下修改。

```
in[11]:#图片增强
    datagen = ImageDataGenerator(
            featurewise_center=True,
            featurewise_std_normalization=True,
            rotation_range=40,#旋转，随机旋转的度数范围
```

```
        width_shift_range=0.2,
        height_shift_range=0.2,
        shear_range=0.2,        #错切变换的角度
        zoom_range=0.2,         #随机缩放图片
        horizontal_flip=True,  #翻转图片
        zca_whitening=True,    #白化
    )

#模型训练
model_hist = model.fit_generator(
            datagen.flow(x_train, y_train),
            #利用由 datagen.flow()生成的批来训练模型
            epochs= epochs,
            validation_data=(x_test, y_test),
            workers=4          #使用的最大进程数
            )
```

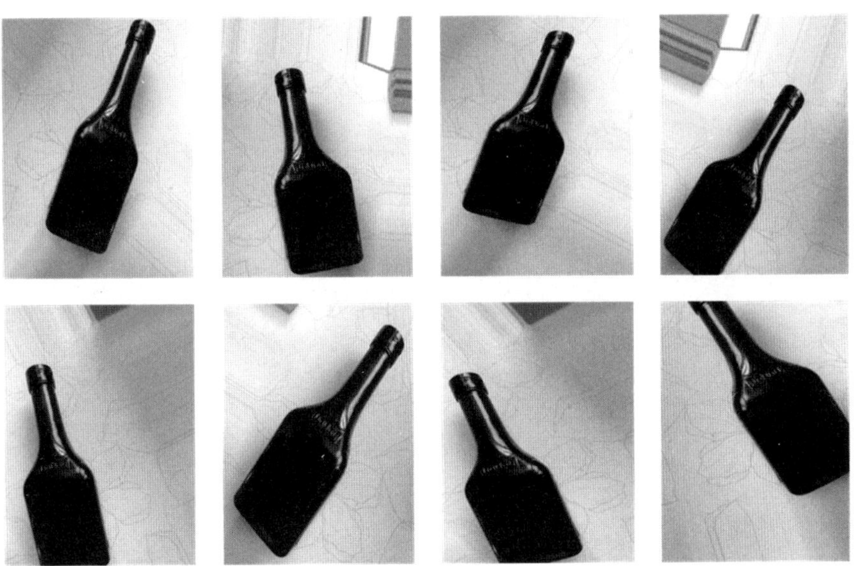

图 7-21　增强后的图片

这里使用 ImageDataGenerator 类进行图片增强，需要注意的是，在进行模型训练时，使用的是 fit_generator()函数而不是 fit()函数。图片增强后模型的损失值如图 7-22 所示，准确率如图 7-23 所示。

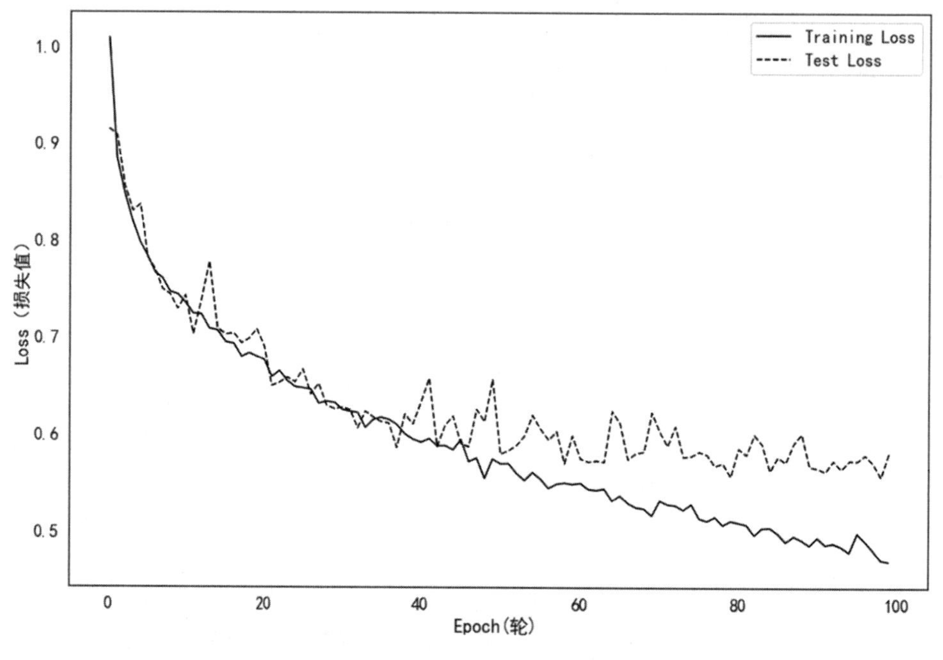

图 7-22　图片增强后模型的损失值

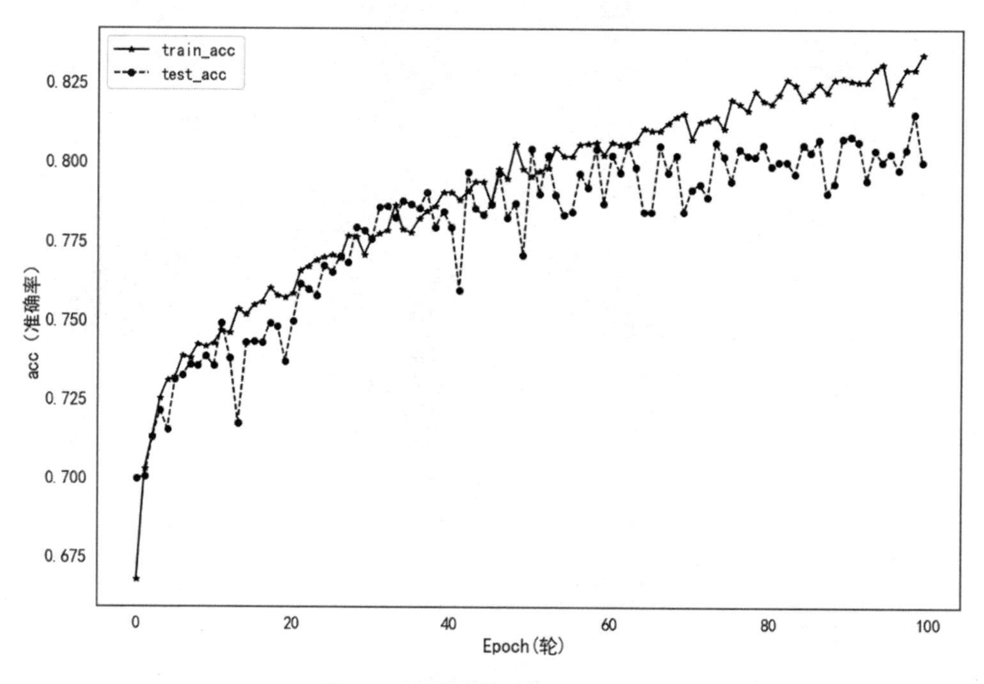

图 7-23　图片增强后模型的准确率

新的模型损失值明显减小，过拟合程度有了较大减轻，准确率也有所提升，图片分类的准确率提高到了 79.31%。

7.4.5　改变学习率

过大的学习率可能会导致系统无法收敛；过小的学习率则可能会导致收敛过程太慢，以及训练时间过长。比较有效的做法是，根据经验设定一个较大的值，再逐渐缩小该值。因此，可以定义一个学习率变化函数 LearningRate()，实现每隔 100 个 Epoch，学习率减小为原来的 1/10。

```
in[11]:#定义学习率变化函数
    import tensorflow.keras.backend as K
    from tensorflow.keras.callbacks import LearningRateScheduler

    def LearningRate(epoch):
        #每隔 100 个 epoch，学习率减小为原来的 1/10
        if epoch % 100 == 0 and epoch != 0:
            lr = K.get_value(model.optimizer.lr)
            K.set_value(model.optimizer.lr, lr * 0.1)
            print("lr changed to {}".format(lr * 0.1))
        return K.get_value(model.optimizer.lr)

    reduce_lr = LearningRateScheduler(LearningRate)
```

下面在图片增强的基础上，将 7.3.2 节中 in[2]处的超参数 epochs 的取值改为 300，同时将 7.3.3 节 in[11]处的代码改为如下形式。

```
in[11]:#利用由 datagen.flow()生成的批来训练模型
    model_hist = model.fit_generator(datagen.flow(x_train, y_train),
                    epochs=epochs,
                    validation_data=(x_test, y_test),
                    workers=4,
                    callbacks=[reduce_lr]
                      )
```

在训练模型时，model.fit_generator()增加了一个参数 callbacks=[reduce_lr]，在训练模型的过程中，每隔 100 个 Epoch 学习率减小为原来的 1/10，经过 300 轮的训练后，模型的损失值如图 7-24 所示，准确率如图 7-25 所示。

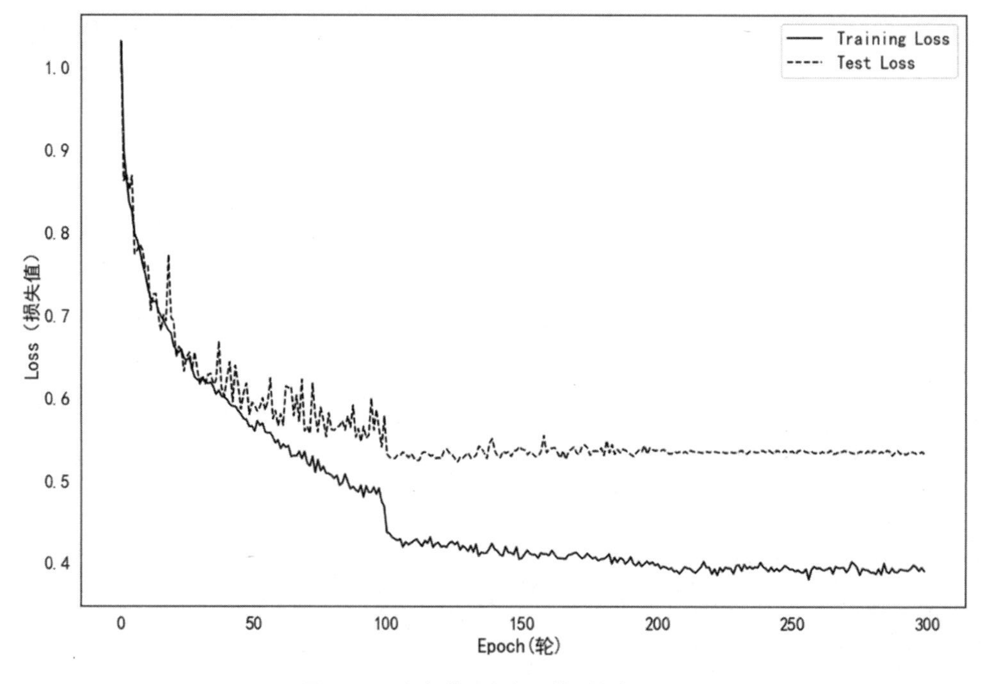

图 7-24 改变学习率之后模型的损失值

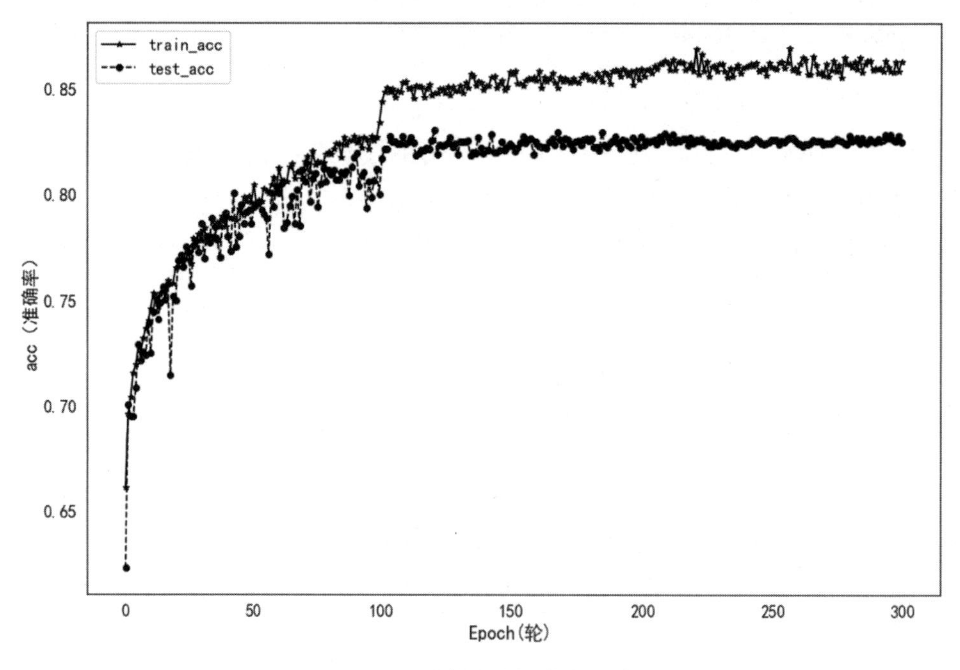

图 7-25 改变学习率之后模型的准确率

在改变学习率之后，模型到第 100 个 Epoch 时，损失值和准确率都有比较明显的变化。而在第 200 个 Epoch 时，损失值和准确率的变化相对较小。而改变学习率之后，整个模型在测试集上的准确率提升为 82.48%，这说明改变学习率的确可以提高模型的拟合能力。

```
65/65 [====================] - 3s 39ms/step - loss: 0.5223 - accuracy: 0.8248
Test loss: 0.5223068594932556
Test accuracy: 0.8247925639152527
```

可以使用 save()函数将训练后的模型进行保存，以作为 7.5 节的最终模型。

至此，整个模型的优化已经完成。通过选择优化器、选择损失函数、调整模型、图片增强、改变学习率等方法，使准确率从 66.37%提升至 82.48%（见图 7-26）。而一个实用的模型需要优化的远远不止这些，关于如何进一步优化模型，感兴趣的读者可以进一步探索。

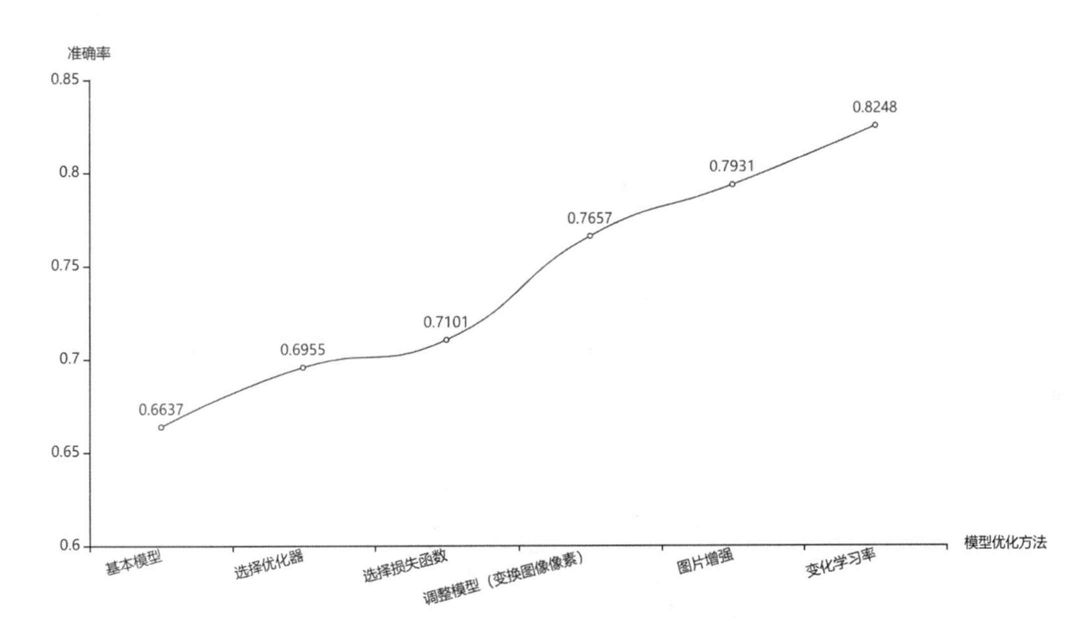

图 7-26　优化算法的准确率对比

7.5　模型应用

先新建一个 Jupyter Notebook 文件，再加载 7.4.5 节训练完成的模型，并预测图片所属类别。

```
in[1]:#导入相应的依赖库
    import numpy as np
    import matplotlib.pyplot as plt
    import cv2
    import tensorflow as tf
    from tensorflow import keras
    from tensorflow.keras.models import load_model
    from tensorflow.keras.preprocessing import image
```

在导入必要的库之后，导入前面训练好的模型，Keras 库将模型保存为 HDF5 文件，这里通过 load_model()函数载入 7.4.5 节保存的模型。

```
in[2]:#加载模型
    model = load_model("……/model.h5")
    #加载前面保存的模型（这里省略了在笔者计算机中保存的位置）
```

在进行模型训练之后，就可以对一些图片进行预测，这里以一张图片为例来展示预测方法。

```
in[3]:                                          #读取待预测图片
    size =128 ,128                              #统一图片大小，保持和模型训练时图片大小一致
    img = cv2.imread('……//img_32.jpg')          #随意选取一张图片，使用 OpenCV 库读取
    img2 = cv2.resize(img, size)                #重置图片大小，这里将图片大小统一，以适应后续计算
    img_array = image.img_to_array(img2)        #将图片转换为数组
    img_array = tf.expand_dims(img_array, 0)
```

从图片库中随意选取一张图片，并用 OpenCV 库进行图片读取，然后转换为模型可以使用的数据格式。读取的图片如图 7-27 所示，是一个一次性快餐盒，其对应的一级类别为其他垃圾（对应数字为 3）。

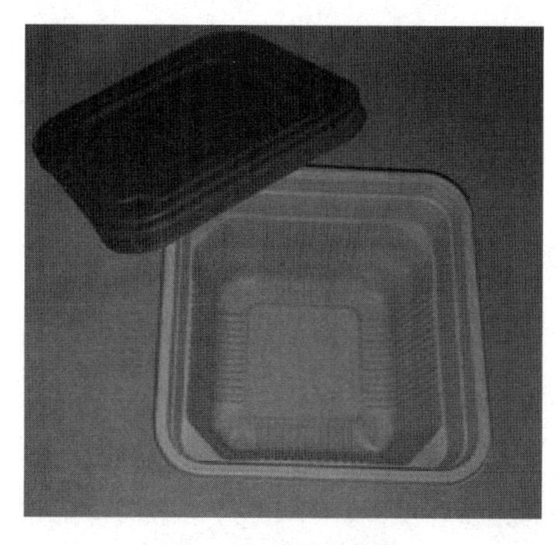

图 7-27　读取的图片

```
in[4]:#图片预测
    probability_model = tf.keras.Sequential([model, tf.keras.layers.Softmax()])
    #将模型附加一个 softmax 层，将输出转换成更容易理解的概率
    predictions =probability_model.predict(img_array)#预测图片对应类别的概率
    print(predictions[0])#打印预测结果，预测结果是一个包含 4 个数字的数组
    #它们代表模型对 4 种不同垃圾类别中每个类别的置信度
    print(np.argmax(predictions[0]))#打印置信度最大的标签
```

在载入模型之后，使用 tf.keras.Sequential([model, tf.keras.layers.Softmax()])语句将原模型增加一个 softmax 层，实现预测输出为类别对应的概率，通过 predict()函数预测该图片对应类别的概率。最后通过 predictions[0]打印出待预测图片属于每个类别的置信度。本例中的图片对应的置信度为如下值。

```
out:[0.1748777  0.1748777  0.1748777  0.47536686]
```

由此可见，其属于标签 3 的概率最高，为 0.47536686。通过 np.argmax(predictions[0]输出的置信度最大的标签为 3。

也可以将预测结果绘制成图片，这里将预测标签设置为红色，真实标签设置为蓝色，如果预测标签和真实标签一致，则红色标签将被覆盖，只展示蓝色柱状图。

```
in[5]:#绘图
    true_label=3    #待预测图片的真实标签类别
    plt.figure(figsize=(12,6))
    plt.subplot(1,2,1)
    plt.imshow(img) #显示待预测图片
    plt.axis("off") #不显示坐标轴

    plt.subplot(1,2,2)
    plt.xticks(range(4))
    thisplot = plt.bar(range(4), predictions[0], color="#777777")
    #绘制预测图片属于每个类别的概率柱状图
    predicted_label = np.argmax(predictions[0])
    thisplot[predicted_label].set_color('red')#预测标签设置为红色
    thisplot[true_label].set_color('blue')
    #真实标签设置为蓝色，如果预测标签和真实标签一致，则红色标签将被覆盖，只展示蓝色柱状图
    plt.show()
```

绘图的结果如图 7-28 所示，左侧展示的是待预测图片，其真实标签为 3（其他垃圾），右侧展示的是该图片对应的类别，柱状图表示该图片属于每个类别的概率。蓝色表示真实标签，红色表示预测标签，由于预测标签和真实标签一致，因此图 7-28 中仅显示最后打印出的蓝色。

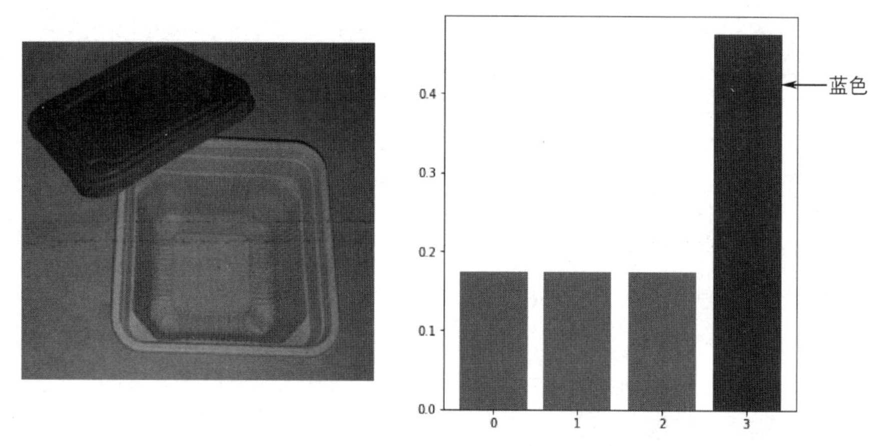

图 7-28　图片及其真实标签与预测标签概率对比

7.6　本章小结

本章基于“2020 深圳开放数据应用创新大赛”的选题，利用垃圾分类分赛道的数据，建立了一个基于 CNN 的垃圾图片分类模型，并用 Keras 库来实现。最初的模型分类准确率并不高，经过一步步地对模型进行优化，包括对比不同的优化器性能、不同的损失函数、模型调整、图片增强、改变学习率等，使分类准确率在本数据集中逐渐提高。本章主要介绍具体模型的建立、参数调优等问题，对整个 CNN 模型原理的介绍，如 CNN 模型的学习过程、反向传播原理等更深入的问题，感兴趣的读者可以自行查阅相关资料，以达到对模型更深入理解的目的。CNN 模型还存在一些难以理解之处，如黑盒问题、模型中训练参数的含义等，这些需要读者更深入地学习。此外，本章仅从数据分析的角度进行模型优化，未对数据集中的图片进行图片处理、特征提取等方面的探索，感兴趣的读者可以继续优化模型，进一步提高模型的准确率。

第 8 章
协同过滤和矩阵分解推荐算法分析

随着互联网的发展，推荐系统已经逐渐深入人们工作、生活的方方面面，如网购平台的物品推荐、音乐平台的音乐推荐、资讯平台的信息推送、服务平台的服务推荐，而如今的短视频平台也用到了推荐算法。精准的推送不仅可以提高用户的体验感，还可以提升用户对平台的黏性，进而影响平台的收益。目前的推荐算法也多种多样，既有基于内容的推荐，也有协同过滤、矩阵分解等，还有深度学习等多种方法。本章主要采用协同过滤算法和矩阵分解算法，首先对算法的基本原理进行介绍，然后基于 Python 实现协同过滤算法和矩阵分解算法，最后采用 AUC 作为评估指标对各种算法进行对比，评估不同算法推荐的效果。

8.1 准备工作

1. 编程环境

（1）操作系统：Windows 10 64 位操作系统。

（2）运行环境：Python 3.8.5，Anaconda 下的 Jupyter Notebook。

2. 安装依赖库

除了基本的依赖库，本章还用到了 scikit-learn 机器学习库、Plotly 绘图库等。此外，Surprise 库作为本章一个重要的依赖库，是 scikit 系列中的一个。Surprise 库集成了一些经典的推荐算法，可以很容易地实现模型的训练和预测。可以在 Anaconda Prompt 中输入“pip install surprise”完成 Surprise 库的安装，其安装过程如图 8-1 所示。

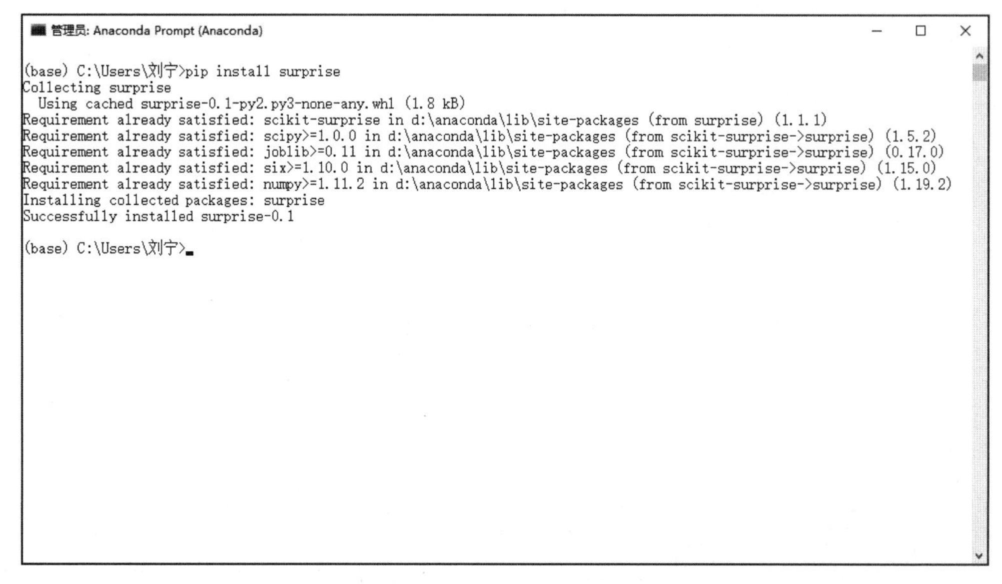

图 8-1　Surprise 库的安装过程

3. 数据的基本情况

本章的数据主要包含 uid、user_city、item_id、author_id、item_city、channel、finish、like、music_id、device、time、duration_time 等字段，各个字段的含义如表 8-1 所示。本章的协同过滤算法和矩阵分解算法仅仅使用了 uid、item_id、finish 这 3 个字段的数据。

表 8-1　各个字段的含义

字段	字段描述	数据类型	备注
uid	用户 id	int	已脱敏
user_city	用户所在城市	int	已脱敏
item_id	作品 id	int	已脱敏
author_id	笔者 id	int	已脱敏
item_city	作品城市	int	已脱敏
channel	观看到该作品的来源	int	已脱敏
finish	是否浏览完作品	bool	
like	是否对作品点赞	bool	
music_id	音乐 id	int	已脱敏
device	设备 id	int	已脱敏

续表

字段	字段描述	数据类型	备注
time	作品发布时间	int	已脱敏，单位为秒
duration_time	作品时长	int	单位为秒

8.2　基于协同过滤算法的短视频完播情况分析

8.2.1　基于用户的协同过滤算法的原理

协同过滤算法包括基于用户（user-based）的协同过滤算法和基于物品（item-based）的协同过滤算法。本节主要采用基于用户的协同过滤算法，其步骤如下。

（1）完善用户评分表，补齐缺失用户的评分。

（2）计算用户相似度矩阵，并寻找最近的 N 个用户。

（3）对未评分过的作品计算预测评分，并选择打分最高的作品推荐给该用户。

1. 完善用户评分表

用户作品喜好评分如表 8-2 所示，1 表示喜欢，−1 表示不喜欢，空白表示用户和该作品无交互信息。假设需要为用户 1 推荐作品，也就是在缺失作品 2 和作品 5 中预测可能的评分，并选择评分较高的作品推荐给用户 1。

表 8-2　用户作品喜好评分

用户	作品 1	作品 2	作品 3	作品 4	作品 5	作品 6
用户 1	1	?	−1	−1	?	−1
用户 2	1	−1	−1			
用户 3	1	1	−1			−1
用户 4			1			
用户 5		−1	1		−1	

表 8-2 中存在较多的缺失值（即该用户和相应作品无交互信息），为了后续计算用户之间的相似度，需要对缺失值预先假设一个评分。假设的方法有多种，可以采用 0 或“均在”等值进行填补。这里采用补 0 的方式补齐缺失值，这样就可以得到一个完整的用户作品评分矩阵（见图 8-2）。

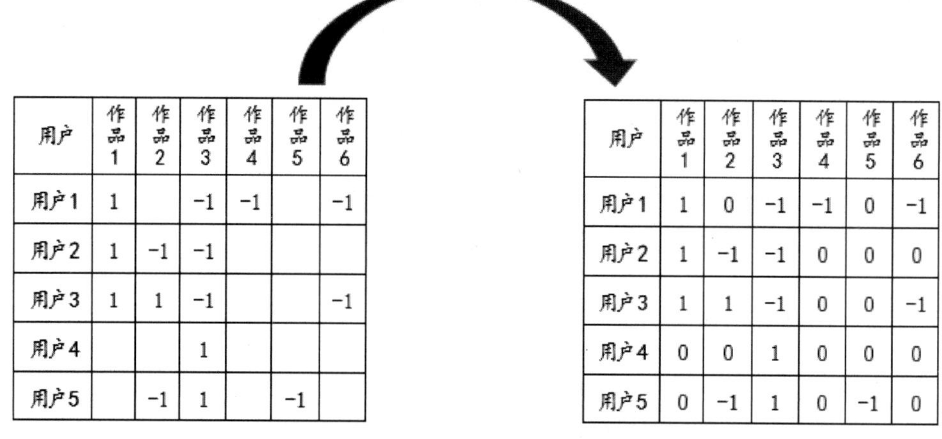

用户	作品1	作品2	作品3	作品4	作品5	作品6
用户1	1		−1	−1		−1
用户2	1	−1	−1			
用户3	1	1	−1			−1
用户4			1			
用户5		−1	1		−1	

用户	作品1	作品2	作品3	作品4	作品5	作品6
用户1	1	0	−1	−1	0	−1
用户2	1	−1	−1	0	0	0
用户3	1	1	−1	0	0	−1
用户4	0	0	1	0	0	0
用户5	0	−1	1	0	−1	0

图 8-2　补齐缺失值后的用户作品评分矩阵

2. 寻找相似用户

在补齐缺失值后，就得到了 5 个 6 维向量，如下所示。

用户 1：(1，0，−1，−1，0，−1)

用户 2：(1，−1，−1，0，0，0)

用户 3：(1，1，−1，0，0，−1)

用户 4：(0，0，1，0，0，0)

用户 5：(0，−1，1，0，−1，0)

向量 A 和 B 之间的余弦相似度定义为

$$\mathrm{sim}(\boldsymbol{A},\boldsymbol{B})\cos\theta=\frac{\boldsymbol{A}\cdot\boldsymbol{B}}{\|\boldsymbol{A}\|\times\|\boldsymbol{B}\|} \tag{8-1}$$

由此可知，用户 1 和用户 2 的余弦相似度为

$$\mathrm{sim}(\text{用户1，用户2})=\frac{1\times1+0\times(-1)+(-1)\times(-1)+(-1)\times0+0\times0+(-1)\times0}{\sqrt{1^2+0^2+(-1)^2+(-1)^2+0^2+(-1)^2}\times\sqrt{1^2+(-1)^2+(-1)^2+0^2+0^2+0^2}}$$

$$=\frac{2}{\sqrt{4}\times\sqrt{3}}\approx0.577$$

将式（8−1）运用到所有用户中，这样就可以得到用户之间的相似度矩阵（见表 8−3）。

表 8-3　用户之间的相似度矩阵

用户	用户 1	用户 2	用户 3	用户 4	用户 5
用户 1	1	0.577	0.75	−0.5	−0.289
用户 2	0.577	1	0.289	−0.577	0
用户 3	0.75	0.289	1	−0.5	−0.577
用户 4	−0.5	−0.577	−0.5	1	0.577
用户 5	−0.289	0	−0.577	0.577	1

除对角线上和其自身相似度为 1 之外，用户 1 最近的两个用户分别为用户 3（余弦相似度约为 0.75）和用户 2（余弦相似度约为 0.577）。

3. 计算预测评分

计算用户预测评分的方法有多种，本节选择相对简单的加权评分的方法，即通过已知最近的 N 个近邻评分乘以相似度，再除以相似度绝对值之和，用公式可以表示为

$$\hat{r}_{\mathrm{ui}}=\frac{\sum_{k=1}^{N}\mathrm{sim}(u,k)\times r_{\mathrm{ki}}}{\sum_{k=1}^{N}\left|\mathrm{sim}(u,k)\right|}=\frac{\mathrm{sim}(u,1)\times r_{1i}+\mathrm{sim}(u,2)\times r_{2i}+\cdots+\mathrm{sim}(u,N)\times r_{\mathrm{Ni}}}{\left|\mathrm{sim}(u,1)\right|+\left|\mathrm{sim}(u,2)\right|+\cdots+\left|\mathrm{sim}(u,N)\right|} \tag{8-2}$$

其中，N 表示选取的近邻数量；$\hat{r}_{\mathrm{ui}}$ 表示用户 u 对作品 i 的预测评分；$\mathrm{sim}(u,k)$ 表示用户 u 的 N 个近邻中，用户 u 和用户 k 之间的相似度；r_{ki} 表示最近的用户 k 对作品 i 的真实评分。

在式（8−2）的分母中，用 $\left|\mathrm{sim}(u,k)\right|$ 代替 $\mathrm{sim}(u,k)$，这是因为在实际中可能会出现相似度为负的情况，也就是存在预测值超出给定范围的可能性，为了保证预测值的合理性，可以对公式进行改良。

为了更直观地理解计算预测评分的方式，图 8−3 展示了计算过程。如果希望预测用户 1 对作品 2 的评分，近邻数量 N 取值假设为 2，由相似度矩阵可知，用户 1 最近的两个用户分别为用户 3（余弦相似度约为 0.75）和用户 2（余弦相似度约为 0.577），而用户 3 对作品 2 的评分为 1，用户 2 对作品 2 的评分为−1，根据式（8−2）可得

$$\begin{aligned}\mathrm{predict}_{\text{用户1,作品2}}&=\frac{\mathrm{sim}(\text{用户1,用户2})\times r_{\text{用户2,作品2}}+\mathrm{sim}(\text{用户1,用户3})\times r_{\text{用户3,作品2}}}{\left|\mathrm{sim}(\text{用户1,用户2})\right|+\left|\mathrm{sim}(\text{用户1,用户3})\right|}\\&\approx\frac{(-1)\times 0.577+1\times 0.75}{\left|0.577\right|+\left|0.75\right|}\approx 0.13\end{aligned}$$

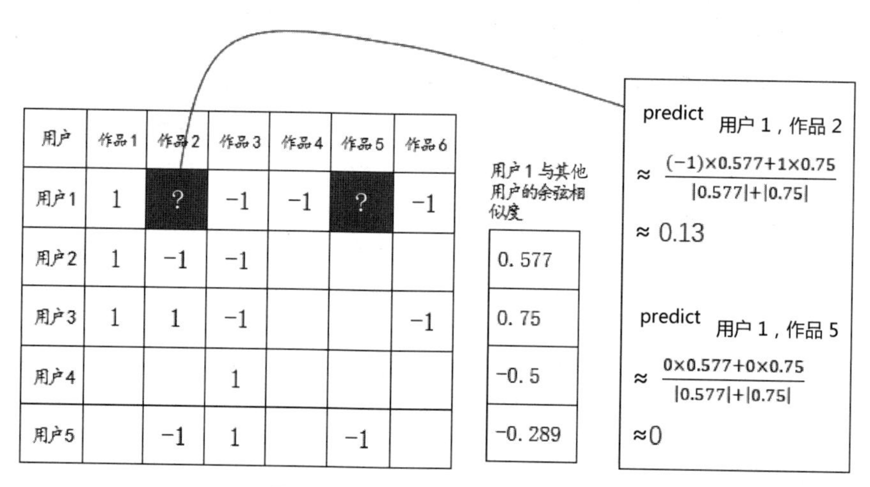

图 8-3　计算评分预测值的示意图

由此可知，用户 1 对作品 2 的预测评分为 0.13，用户 1 对作品 5 的预测评分为 0，因此，选择将评分更高的作品 2 推荐给用户 1。根据该方法可以继续计算用户 2 至用户 5 对相应作品的预测评分，并将评分最高的作品推荐给相应的用户。

至此，便完成了一个简单的推荐系统的理论介绍。当然，实际应用远比理论计算需要考虑的因素更多，接下来在更大的数据集上进行程序实现。

8.2.2　算法流程

为了评估模型的效果，本节对数据集进行了拆分，并未进行推荐，只是计算出用户预测评分，通过比较预测评分和真实评分之间的差距来评估模型的性能。其基本步骤如图 8-4 所示。

图 8-4　基于协同过滤算法的基本步骤

（1）数据预处理：选取合适的数据作为测试数据。

（2）模型训练：对数据集进行拆分，80%作为训练集，20%作为测试集。在训练集上计算相似度矩阵，并寻找每个用户最近的 N 个近邻用户。

（3）模型检验：在测试集和训练集上计算预测评分，并与真实评分进行对比，评估预测效果。

8.2.3 程序实现

1. 数据预处理

```
in[1]:import pandas as pd
    import numpy as np
    import matplotlib.pyplot as plt
    import plotly.graph_objects as go
    import seaborn as sns
    from sklearn import metrics
    from sklearn.metrics.pairwise import cosine_similarity
    from sklearn.model_selection import train_test_split
```

首先导入必要的数据库，除了 Pandas、NumPy、Seaborn 等数据处理库，本节还用到了 Matplotlib、Plotly 数据可视化库，以及 Sklearn 机器学习库。

```
in[2]:#读取数据
    data = pd.read_table('…/final_track2_train.txt',
                         header=None,
                         sep='\t',
                         names=['uid','user_city','item_id','author_id',
                                'item_city','channel','finish','like',
                                'music_id','did','creat_time',
                                'video_duration'])
    print(data.info())#查看数据基本信息
```

为了直观地观察数据分布情况，这里采用 pd.read_table()读取测试数据，并通过 data.info()查看数据的基本情况，数据集包含 19 622 340 条数据，整个数据集比较大，对计算机的计算性能要求较高。

```
<class 'pandas.core.frame.DataFrame'>
RangeIndex: 19622340 entries, 0 to 19622339
Data columns (total 12 columns):
 #   Column          Dtype
---  ------          -----
 0   uid             int64
 1   user_city       int64
 2   item_id         int64
 3   author_id       int64
 4   item_city       int64
 5   channel         int64
 6   finish          int64
```

```
 7  like           int64
 8  music_id       int64
 9  did            int64
 10 creat_time     int64
 11 video_duration int64
dtypes: int64(12)
memory usage: 1.8 GB
None
```

为了减小内存压力，同时为了避免协同过滤算法中的冷启动问题，本节抛弃了交互信息较少的作品和用户，在交互信息最多的前 10 000 个作品中，选取最活跃的 20 000 个用户数据作为测试数据。

```
in[3]:#提取热门作品、活跃用户数据
    item_id = data["item_id"].value_counts()          #作品 ID 数量统计
    item_id_10000 = item_id[:10000]                   #选取前 10000 个作品 ID
    data.index = data['item_id']                      #将作品 ID 作为索引
    data1 = data.loc[item_id_10000.index]
    #在数据集中，筛选出前 10000 个作品 ID 的所有交互数据

    user_id = data1["uid"].value_counts()
    #在前 10000 个作品 ID 中，统计用户 ID
    user_id_20000 = user_id[:20000]
    #在前 10000 个作品 ID 中，选取前 20000 个用户 ID
    data1.index = data1['uid']                        #将用户 ID 作为索引
    data2 = data1.loc[user_id_20000.index]
    #在前 10000 个作品 ID 中，筛选出前 20000 个用户 ID 的所有交互数据

    data3 = data2.drop(columns = ['uid'])             #删除多余的 uid 列
    data4 = data3.reset_index()                       #重置索引
    data5 = data4.replace({'finish':0},-1)
    #用-1 替换 0，未完播用-1 代替，方便后续计算
    data5.to_csv('…/top_user_item.csv')               #保存为 CSV 文件

    #数据预处理后完播饼图
    Fig =
go.Figure(data=[go.Pie(labels=data5['finish'].value_counts().index,values=data5['finish'].val
ue_counts()[:])])
    fig.show()
```

本节的程序实现用到的数据字段为 uid、item_id、finish，数据选取主要通过 Pandas 库来实现。首先通过 value_counts()函数统计出作品交互信息排名情况，进而选取前 10 000 个交互信息最多的作品。然后利用相同的方法，在这 10 000 个作品中选取用户交互信息最多的 20 000 名用户。预处理后的数据集（部分）如表 8-4 所示。

表 8-4　预处理后的数据集（部分）

序号	uid	user_city	item_id	author_id	item_city	channel	finish	like	music_id	did	creat_time	video_duration
0	11356	71	6404	1206	64	0	−1	0	−1	2088	53086446206	6
1	11356	71	3966	2586	112	0	−1	0	−1	2088	53086718765	9
2	11356	71	87	1449	31	0	−1	0	−1	2088	53086849415	12
3	11356	71	867	577	41	0	−1	0	−1	2088	53086370418	37
4	11356	71	12177	7	47	0	1	0	−1	2088	53085694429	9
5	11356	71	259	5716	32	0	−1	0	−1	2088	53086772026	10
6	11356	71	4296	609	50	0	−1	0	762	2088	53086379736	23
7	11356	71	218	1452	176	0	−1	0	−1	2088	53086803965	9
8	11356	71	122	3293	113	0	−1	0	−1	2088	53086777723	7
9	11356	71	13956	270	28	0	−1	0	−1	2088	53085963605	17

经过处理后的 finish 字段包含 42.8%的完播数据（评分为 1）和 57.2%的未完播数据（评分为−1），分布情况如图 8−5 所示。最活跃用户（“uid”列）的编号为“11356”，其和 1619 个作品有交互信息；最不活跃用户的编号为“3863”，其和 84 个作品有交互信息。最热门作品（“item_id”列）的编号为“3966”，其被 5105 个用户看过；最冷门作品的编号为“73214”，其仅被 57 个用户看过。

2. 模型训练

```
in[4]:#计算相似度矩阵
        x_train, x_test, y_train, y_test = train_test_split(data5,
    data5['finish'].values,test_size=0.2, random_state=1)
    #将数据拆分为训练集和测试集
    x_train_uid_itemid = pd.pivot_table(x_train,values='finish',
    index='uid',columns='item_id')
    #利用透视表进行训练数据格式转变，方便后续计算相似度矩阵
    x_train_uid_itemid_fill= x_train_uid_itemid.fillna(0)
    #缺失值补全 0
    cosine = cosine_similarity(x_train_uid_itemid_fill)
    #利用余弦相似度计算用户之间的相似矩阵
```

```
np.fill_diagonal(cosine, 0)#将 cosine 矩阵的对角线变为 0
similarity_with_user = pd.DataFrame(cosine,index=x_train_uid_itemid_fill.index)
#数据转变为 DataFrame 格式
similarity_with_user.columns=x_train_uid_itemid_fill.index
#设置列名
```

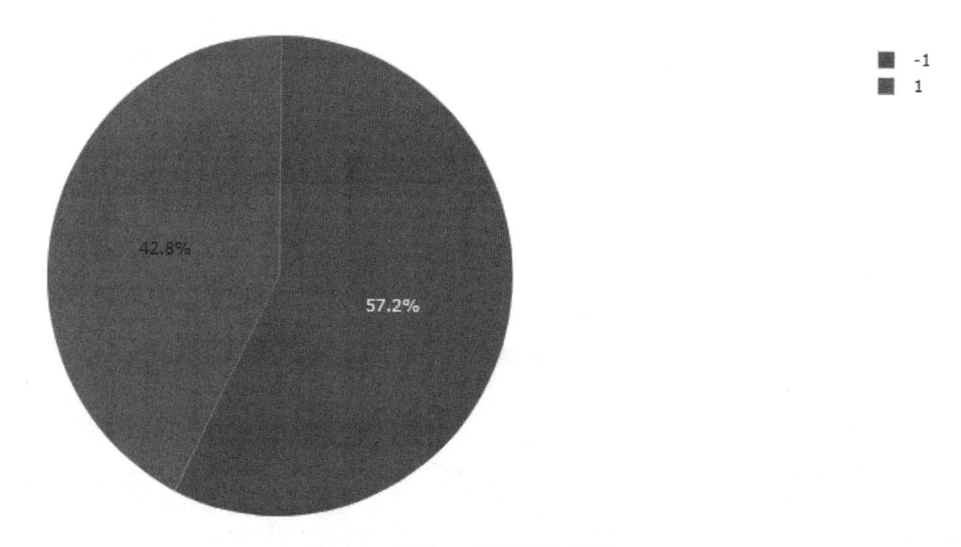

图 8-5 预处理后数据的完播情况

这里是在训练数据集上训练出用户相似度矩阵。为了训练出用户相似度矩阵，首先通过 train_test_split()函数将数据集拆分为训练集和测试集；接着通过 pivot_table()函数将训练数据转变为以“uid”为行名，以“item_id”为列名的数组；然后在用 0 补全缺失值之后，通过 cosine_similarity()函数计算出各个用户之间的相似度矩阵；最后将对角线上的自相似度设置为 0，得到训练集上除自身相似度之外，各个用户之间的余弦相似度矩阵（部分）如表 8-5 所示。

表 8-5 各个用户之间的余弦相似度矩阵（部分）

uid	0	1	2	…	69362	69415	69780
0	0	0	0.020414	…	0	0.023810	0
1	0	0	−0.031055	…	0	0	0
2	0.020414	−0.031055	0	…	−0.007655	0.006562	0.007501
⋮	⋮	⋮	⋮	…	⋮	⋮	⋮
69362	0	0	−0.007655	…	0	0	−0.095258
69415	0.023810	0	0.006562	…	0	0	0.023328
69780	0	0	0.007501	…	−0.095258	0.023328	0

除了需要计算各个用户之间的余弦相似度，还需要对每个用户与其他用户的余弦相似度进行排序，进而选取出最近的 *N* 个用户作为该用户的近邻用户。

```
in[5]:#查找最近邻的 N 个用户
    def find_n_neighbours(df,n):#定义最近邻 N 个用户函数
        order = np.argsort(df.values, axis=1)[:, :n]
        #argsort()函数返回的是数组值从小到大的索引值
        df = df.apply(lambda x: pd.Series(x.sort_values(ascending=
                    False).iloc[:n].index, index=['top{}'.format(i) for i
                    in range(1, n+1)]), axis=1)
        return df

    sim_user_N_u = find_n_neighbours(similarity_with_user,30)
    #在训练集中选取最近的 30 个用户
    print(sim_user_N_u)
```

上述程序定义了一个查找最近邻的 *N* 个用户的函数，可以通过相似度矩阵查找出每个用户最近的 *N* 个用户。在大部分情况下，*N* 选取 20～50 比较合理，本节选择 *N*=30。经过计算可以得到近邻用户分布情况，如表 8-6 所示，由此可以看出，编号为 0 的用户最近邻的 30 个用户的编号分别为 44078,36126,40889,50219,23722,…,54141,11433,8542, 9580,1326。

表 8-6　部分用户最近邻用户分布表

uid	top1	Top2	Top3	Top4	Top5	…	Top26	Top27	Top28	Top29	Top30
0	44078	36126	40889	50219	23722	…	54141	11433	8542	9580	1326
1	15753	36452	1793	6927	6520	…	2397	55145	44238	1807	44008
3	18008	496	13604	4758	35670	…	13980	12881	26039	43658	4844
…	…	…	…	…	…	…	…	…	…	…	…
69362	34972	46420	45783	46339	40553	…	4340	15686	9454	25632	6711
69415	35515	39548	1844	20914	24427	…	25861	9298	11433	5137	14580
69780	13361	53851	32576	61954	53516	…	45237	44853	18981	21776	48151

3. 模型检验

```
in[6]:#在训练集上计算完播情况（finish）评分
    x_train_new= x_train.reset_index()          #重置测试数据的索引值
    long_train = len(x_train_new.index)         #训练集长度
    scores = []
    for i in range(0,long_train):
        useri = x_train_new.at[i,'uid']         #获取测试数据用户名
```

```
    user_item = x_train_new.at[i,'item_id'] #获取测试作品 ID
    user_i = sim_user_N_u.loc[useri]
    #获取该用户最近邻的 5 个用户 ID

    pre=0
    sim=0
    for j in user_i:                        #循环操作最近的 5 个用户
        sim += abs(similarity_with_user.at[useri,j])
        #相似度绝对值求和
        pre += x_train_uid_itemid_fill.at[j,user_item]*
        similarity_with_user.at[useri,j]
        #相似度乘以评分
    score = pre/sim                         #计算预测评分
    scores.append(score)

df0 = x_train_new[['finish']]
df0['scores'] = scores                      #增加新的预测评分列
df1=df0[~df0['scores'].isin([0])]           #去除评分为 0 的情况

y_train = np.array(df1['finish'])
pre_train = np.array(df1['scores'])
fpr, tpr, _ = metrics.roc_curve(y_train,pre_train)
#计算真阳性和假阳性的概率
roc_auc = metrics.auc(fpr, tpr)             #计算 AUC 的值

#绘制训练集上的 ROC 曲线
plt.figure(figsize=(8,8))
sns.set(font_scale=2,font='SimHei')         #设置字号大小、字体（这里是黑体）
plt.title('Train ROC')
plt.plot(fpr, tpr, 'blue', label = '训练集 AUC 值 = %0.3f' % roc_auc)
plt.legend(loc = 'lower right')
plt.plot([0, 1], [0, 1],'red',linestyle='--')
plt.xlim([0, 1])
plt.ylim([0, 1])
plt.ylabel('True Positive Rate(真阳率)')
plt.xlabel('False Positive Rate（假阳率）')
plt.show()
```

上述程序将检验分为在训练集上的检验和在测试集上的检验。在训练集上，通过对每个用户进行预测，得到训练集上用户对该作品的预测评分 scores。预测评分采用式（8-2）来计算。这里去除了预测评分为 0 的情况，预测评分为 0 一般是近邻用户评分缺失导致的。为了更直观

地观察结果，通过图 8-6 展示了训练集上的 ROC 曲线和 AUC 值，通过 ROC 曲线反映的结果来看，AUC 值达到了 0.923，已经非常接近 1，这说明模型在训练集上的结果比较理想。

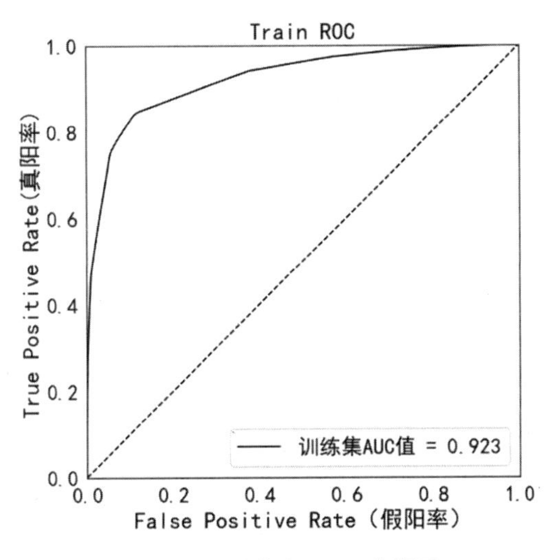

图 8-6　训练集上 ROC 曲线图

ROC 曲线是评估二元分类器的常用方法，其通过改变阈值并结合混淆矩阵，比较真阳性和假阳性的比例，进而绘制曲线。而 AUC 值表示 ROC 曲线下边的面积，AUC 值一般介于 0.5 至 1.0 之间，AUC 值越接近 1 说明模型的性能越好。如果读者想更深入地了解 ROC 和 AUC 的含义，请自行查阅相关资料，本节不再赘述。

训练集上较好的结果也可能会出现过拟合的情况，为了更准确地评判模型效果，接下来使用测试集数据进行检验。

```
in[7]:#在测试集上计算完播情况（finish）评分
    x_test_new = x_test.reset_index() #重置测试数据的索引值
    long_test = len(x_test_new.index) #测试集的长度
    scores_test = []
    for i in range(0,long_test):
        useri_test = x_test_new.at[i,'uid']          #获取测试数据用户 ID
        user_item_test = x_test_new.at[i,'item_id']  #获取测试作品 ID
        user_i_test = sim_user_N_u.loc[useri_test]
        #获取该用户最近的 5 个用户 ID
        pre_test=0
        sim_test=0
        for j in user_i_test:#循环操作最近的 5 个用户
```

```
        sim_test += abs(similarity_with_user.at[useri_test,j])
        #相似度绝对值求和
        pre_test+=(x_train_uid_itemid_fill.at[j,user_item_test])
                 *(similarity_with_user.at[useri_test,j])
        #相似度乘以评分
    score_test = pre_test/sim_test                    #计算预测评分
    scores_test.append(score_test)

df0_test = x_test_new[['finish']]
df0_test['scores'] = scores_test
df1_test=df0_test[~df0_test['scores'].isin([0])]

y_test = np.array(df1_test['finish'])                 #测试集中的真实值
pre_test = np.array(df1_test['scores'])               #测试集中的预测值

fpr, tpr, _ = metrics.roc_curve(y_test, pre_test)
#计算真阳性和假阳性的概率
roc_auc = metrics.auc(fpr, tpr)


#绘制测试集上的 ROC 曲线
plt.figure(figsize=(8,8))
sns.set(font_scale=2,font='SimHei')                   #设置字号大小、字体（这里是黑体）
plt.title('Test ROC')
plt.plot(fpr, tpr, 'blue', label = '测试集 AUC 值 = %0.3f' % roc_auc)
plt.legend(loc = 'lower right')
plt.plot([0, 1], [0, 1],'red',linestyle='--')
plt.xlim([0, 1])
plt.ylim([0, 1])
plt.ylabel('True Positive Rate(真阳率)')
plt.xlabel('False Positive Rate（假阳率）')
plt.show()
```

运用同样的方法在测试集上检验模型效果（见图 8-7），发现 AUC 值为 0.640，这说明模型的泛化能力还有待进一步提高。

至此，我们建立了一个完整的基于用户的协同过滤算法，从模型训练到模型评估都做了较为详细的解释，但模型效果并不理想，接下来采用其他方法比较不同推荐算法的效果。

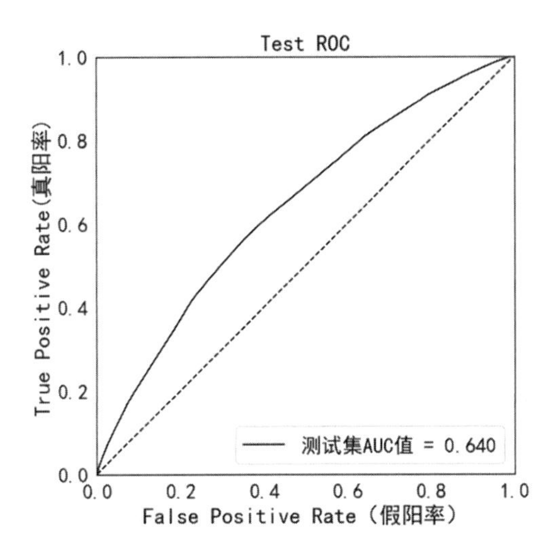

图 8-7　测试数据上的 ROC 曲线图

8.3　基于矩阵分解算法的短视频完播情况预测

8.3.1　算法原理

SVD 的原理可以表述为，给定一个矩阵 R，将其分解成 3 个矩阵的乘积：

$$R_{m\times n}=U_{m\times k}\Sigma_{k\times k}V_{k\times n}^{\mathrm{T}}$$

其中，矩阵 Σ 只有对角元素，其他元素均为 0，而且 Σ 的对角值从大到小排列。

利用 SVD 做推荐算法一般分为两种：一种是先利用 SVD 对 user-item 的评分矩阵进行降维处理，得到降维后的 user 特征和 item 特征，然后基于 user 特征或 item 特征做协同过滤的推荐算法。另一种则是先利用 $R=U\Sigma V$ 做满秩分解，即 $R=UV$，再通过数据拟合的方式求出 U 和 V，进而对未知评分进行预测。

1. 矩阵分解

本节主要采用第二种方式，即对已知数据矩阵做满秩分解，矩阵 R_{mn} 可以分解为矩阵 P_{mk} 和 Q_{kn} 的乘积（见图 8-8）：

$$R_{mn}=P_{mk}Q_{kn} \tag{8-3}$$

矩阵分解可以理解为基于已知的特征，学习生成新的抽象特征——隐性特征，隐性特征可能没有具体的形式，但可以尝试用来预测用户信息。

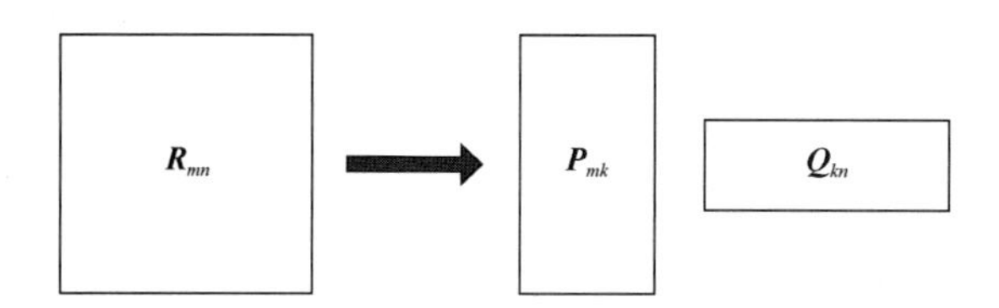

图 8-8　矩阵分解示意图

为了更直观地理解矩阵分解的含义，下面用图 8-9 展示矩阵分解的全过程。一个 5×6 的矩阵 R 可以分解成一个 5×2 的矩阵 P 和一个 2×6 的矩阵 Q。而矩阵 P 和矩阵 Q 可以通过下面提到的梯度下降法拟合求得。

隐性特征	作品 1	作品 2	作品 3	作品 4	作品 5	作品 6
隐性特征 1	-0.547	0.564	0.599	0.631	-1.2	-0.821
隐性特征 2	-0.901	0.896	0.845	0.797	0.467	-0.373

用户	作品 1	作品 2	作品 3	作品 4	作品 5	作品 6
用户 1	1		-1	-1		-1
用户 2	1	-1	-1			
用户 3	1	1	-1			-1
用户 4			1			
用户 5		-1	1		-1	

矩阵P

用户	隐性特征 1	隐性特征 2
用户 1	-0.561	-0.76
用户 2	0.304	-1.267
用户 3	-0.986	-0.47
用户 4	0.523	0.768
用户 5	0.992	0.453

图 8-9　矩阵分解案例示意图

2. 计算预测值

在求得矩阵 P 和矩阵 Q 之后，矩阵 R 中的某个未知评分 $\hat{r}_{ui}$ 便可以用矩阵 P 中的某一行向量 p_u 乘以矩阵 Q 中的某一列向量 q_i^{T} 得到：

$$\hat{r}_{ui} = p_u q_i^{\mathrm{T}} \tag{8-4}$$

图 8-10 展示了用户 1 对作品 2 的预测评分的计算方式。

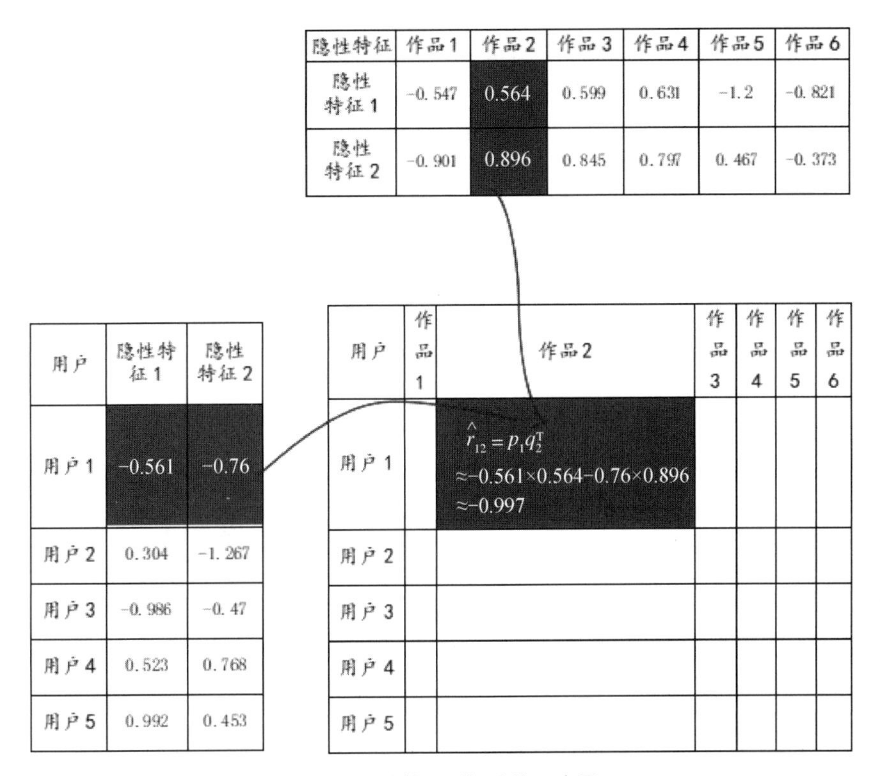

图 8-10　计算预测评分的示意图

3. 矩阵 *P* 和矩阵 *Q* 的求解方法

训练矩阵 *P* 和矩阵 *Q* 常用的方法是最小化目标函数，当目标函数 erro 变为最小时，便可以得到最佳的拟合结果。目标函数 erro 可以定义为

$$\text{erro}=\sum_{r_{ui}\in R_{\text{train}}}\left(r_{ui}-\hat{r}_{ui}\right)^2 \tag{8-5}$$

其中，erro 为目标函数，r_{ui} 为已知的用户评分，$\hat{r}_{ui}$ 为用户对作品的预测评分。

将 erro 的值降到最小常用的方法有随机梯度下降、批量梯度下降等，关于各种方法具体的原理读者可以自行查阅相关资料。

4. Surprise 库中的 SVD 算法

SVD 算法是由 Simon Funk 等人在 Netflix 大赛期间提出的。而在 Surprise 库中，为了减少过拟合等，默认的算法是将预测值定义为

$$\hat{r}_{ui}=\mu+b_u+b_i+\boldsymbol{p}_u\boldsymbol{q}_i^{\mathrm{T}}$$

其中，μ 为总体平均评分，b_u 和 b_i 为相关偏置，目标函数定义为

$$\sum_{r_{ui} \in R_{\text{train}}} \left(r_{ui} - \hat{r}_{ui}\right)^2 + \lambda(b_i^2 + b_u^2 + \boldsymbol{q}_i^{\ 2} + \boldsymbol{p}_u^{\ 2})$$

为了学习模型中的参数，也就是 b_u、b_i、$\boldsymbol{p}_u$、$\boldsymbol{q}_i$，可以采用随机梯度下降来最小化目标函数，进而训练出相关参数。

$$b_u \leftarrow b_u + \gamma\left(e_{ui} - \lambda b_u\right)$$

$$b_i \leftarrow b_i + \gamma\left(e_{ui} - \lambda b_i\right)$$

$$\boldsymbol{p}_u \leftarrow \boldsymbol{p}_u + \gamma\left(e_{ui} \bullet \boldsymbol{q}_i - \lambda \boldsymbol{p}_u\right)$$

$$\boldsymbol{q}_i \leftarrow \boldsymbol{q}_i + \gamma\left(e_{ui} \bullet \boldsymbol{p}_u - \lambda \boldsymbol{q}_i\right)$$

其中，$e_{ui} = r_{ui} - \hat{r}_{ui}$。

这一系列复杂的数学运算，在 Surprise 库中都被打包进了几个函数，如果读者不想深究算法原理，则可以直接调用。如果读者想了解更多的关于 Surprise 库中矩阵分解的知识，请自行查阅相关文档。

8.3.2 利用 Surprise 库实现 SVD 算法

1. 加载数据

SVD 算法的实现可以采用 Surprise 库，下面导入必要的库。

```
in[1]:import pandas as pd
    import numpy as np
    import plotly.graph_objects as go
    import matplotlib.pyplot as plt

    from sklearn.metrics.pairwise import cosine_similarity
    import seaborn as sns
    from sklearn import metrics

    from surprise import NormalPredictor
    from surprise import BaselineOnly
    from surprise import KNNBasic
    from surprise import KNNWithMeans
    from surprise import KNNWithZScore
    from surprise import KNNBaseline
```

```
    from surprise import SVD
    from surprise import SVDpp
    from surprise import NMF
    from surprise import SlopeOne
    from surprise import CoClustering

    from surprise import Dataset
    from surprise import Reader
    from surprise.model_selection import cross_validate
    from surprise.model_selection import train_test_split
    from surprise import accuracy
```

笔者重新建立了一份 Notebook 文件，除了 Pandas、NumPy、Matplotlib 等库，还用到了 Surprise 库。

```
in[2]:#读取数据
    df_top = pd.read_csv('…/top_user_item.csv',sep=',')
    #读取处理后的数据

    #按 Surprise 格式加载数据
    df_top1 = df_top[['uid','item_id','finish']]
    df_top1.columns = ['userID', 'itemID', 'rating'] #修改列名
    reader = Reader(rating_scale=(-1, 1))            #设置 load_from_df()函数的参数
    df_top2 = Dataset.load_from_df(df_top1, reader)
    #这里采用 load_from_df()方法从 Pandas DataFrame 中读取数据
    trainset, testset = train_test_split(df_top2, test_size=0.2,random_state=1)
    #拆分数据集
```

上述程序利用 read_csv()读取前面已经预处理的数据，采用 load_from_df()方法从 Pandas DataFrame 中读取训练模型所需要的数据格式。其中，load_from_df()方法包含两个参数：df 数据框包含 3 列，即用户 ID、作品 ID、评分；reader 用于指定 rating_scale 字段。读取数据后，利用 train_test_split()将数据拆分为训练集和测试集。

2. 训练模型

```
in[3]:#利用 SVD 算法进行模型训练
    algo = SVD()                           #调用 SVD 算法
    algo.fit(trainset)                     #在训练集上进行模型训练
    predictions = algo.test(testset)       #在测试集上进行预测

    #获取测试集数据的真实值和估计值
    ture_score = []
    est_score = []
```

```
for uid, iid, ture, est, details in predictions:
    ture_score.append(ture)
    est_score.append(est)
```

SVD 算法的训练方式也比较简单，直接使用 fit()函数就可以实现。在训练集 trainset 上调用 SVD 算法（参数均为默认参数）后，在测试集 testset 上进行测试。测试集上的结果被打包进 predictions 类中，可以通过循环读取获得真实评分、预测评分等，其包含以下参数。

- uid：用户 ID。
- iid：作品 ID。
- r_ui：真实评分。
- est：预测评分。
- details：其他详细信息，可能对以后的分析有用。

为了方便后续绘制 ROC 曲线图，可以从 predictions 类中获取真实评分和预测评分，并保存为列表形式的数据。

3. 评估模型

```
in[4]:#绘制 ROC 曲线
    y = np.array(ture_score)
    pre = np.array(est_score)
    fpr, tpr, _ = metrics.roc_curve(y,pre)  #计算真阳性和假阳性的概率
    roc_auc = metrics.auc(fpr, tpr)          #计算 AUC 值

    plt.figure(figsize=(8,8))
    sns.set(font_scale=2,font='SimHei')      #设置字号大小、字体（这里是黑体）
    plt.title('SVD')
    plt.plot(fpr, tpr, 'blue', label = '测试集 AUC 值 = %0.3f' % roc_auc)
    plt.legend(loc = 'lower right')
    plt.plot([0, 1], [0, 1],'red',linestyle='--')
    plt.xlim([0, 1])
    plt.ylim([0, 1])
    plt.ylabel('True Positive Rate(真阳率)')
    plt.xlabel('False Positive Rate（假阳率）')
    plt.show()
```

这里仍然采用 ROC 曲线进行模型评估（见图 8-11），在测试集上 AUC 值达到了 0.708，这说明该模型比前面基于用户的协同过滤算法的性能有所提升。至此，采用 Surprise 库中的 SVD 算法，实现了对测试数据的预测及评估。可以看出，Surprise 库用起来还是比较简单的，

几行代码便可以实现复杂的算法。

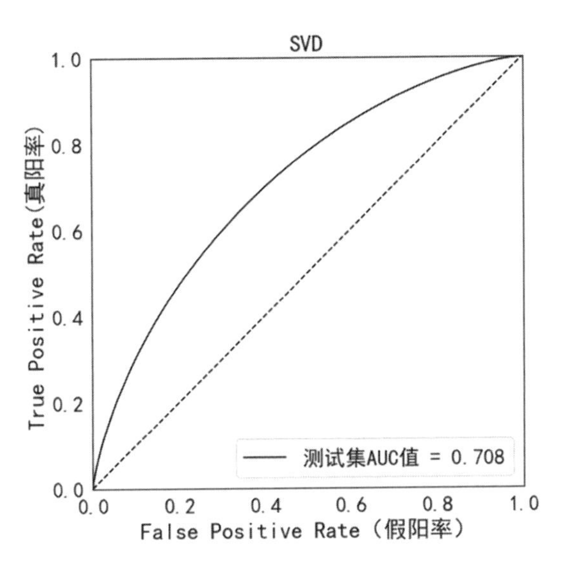

图 8-11　SVD 算法下测试集的 ROC 曲线

8.4　几种方法在测试集中的表现

除了 SVD 算法，Surprise 库还提供了其他算法。本节侧重的是算法的入门调用，不再做深入介绍，如果读者想深入了解各种算法，请自行查阅相关资料。

Surprise 库提供了 NormalPredictor、BaselineOnly、KNNBasic、KNNWithMeans、KNNWithZScore、KNNBaseline、SVD、SVDpp、NMF、SlopeOne、CoClustering 等算法。根据 8.3.2 节程序的步骤，在前面数据集上分别测试了 Surprise 库中的算法，再结合 8.2.3 节实现的基于用户的协同过滤算法（简称 User_Based），各种算法在测试集上的 AUC 值如图 8-12 所示。由图 8-12 可知，在测试集上 SlopeOne 算法表现最优，其 AUC 值达到了 0.738。而 KNNBasic、KNNWithMeans 等协同过滤算法的 AUC 值均高于前面手动实现的基于用户的协同过滤算法，这可能是因为 Surprise 库对算法进行了一定的优化。

各种算法在测试集上的 ROC 曲线如图 8-13 所示。本节仅仅基于 AUC 值对各种算法在数据集上的表现进行了对比，至于如何提高模型的泛化能力，设计出一个实用的算法，感兴趣的读者可以做进一步的探索。

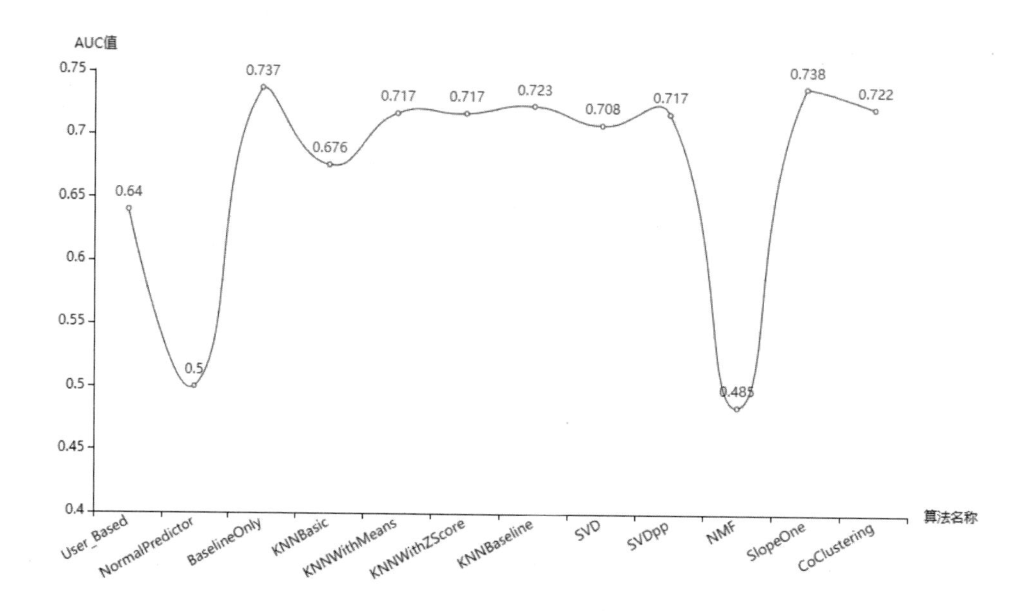

图 8-12 各种算法在测试集上的 AUC 值

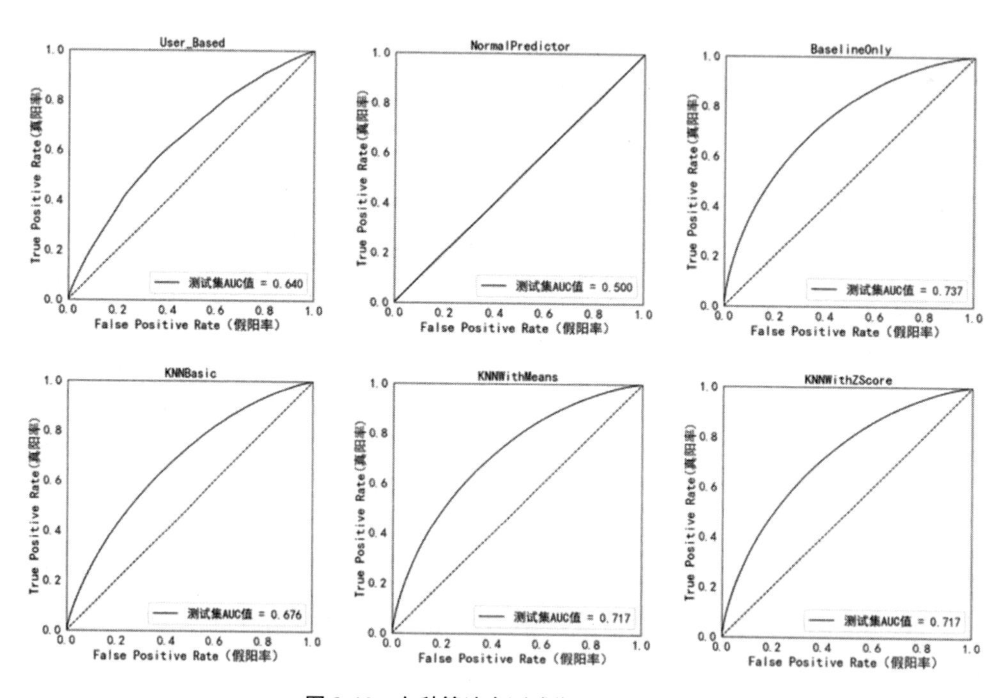

图 8-13 各种算法在测试集上的 ROC 曲线

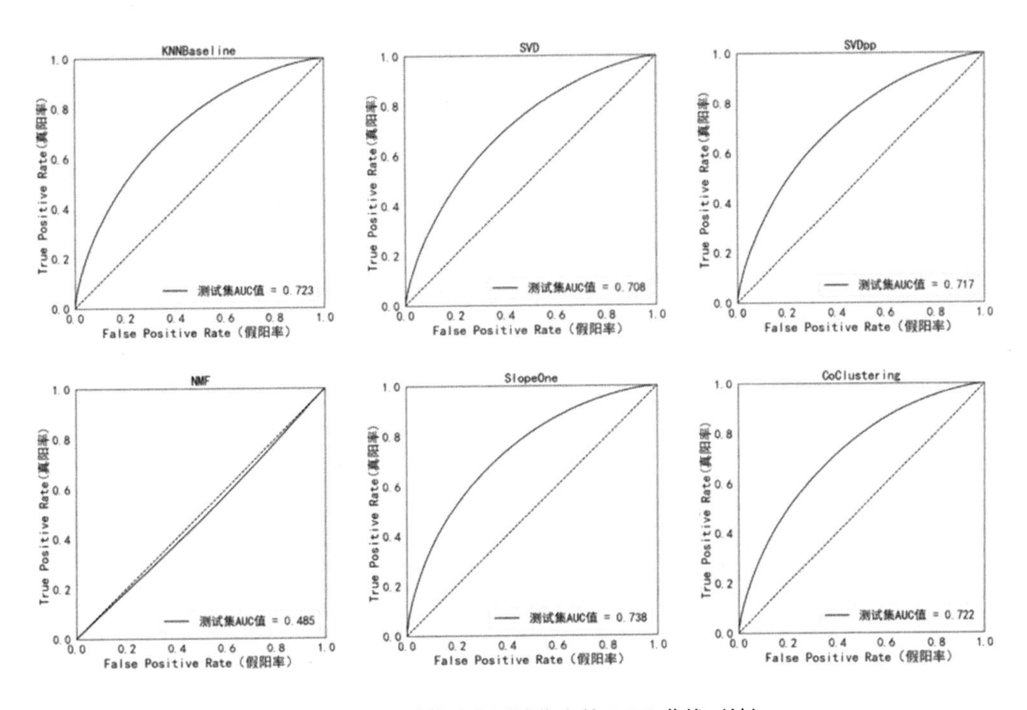

图 8-13　各种算法在测试集上的 ROC 曲线（续）

8.5　本章小结

本章基于网络上的短视频内容理解与推荐竞赛相关数据集，在对数据集进行预处理之后，采用基于协同过滤的算法，实现了在测试集上进行模型训练（计算相似度矩阵、求取近邻用户），并在训练集和测试集上采用 AUC 值分别评估模型的效果。之后深入学习了推荐算法的 Surprise 库，主要介绍 SVD 的基本原理，以及在 Surprise 库中的实现。最后对 Surprise 库中的各种算法进行对比，从对比结果来看，SlopeOne 算法表现最优。本章仅仅实现了一种基本的推荐算法，至于如何对算法进行优化，以及各种算法的数学含义，感兴趣的读者可以自行查阅相关资料进行深入学习。

第 9 章

《红楼梦》文本数据分析

《红楼梦》一直以来都吸引着很多学者去研究。本章将从技术的角度，对《红楼梦》中的文本及人物关系进行分析。本章按照如下步骤展开介绍。

（1）数据的准备、预处理、分词等。

（2）各个章节的字数、词数、段落等相关方面的关系。

（3）整体词频和词云图的展示。

（4）各个章节的聚类分析并可视化，主要根据 IF-IDF 模型的系统聚类和词频的 LDA 主题模型进行聚类。

（5）人物关系网络的探索，主要探索各个章节的关系图和人物关系网络图。

9.1 准备工作

9.1.1 编程环境

（1）操作系统：Windows 10 64 位操作系统。

（2）运行环境：Python 3.8.5，Anaconda 下的 Jupyter Notebook。

除了常用的 NumPy、Pandas、Matplotlib、Sklearn 等依赖库，本章还使用了 nltk 自然

语言处理库、SciPy 科学计算库、networkx 网络分析库等。jieba 库和 wordcloud 库可以参考前面的介绍。

9.1.2 数据情况简介

（1）《红楼梦》的 txt 版本，编码为 UTF－8 格式，如图 9–1 所示。

第1卷
第一回 甄士隐梦幻识通灵 贾雨村风尘怀闺秀
　　此开卷第一回也。作者自云：因曾历过一番梦幻之后，故将真事隐去，而借“通灵”之说，撰此<<石头记>>一书也。故曰“甄士隐”云云。但书中所记何事何人？自又云：“今风尘碌碌，一事无成，忽念及当日所有之女子，——细考较去，觉其行止见识，皆出于我之上。何我堂堂须眉，诚不若彼裙钗哉？实愧则有余，悔又无益之大无可如何之日也！当此，则自欲将已往所赖天恩祖德，锦衣纨袴之时，饫甘餍肥之日，背父兄教育之恩，负师友规谈之德，以至今日一技无成，半生潦倒之罪，编述一集，以告天下人：我之罪固不免，然闺阁中本自历历有人，万不可因我之不肖，自护己短，一并使其泯灭也。虽今日之茅椽蓬牖，瓦灶绳床，其晨夕风露，阶柳庭花，亦未有妨我之襟怀笔墨者。虽我未学，下笔无文，又何妨用假语村言，敷演出一段故事来，亦可使闺阁昭传，复可悦世之目，破人愁闷，不亦宜乎？”故曰“贾雨村”云云。
　　此回中凡用“梦”用“幻”等字，是提醒阅者眼目，亦是此书立意本旨。

图 9-1 《红楼梦》的 txt 版本

（2）《红楼梦》专用词汇词典，用于辅助分词，如图 9–2 所示。

皑皑轻趁步
爱彼之貌容兮
爱才好客
艾官
暗渡陈仓
安国公
暗洒闲抛却为谁
安身乐业
俺只念木石前盟
鳌愁坤轴陷
坳垤审夷险
螯封嫩玉双双满

图 9-2 《红楼梦》专用词汇词典

（3）《红楼梦》人物词典，内容为《红楼梦》中出现的人物名称，如图 9–3 所示。

```
艾官
安国公
白老媳妇
白老媳妇儿
白玉钏
板儿
伴鹤
宝钗
宝蟾
鲍二
鲍二家的
鲍二媳妇
```

图 9-3 《红楼梦》人物词典

（4）《红楼梦》人物关系权重文件，其中 chapweight 和 duanweight 分别表示在章节和段落中的权重，用记事本打开 CSV 格式，如图 9-4 所示。

```
First,Second,chapweight,duanweight
宝玉,贾母,98.0,324.0
宝玉,凤姐,92.0,187.0
宝玉,袭人,88.0,336.0
宝玉,王夫人,103.0,296.0
宝玉,宝钗,96.0,295.0
宝玉,贾政,67.0,170.0
宝玉,贾琏,69.0,72.0
宝玉,平儿,69.0,63.0
宝玉,薛姨妈,59.0,102.0
宝玉,探春,60.0,111.0
宝玉,紫鹃,46.0,103.0
宝玉,鸳鸯,51.0,71.0
宝玉,贾珍,48.0,51.0
宝玉,李纨,56.0,116.0
宝玉,尤氏,45.0,53.0
宝玉,晴雯,44.0,122.0
宝玉,刘姥姥,10.0,17.0
```

图 9-4 《红楼梦》人物关系权重文件

9.2 分词

分词常用于文本挖掘。因为中文词汇之间不存在英文词汇之间的空格，所以中文分词和英文分词有很大的不同，中文分词通常使用训练好的分词模型，如中文分词常用的分词库 jieba，本章使用 Python 中的 jieba 库来进行分词。

9.2.1 读取数据

导入必要的库及其他设置。

```
In[1]:import numpy as np
    import pandas as pd
    from pandas import read_csv
    import matplotlib.pyplot as plt
    from matplotlib.font_manager import FontProperties
    from pylab import *
    import jieba
    from collections import Counter
    from wordcloud import WordCloud,ImageColorGenerator
    import time

    from sklearn.feature_extraction.text import CountVectorizer, TfidfTransformer,
TfidfVectorizer
    from sklearn.manifold import MDS
    from sklearn.decomposition import PCA
    from sklearn.manifold import TSNE
    from sklearn.decomposition import LatentDirichletAllocation

    import nltk
    from nltk.cluster.kmeans import KMeansClusterer

    from scipy.cluster.hierarchy import dendrogram,ward
    from scipy.spatial.distance import pdist,squareform

    import networkx as nx


    ##设置字体
    font=FontProperties(fname = "C:/Windows/Fonts/STFANGSO.TTF",size=14)
    #字体设置为华文仿宋
    # font=FontProperties(fname = "C:/Windows/Fonts/simhei.ttf",size=14)
    #字体设置为黑体
    ##设置 Pandas 显示方式
    pd.set_option("display.max_rows",8)
```

```
pd.options.mode.chained_assignment = None  # default='warn'

#在 Jupyter 中设置显示图片的方式
%matplotlib inline
%config InlineBackend.figure_format = "retina"
```

读取《红楼梦》的文本数据、停用词和专用词汇词典。

《红楼梦》的文本数据：《红楼梦》这本书的 txt 内容。

《红楼梦》的停用词：需要剔除没有意义的词语，如说、道、的、得等。

《红楼梦》的专用词汇词典：主要是自定义词典，如《红楼梦》中出现的人名、楼宇等专有词语等。

在读取文本时，需要注意编码的“坑”，可以使用 try/except 方法。

```
In[2]:try:
        with open(r'……\我的《红楼梦》停用词.txt', 'r', encoding='utf8') as f:
            lines = f.readlines()
        for line in lines:
            print(line)
    except UnicodeDecodeError as e:
        with open(r'……\我的《红楼梦》停用词.txt', 'r', encoding='gbk') as f:
            lines = f.readlines()
        for line in lines:
            print(line)
        print(e)
```

因为这些文件主要是 txt 格式的，所以在读取数据时主要使用 Pandas 库中的 read_csv() 函数。

```
In[3]:##读取停用词和专用词汇词典
    stopword = read_csv(r"……\停用词.txt",header=None,names = ["Stopwords"])
    #读取停用词
    mydict = read_csv(r"……\专用词汇词典.txt",header=None, names=["Dictionary"])
    #读取专用词汇词典
    print(stopword)
    print("------------------------------")
    print(mydict)

    #读取《红楼梦》文本数据
    RedDream = read_csv(r"……\红楼梦文本(UTF-8).txt",header=None,names = ["Reddream"])
    RedDream
```

输出的结果如图 9-5 和图 9-6 所示。

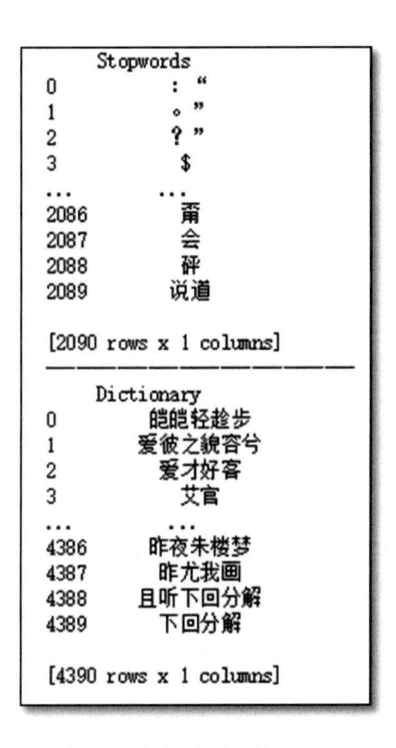

```
     Stopwords
0          : “
1          。”
2          ? ”
3          $
...       ...
2086       甭
2087       会
2088       砰
2089      说道

[2090 rows x 1 columns]
------------------------
     Dictionary
0       皑皑轻趁步
1      爱彼之貌容兮
2       爱才好客
3        艾官
...      ...
4386    昨夜朱楼梦
4387    昨尤我画
4388   且听下回分解
4389    下回分解

[4390 rows x 1 columns]
```

图 9-5　停用词和专用词汇词典

	Reddream
0	第1卷
1	第一回 甄士隐梦幻识通灵 贾雨村风尘怀闺秀
2	此开卷第一回也。作者自云：因曾历过一番梦幻之后，故将真事隐去，而借"通灵"之说，撰此<<...
3	此回中凡用"梦"用"幻"等字，是提醒阅者眼目，亦是此书立意本旨。
...	...
3050	那空空道人牢牢记着此言，又不知过了几世几劫，果然有个悼红轩，见那曹雪芹先生正在那里翻阅历...
3051	那空空道人听了，仰天大笑，掷下抄本，飘然而去。一面走着，口中说道："果然是敷衍荒唐！不但...
3052	说到辛酸处，荒唐愈可悲。
3053	由来同一梦，休笑世人痴！

3054 rows × 1 columns

图 9-6　《红楼梦》文本数据

9.2.2 数据预处理

读取数据之后，需要对数据进行预处理，首先需要分析的是读取的数据是否存在缺失值，可以使用 Pandas 库中的 isnull()函数判断是否包含空数据。

```
In[4]:##查看数据是否有空白的行，若有则删除
    np.sum(pd.isnull(RedDream))
```

由输出结果可以看出，没有空白的行，说明没有缺失值，继续分析。

使用正则表达式提取一些有用的信息，如提取出《红楼梦》每段的内容，以及字数、人名、章节等信息。

处理的程序如下：

```
In[5]:##删除卷数据，使用正则表达式
    ##包含相应关键字的索引
    indexjuan = RedDream.Reddream.str.contains("^第+.+卷")
    ##删除不需要的段，并重新设置索引
    RedDream = RedDream[~indexjuan].reset_index(drop=True)
    RedDream
```

在上面的程序中，首先找到包含“^第+.+卷”格式的行索引，即以“第”开头，以“卷”结尾的行，然后将这些行删除，并重新整理行索引。

处理后的数据如图 9-7 所示。

	Reddream
0	第一回 甄士隐梦幻识通灵 贾雨村风尘怀闺秀
1	此开卷第一回也。作者自云：因曾历过一番梦幻之后，故将真事隐去，而借"通灵"之说，撰此<<...
2	此回中凡用"梦"用"幻"等字，是提醒阅者眼目，亦是此书立意本旨。
3	列位看官：你道此书从何而来？说起根由虽近荒唐，细按则深有趣味。待在下将此来历注明，方使阅...
...	...
3047	那空空道人牢牢记着此言，又不知过了几世几劫，果然有个悼红轩，见那曹雪芹先生正在那里翻阅历...
3048	那空空道人听了，仰天大笑，掷下抄本，飘然而去。一面走着，口中说道："果然是敷衍荒唐！不但...
3049	说到辛酸处，荒唐愈可悲。
3050	由来同一梦，休笑世人痴！

3051 rows × 1 columns

图 9-7 处理后的数据

剔除不需要的内容，然后提取每章节的标题，程序如下。

```
In[6]:##找出每章节的头部索引和尾部索引
    ##每章节的标题
    indexhui = RedDream.Reddream.str.match("^第+.+回")
    chapnames = RedDream.Reddream[indexhui].reset_index(drop=True)
    print(chapnames)
    print("-----------------------------------------------------")
    ##处理章节名，按照空格分隔字符串
    chapnamesplit = chapnames.str.split(" ").reset_index(drop=True)
    chapnamesplit
```

上述程序先找到包含“^第+.+回”内容的行，然后将这些行提取出来，使用空格作为分隔符将这些内容分为 3 个部分，组成数据表。输出结果如图 9-8 所示。

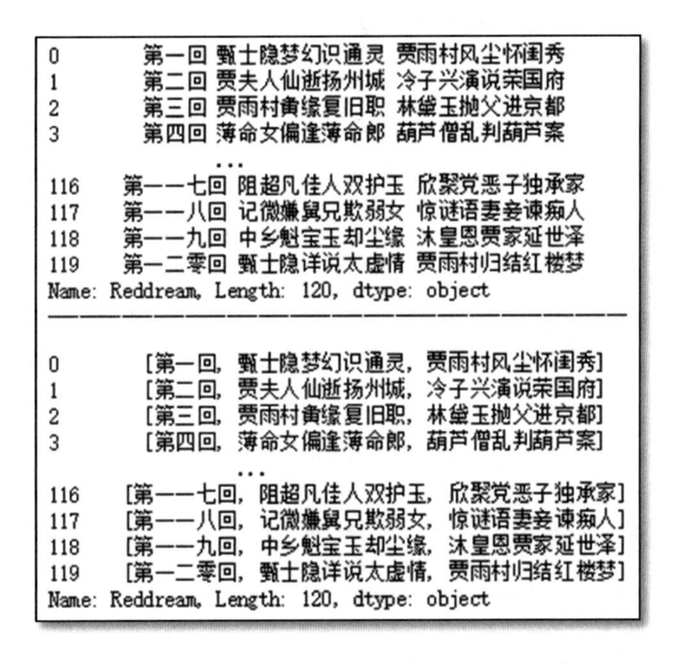

```
0        第一回 甄士隐梦幻识通灵 贾雨村风尘怀闺秀
1        第二回 贾夫人仙逝扬州城 冷子兴演说荣国府
2        第三回 贾雨村夤缘复旧职 林黛玉抛父进京都
3        第四回 薄命女偏逢薄命郎 葫芦僧乱判葫芦案
                    ...
116    第一一七回 阻超凡佳人双护玉 欣聚党恶子独承家
117    第一一八回 记微嫌舅兄欺弱女 惊谜语妻妾谏痴人
118    第一一九回 中乡魁宝玉却尘缘 沐皇恩贾家延世泽
119    第一二零回 甄士隐详说太虚情 贾雨村归结红楼梦
Name: Reddream, Length: 120, dtype: object
-----------------------------------------------------
0        [第一回, 甄士隐梦幻识通灵, 贾雨村风尘怀闺秀]
1        [第二回, 贾夫人仙逝扬州城, 冷子兴演说荣国府]
2        [第三回, 贾雨村夤缘复旧职, 林黛玉抛父进京都]
3        [第四回, 薄命女偏逢薄命郎, 葫芦僧乱判葫芦案]
                    ...
116    [第一一七回, 阻超凡佳人双护玉, 欣聚党恶子独承家]
117    [第一一八回, 记微嫌舅兄欺弱女, 惊谜语妻妾谏痴人]
118    [第一一九回, 中乡魁宝玉却尘缘, 沐皇恩贾家延世泽]
119    [第一二零回, 甄士隐详说太虚情, 贾雨村归结红楼梦]
Name: Reddream, Length: 120, dtype: object
```

图 9-8 提取《红楼梦》标题并切分内容

如图 9-8 所示，虚线上面的部分是提取出来的每章节的标题，下面的部分是按照空格切分后的列表。接下来将切分后的内容处理为数据框。

```
In[7]:##建立保存数据的数据框
    Red_df = pd.DataFrame(list(chapnamesplit),columns=["Chapter","Leftname",
```

```
        "Rightname"])
    Red_df
```

输出结果如图 9-9 所示。

	Chapter	Leftname	Rightname
0	第一回	甄士隐梦幻识通灵	贾雨村风尘怀闺秀
1	第二回	贾夫人仙逝扬州城	冷子兴演说荣国府
2	第三回	贾雨村夤缘复旧职	林黛玉抛父进京都
3	第四回	薄命女偏逢薄命郎	葫芦僧乱判葫芦案
...	...	...	...
116	第一一七回	阻超凡佳人双护玉	欣聚党恶子独承家
117	第一一八回	记微嫌舅兄欺弱女	惊谜语妻妾谏痴人
118	第一一九回	中乡魁宝玉却尘缘	沐皇恩贾家延世泽
119	第一二零回	甄士隐详说太虚情	贾雨村归结红楼梦

120 rows × 3 columns

图 9-9　建立保存数据的数据框

前面已经处理好了章节标题，下面继续计算每章包含多少个段落、多少个字和每章节的内容。找到每章节的开始段序号和结束段序号。

```
In[8]:##添加新的变量
    Red_df["Chapter2"] = np.arange(1,121)
    Red_df["ChapName"] = Red_df.Leftname+","+Red_df.Rightname
    ##每章节的开始行（段）索引
    Red_df["StartCid"] = indexhui[indexhui == True].index
    ##每章节的结束行数
    Red_df["endCid"] = Red_df["StartCid"][1:len(Red_df["StartCid"])].reset_index(drop = True) - 1
    Red_df["endCid"][[len(Red_df["endCid"])-1]] = RedDream.index[-1]
    ##每章节的段落长度
    Red_df["Lengthchaps"] = Red_df.endCid - Red_df.StartCid
    Red_df["Artical"] = "Artical"
    Red_df
```

输出结果如图 9-10 所示。

	Chapter	Leftname	Rightname	Chapter2	ChapName	StartCid	endCid	Lengthchaps	Artical
0	第一回	甄士隐梦幻识通灵	贾雨村风尘怀闺秀	1	甄士隐梦幻识通灵,贾雨村风尘怀闺秀	0	49.0	49.0	Artical
1	第二回	贾夫人仙逝扬州城	冷子兴演说荣国府	2	贾夫人仙逝扬州城,冷子兴演说荣国府	50	79.0	29.0	Artical
2	第三回	贾雨村夤缘复旧职	林黛玉抛父进京都	3	贾雨村夤缘复旧职,林黛玉抛父进京都	80	118.0	38.0	Artical
3	第四回	薄命女偏逢薄命郎	葫芦僧乱判葫芦案	4	薄命女偏逢薄命郎,葫芦僧乱判葫芦案	119	148.0	29.0	Artical
...	...	...	...	...	...	...	...	...	...
116	第一一七回	阻超凡佳人双护玉	欣聚党恶子独承家	117	阻超凡佳人双护玉,欣聚党恶子独承家	2942	2962.0	20.0	Artical
117	第一一八回	记微嫌舅兄欺弱女	惊谜语妻妾谏痴人	118	记微嫌舅兄欺弱女,惊谜语妻妾谏痴人	2963	2987.0	24.0	Artical
118	第一一九回	中乡魁宝玉却尘缘	沐皇恩贾家延世泽	119	中乡魁宝玉却尘缘,沐皇恩贾家延世泽	2988	3017.0	29.0	Artical
119	第一二零回	甄士隐详说太虚情	贾雨村归结红楼梦	120	甄士隐详说太虚情,贾雨村归结红楼梦	3018	3050.0	32.0	Artical

120 rows × 9 columns

图 9-10 每章节的段落、字数及其内容

新的数据框包括每章节的开始位置和结束位置，以及章节的段落数量。

为了计算每章节的字符长度，应将所有的段落使用""连接起来，然后将空格字符"\u3000"替换为""，最后使用 apply()方法计算每章节的长度，将每章节的长度作为字数。

```
In[9]:##每章节的内容
    for ii in Red_df.index:
        ##将内容使用""连接
        chapid = np.arange(Red_df.StartCid[ii]+1,int(Red_df.endCid[ii]))
        ##每章节的内容替换空格
        Red_df.loc[ii,"Artical"] =
"".join(list(RedDream.Reddream[chapid])).replace("\u3000","")
    ##计算某章节有多少个字
    Red_df["lenzi"] = Red_df.Artical.apply(len)
```

得到段落数和字数之后，需要分析两者之间的关系，并绘制散点图。

```
In[10]:mpl.rcParams['font.sans-serif'] = ['SimHei'] #指定默认字体
    mpl.rcParams['axes.unicode_minus'] = False
    #解决保存图片是负号显示为方块的问题

    ##字数和段落数的散点图一
    plt.figure(figsize=(8,6))
    plt.scatter(Red_df.Lengthchaps,Red_df.lenzi)
    for ii in Red_df.index:
        plt.text(Red_df.Lengthchaps[ii]+1,Red_df.lenzi[ii],Red_df.Chapter2[ii])
    plt.xlabel("章节段数")
    plt.ylabel("章节字数")
    plt.title("《红楼梦》120 回")
```

```
plt.show()

##字数和段落数的散点图二
plt.figure(figsize=(8,6))
plt.scatter(Red_df.Lengthchaps,Red_df.lenzi)
for ii in Red_df.index:
    plt.text(Red_df.Lengthchaps[ii]-2,Red_df.lenzi[ii]+100,Red_df.Chapter[ii],size = 7)
plt.xlabel("章节段数")
plt.ylabel("章节字数")
plt.title("《红楼梦》120 回")
plt.show()
```

上述程序生成的两幅散点图的不同之处在于每个点标注所用的文本不同，得到的标注散点图如图 9-11 所示。

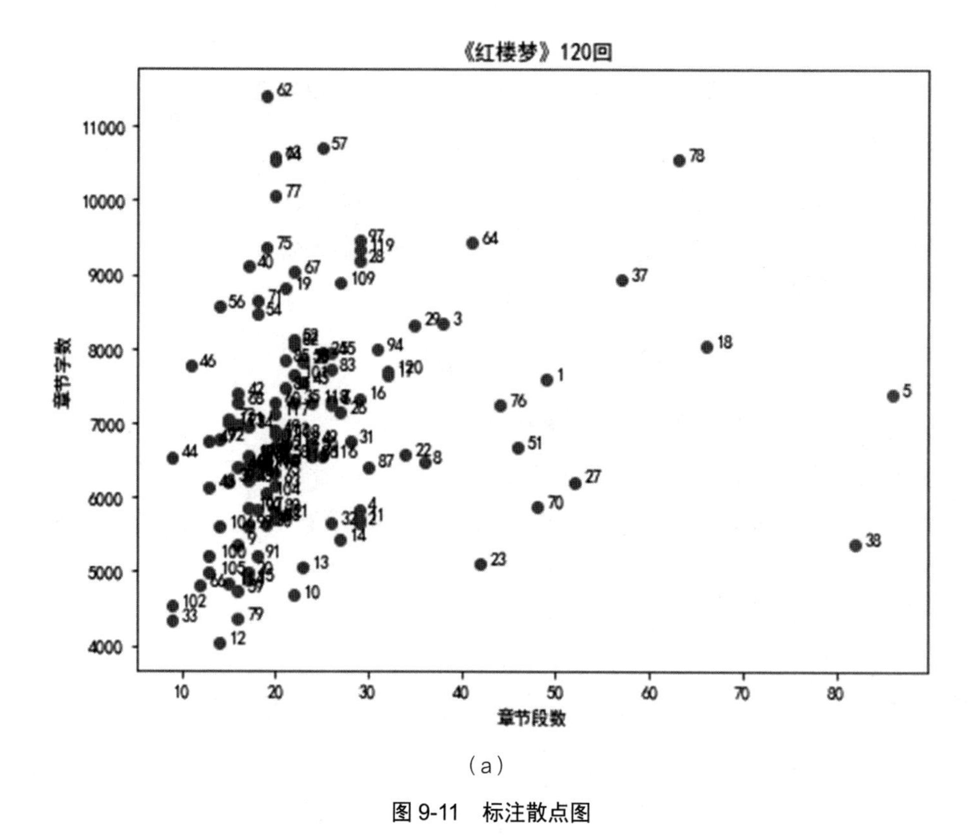

（a）

图 9-11　标注散点图

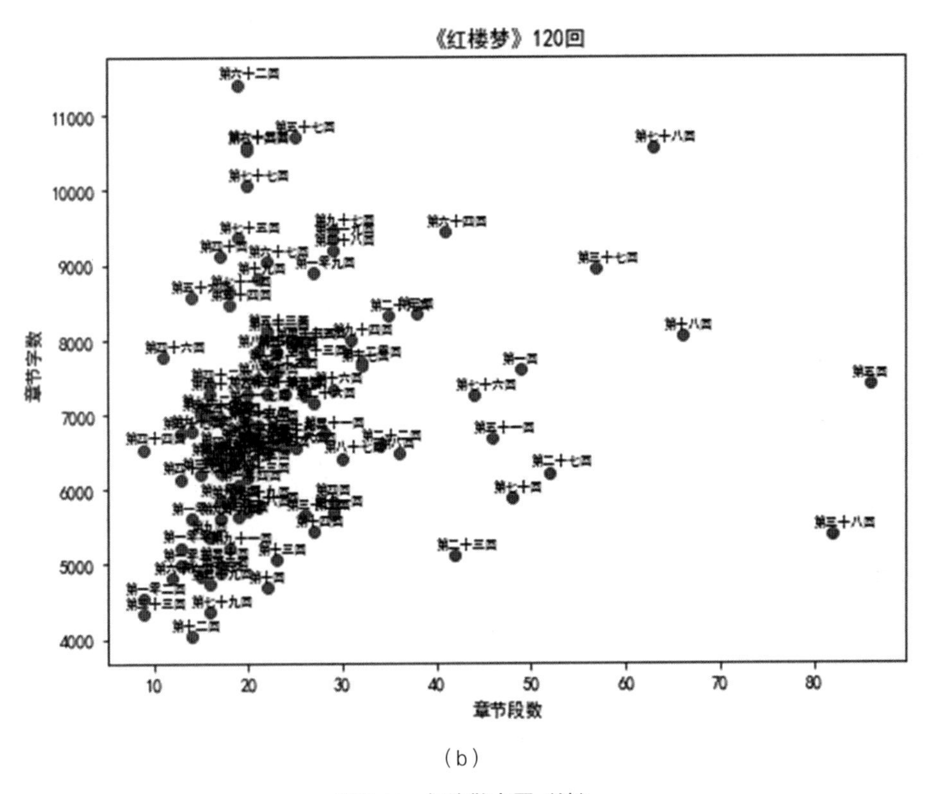

（b）

图 9-11 标注散点图（续）

如图 9-11 所示，整体的趋势是段落越多，字数越多。也可以使用另一种图片表现方式分析《红楼梦》中段落的变化情况。

```
In[11]:plt.figure(figsize=(12,10))
    plt.subplot(2,1,1)
    plt.plot(Red_df.Chapter2,Red_df.Lengthchaps,"ro-",label="段落")
    plt.ylabel("章节段数",Fontproperties=font)
    plt.title("《红楼梦》120 回",Fontproperties=font)
    ##添加平均值
    plt.hlines(np.mean(Red_df.Lengthchaps),-5,125,"b")
    plt.xlim((-5,125))
    plt.subplot(2,1,2)
    plt.plot(Red_df.Chapter2,Red_df.lenzi,"ro-",label = "段落")
    plt.xlabel("章节",Fontproperties=font)
    plt.ylabel("章节字数",Fontproperties=font)
    ##添加平均值
    plt.hlines(np.mean(Red_df.lenzi),-5,125,"b")
```

```
plt.xlim((-5,125))
plt.show()
```

输出结果如图 9-12 所示。

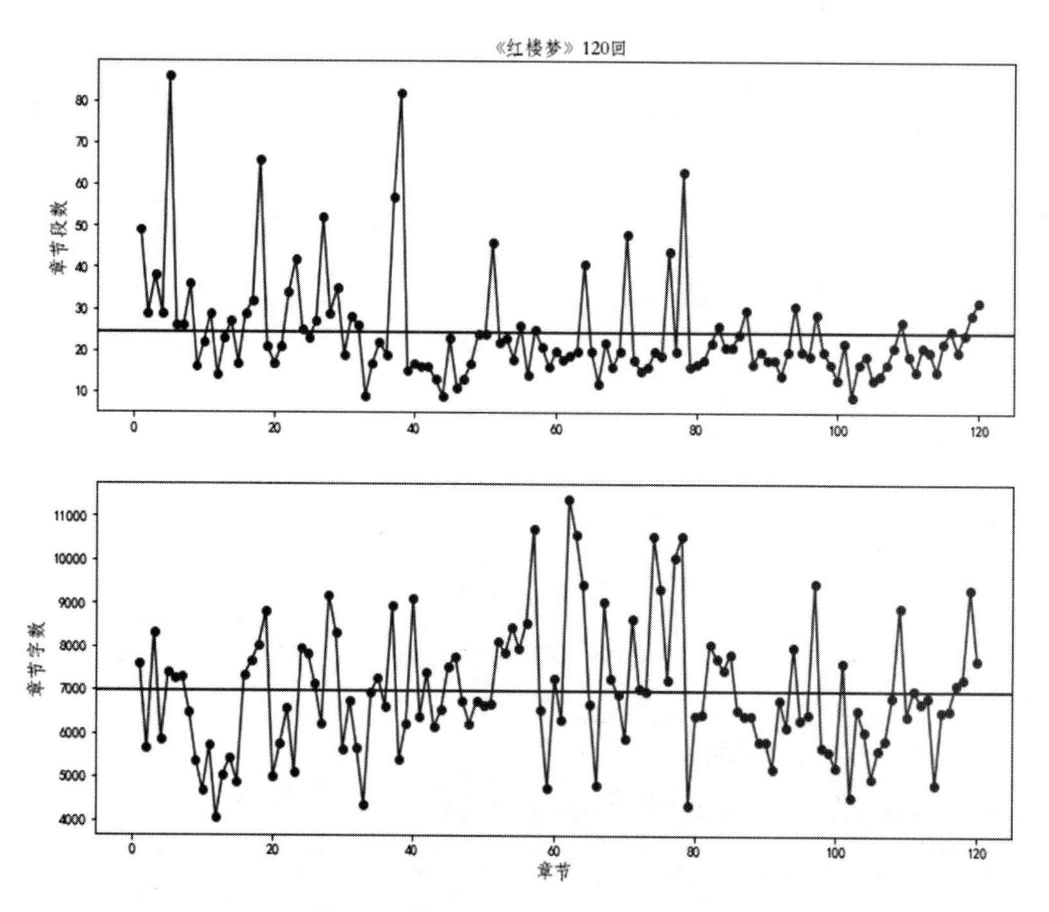

图 9-12 章节段数、字数与情节的发展趋势

需要注意图 9-12 中的中文显示。使用 Matplotlib 库作图时中文很容易显示为符号“□”，可以通过修改配置文件 matplotlibrc 来显示 Matplotlib 库中的中文，只不过这种方法比较麻烦，其实只要在代码中指定字体就可以。

第一种方法如下。

```
In[12]:mpl.rcParams['font.sans-serif'] = ['SimHei'] #指定默认字体
    mpl.rcParams['axes.unicode_minus'] = False
    #解决图片中负号显示为方块的问题
```

```
t = arange(-5*pi, 5*pi, 0.01)
y = sin(t)/t
plt.plot(t, y)
plt.title(u'这里写的是中文')
plt.xlabel(u'X 坐标')
plt.ylabel(u'Y 坐标')
plt.show()
```

输出结果如图 9-13 所示。

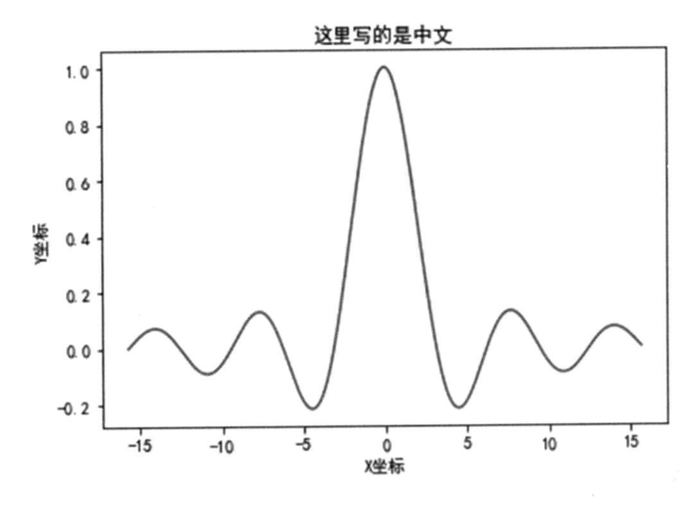

图 9-13　SimHei 字体

第二种方法如下。

```
In[13]:myfont=FontProperties(
    fname = "C:/Windows/Fonts/STFANGSO.TTF",size=14)

    t = arange(-5*pi, 5*pi, 0.01)
    y = sin(t)/t
    plt.plot(t, y)
    plt.title(u'这里写的是中文',fontproperties=myfont) #指定字体
    plt.xlabel(u'X 坐标',fontproperties=myfont)
    plt.ylabel(u'Y 坐标',fontproperties=myfont)
    plt.show()
```

输出结果如图 9-14 所示。

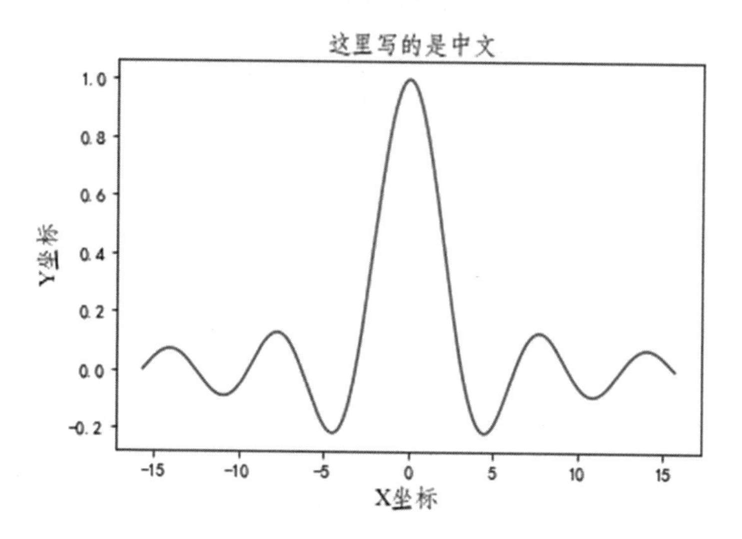

图 9-14 STFANGSO.TTF 字体且 size=14

9.2.3 分词及去除停用词

下面继续使用 jieba 库进行分词。

```
In[14]:#对《红楼梦》进行分词及去除停用词
    row,col = Red_df.shape                              #数据表的行列数
    Red_df["cutword"] = "cutword"                       #预定义列表
    for ii in np.arange(row):
        cutwords = list(jieba.cut(Red_df.loc[ii,'Artical'], cut_all=True))
        #使用 jieba 库对文本进行分词
        cutwords = pd.Series(cutwords)[pd.Series(cutwords).apply(len)>1]
        #去除长度为 1 的词
        cutwords = cutwords[~cutwords.isin(stopword['Stopwords'])]
        #去除停用词
        Red_df.cutword[ii] = cutwords.values            #生成全文的分词结果
    print(cutwords)                                     ##查看最后一段的分词结果
    print("---------------------------------------------------")
    print(cutwords.values)
```

这里首先使用 jieba 库对每章节的文本进行分词，生成的结果是一个列表。然后转化为 Pandas 库中的 series（序列），通过选取长度大于 1 的词汇，去除长度为 1 的单个字。再通过 isin()函数去除停用词。最终生成去除停用词的文件，放入 Pandas 库的 DataFrame 中。最后一段的分词结果如图 9-15 所示。

```
10        不好
12        连忙
17       巧姐儿
18        姐儿
        ...
5677      竿头
5682      辛酸
5685      荒唐
5687      可悲
Length: 1743, dtype: object
------------------------------------------------------------
['不好' '连忙' '巧姐儿' ... '辛酸' '荒唐' '可悲']
```

图 9-15 最后一段的分词结果

查看全文的分词结果。

```
In[15]:##查看全文的分词结果
    Red_df.cutword
```

至此，分词完成。《红楼梦》120 回的分词结果如图 9-16 所示。

```
0      [开卷, 第一, 第一回, 一回, 作者, 一番, 梦幻, 真事, 隐去, 之说, <<, ...
1      [诗云, 一局, 输赢, 逡巡, 目下, 兴衰, 旁观, 冷眼, 却说, 封肃, 听见, 公...
2      [却说, 回头, 乃是, 当日, 同僚, 一案, 张如圭, 本系, 家居, 打听, 起复, ...
3      [却说, 姊妹, 王夫人, 夫人, 王夫人, 夫人, 兄嫂, 计议, 家务, 姨母, 遭人,...
                              ...
116    [王夫人, 夫人, 打发, 发人, 商量, 宝玉, 听见, 和尚, 在外, 外头, 赶忙, ...
117    [说话, 邢王二, 王二夫人, 夫人, 一段, 一段话, 明知, 挽回, 王夫人, 夫人, ...
118    [宝玉, 说话, 摸不着, 摸不着头脑, 不着, 头脑, 听宝玉, 宝玉, 傻丫头, 丫头,...
119    [不好, 连忙, 巧姐儿, 姐儿, 平儿, 走到, 只见, 人心, 心痛, 难禁, 时气, ...
Name: cutword, Length: 120, dtype: object
```

图 9-16 《红楼梦》120 回的分词结果

9.2.4 制作词云图

分词和词频都准备好之后就可以制作词云图。

通过 Python 中的 wordcloud 库制作词云图有两种方式：第一种是使用“/”将词分开的文本形式；第二种是指定 { 词语：频率 } 字典形式的词频。生成词云图的 3 个步骤如下。

（1）配置对象参数。

width：指定词云图对象生成图片的宽度，默认为 400 像素。

height：指定词云图对象生成图片的高度，默认为 200 像素。

min_font_size：指定词云图中字体的最小字号，默认为 4 号。

max_font_size：指定词云图中字体的最大字号，根据高度自动调节。

font_step：指定词云图中字体字号的步进间隔，默认为 1。

font_path：指定字体文件的路径，默认为 None。

max_words：指定词显示的最大单词数量，默认为 200。

stop_words：指定词云图的排除词列表，即不显示的单词列表。

mask：指定词云图的形状，默认为长方形，需要引用 imread()函数。

background_color：指定词云图的背景颜色，默认为黑色。

（2）加载词云图文本/词频。

加载文本的程序如下。

```
.generate(cuttxt)   #分词文本
```

加载词频的程序如下。

```
. generate_from_frequencies (word_dict)  #字典格式的词频
```

（3）输出词云图文件（默认的图片大小为 400 像素×200 像素）。

```
.to_file('wc.png')
```

下面举例说明。

```
import wordcloud
import jieba
import matplotlib.pyplot as plt

txt="Python 是一种跨平台的计算机程序设计语言。"
c=wordcloud.WordCloud(width=1000, height=700, font_path="msyh.ttc")
c.generate(" ".join(jieba.lcut(txt)))        #对中文进行分词处理
c.to_file("...../1.png")                      #保存图片

#若显示图片，则加上下面的代码
plt.figure(figsize=(10,10))
plt.imshow(c)
plt.axis("off")
plt.show()
```

生成的词云图如图 9-17 所示。

图 9-17 词云图

下面绘制《红楼梦》词云图。

```
In[16]:#生成《红楼梦》词云图（一）
    wlred = WordCloud(font_path=r"C:/Windows/Fonts/simhei.ttf",
                      margin=5,width=1800,height=800
                     ).generate("/".join(np.concatenate(Red_df.cutword)))
    # 其中，"/".join(np.concatenate(Red_df.cutword))语句用于连接全文的词
    plt.figure(figsize=(10,10))
    plt.imshow(wlred)
    plt.axis("off")
    plt.show()
    #注：上述代码若出现“OSError: cannot open resource”提示错误，主要是因为没有匹配的字体
    #可以尝试把 simhei.ttf 换成计算机中有的字体
```

上面的程序使用"/".join(np.concatenate(Red_df.cutword))先将所有章节的分词结果连接起来，然后通过 wordcloud 库和 generate 库生成词云图。参数 font_path 用来指定词云图中的字体。《红楼梦》词云图如图 9–18 所示。

图 9-18 《红楼梦》词云图

下面使用{ 词语：频率 }字典的形式通过 generate_from_frequencies()函数生成词云图，该函数需要指定每个词语和它对应的频率组成的字典，绘制词云图的程序如下。

```
In[17]:#生成《红楼梦》词云图（二）
    words = np.concatenate(Red_df.cutword)#连接 list
```

```
word_counts = Counter(words)                              #对分词做词频统计
print(word_counts.most_common(10))                        #打印词频最高的 10 个词汇

redcold = WordCloud(font_path=r"C:/Windows/Fonts/simhei.ttf",
                    margin=5,
                    width=1800,
                    height=1800)
redcold.generate_from_frequencies(word_counts)   #词频生成词云图
plt.figure(figsize=(10,10))
plt.imshow(redcold)
plt.axis("off")
plt.show()
```

词频最高的 10 个词汇如下。

```
[('宝玉', 3862),
 ('太太', 1862),
 ('一个', 1492),
 ('夫人', 1411),
 ('姑娘', 1105),
 ('王夫人', 1039),
 ('不知', 1012),
 ('丫头', 965),
 ('老太', 954),
 ('老太太', 948)]
```

这里首先将分词后的所有词汇连接成列表，再通过 Counter()函数统计出所有词汇对应的词频，最后使用 generate_from_frequencies()函数生成词云图，如图 9-19 所示。

图 9-19　使用字典方法生成的《红楼梦》词云图

接下来继续介绍利用图片生成有背景图片的词云图，程序如下。

```
In[18]:#生成《红楼梦》词云图（三）
    #生成词云图也可以用计算好的字典式词频，再使用 generate_from_frequencies()函数

    back_image = imread(r"……\bg.jpg")                  #加背景图，这里省略了图片的具体路径
    red_wc = WordCloud(font_path="C:/Windows/Fonts/simhei.ttf", #设置字体
                 margin=5,                              #字体之间的密集程度
                 width=2800,height=2400,                #图形的宽度和高度
                 background_color="black",              #背景颜色
                 max_words=2000,                        #词云图显示的最大词数
                 mask=back_image,                       #设置背景图片
                 # max_font_size=100,                   #字体最大值
                 random_state=42,
                 ).generate("/".join(np.concatenate(Red_df.cutword)))
    image_colors = ImageColorGenerator(back_image)   #从背景图片生成颜色值

    #绘制词云图
    plt.figure(figsize=(12,8))
    plt.imshow(red_wc.recolor(color_func=image_colors))
    plt.axis("off")
    plt.show()
```

输出结果如图 9-20 所示。

图 9-20　带背景的词云图

上面的程序首先读取了需要使用作为背景和配色的图片 back_image，然后指定 WordCloud() 中的 mask=back_image，通过 image_colors = ImageColorGenerator (back_image)语句，从图片中的颜色生成词云图中字体的颜色，最后通过 plt.imshow (red_wc.recolor(color_func=image_colors))绘制词云图。

通过词云图可以知晓词语的频数情况，还可以通过绘制词语出现次数的直方图来查看文章中词语的出现情况。接下来绘制词频大于 500 的直方图，程序如下。

```
In[19]:#将上面统计的词频做成 DataFrame
    Word = []
    number = []
    wordlen =[]
    dd = word_counts.most_common()#将前面已经统计的词频进行排序
    for i,j in dd:
        Word.append(i)
        number.append(int(j))
        wordlen.append(len(i))
    word_stat = pd.DataFrame({'Word':Word,'number':number,"wordlen":wordlen})
    #word_stat.to_excel('....../red.xlsx')

    #绘制词频大于 500 的直方图
    newdata = word_stat.loc[word_stat.number > 500]                    #筛选数据
    newdata.plot(kind="bar",x="Word",y="number",figsize=(10,7))        #绘制直方图
    plt.xticks(FontProperties = font,size = 10)                        #设置 X 轴刻度上的文本
    plt.xlabel("关键词",Fontproperties=font)                            #设置 X 轴上的标签
    plt.ylabel("频数",Fontproperties=font)
    plt.title("《红楼梦》",Fontproperties=font)
    plt.show()
```

输出结果如图 9-21 所示。

也可以绘制词频大于 250 的直方图，程序如下。

```
In[20]:#绘制词频大于 250 的直方图
    newdata = word_stat.loc[word_stat.number > 250]                    #筛选数据
    newdata.plot(kind="bar",x="Word",y="number",figsize=(16,7))        #绘制直方图
    plt.xticks(FontProperties = font,size = 10)
    plt.xlabel("关键词",Fontproperties=font)
    plt.ylabel("频数",Fontproperties=font)
    plt.title("《红楼梦》",Fontproperties=font)
    plt.show()
```

输出结果如图 9-22 所示。

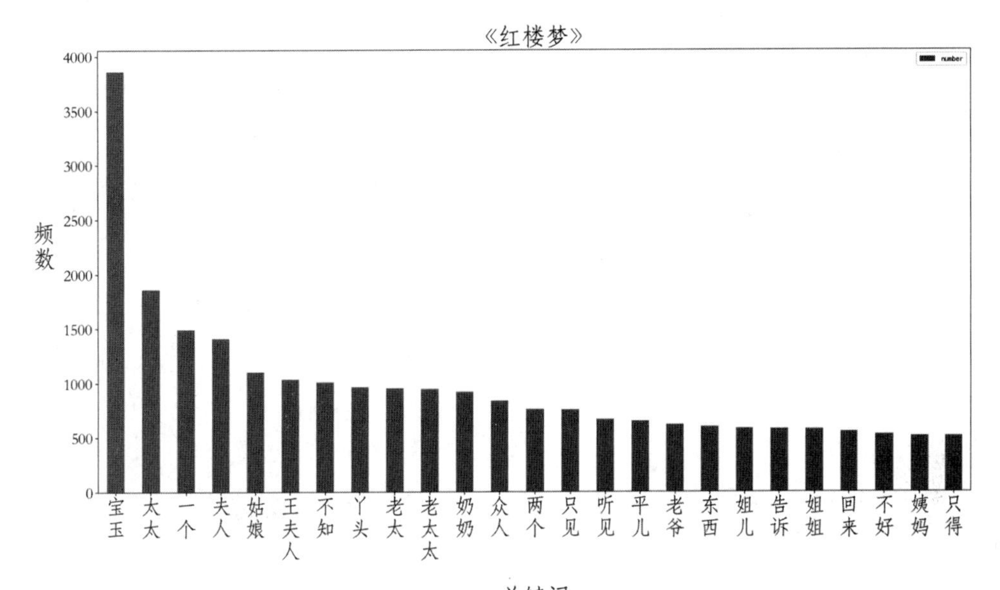

图 9-21 词频大于 500 的直方图

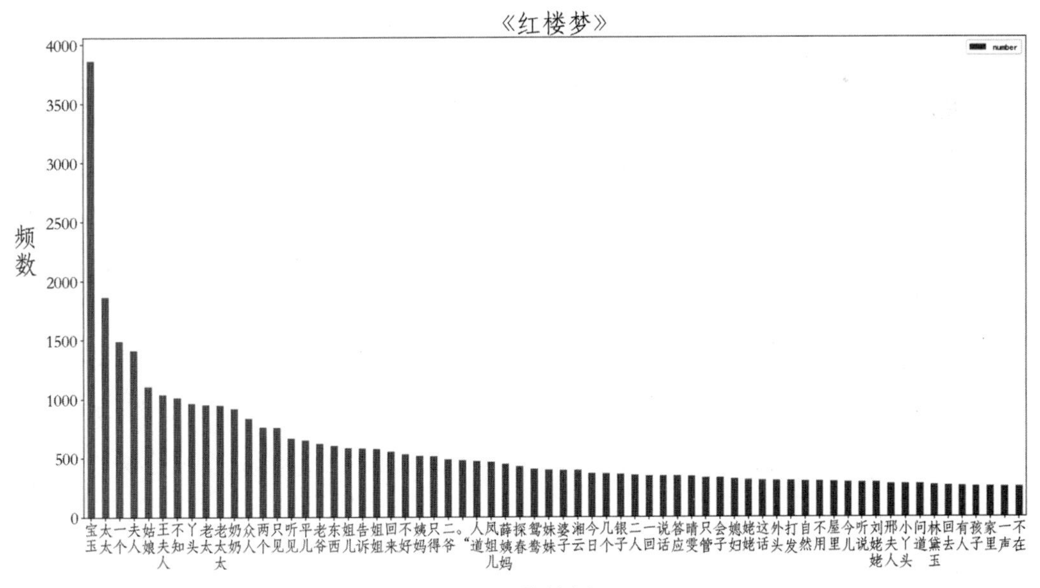

图 9-22 词频大于 250 的直方图

由图 9-22 可知，宝玉确实是《红楼梦》的主角，其出现的频数最大。

至此，《红楼梦》的文本数据已经处理妥当，为了方便后续使用，先进行保存。

```
In[21]:##保存数据
   Red_df.to_json(r"……\Red_dream_data.json")
```

这里把数据保存为 JSON 格式，当然也可以保存为 CSV 格式，但有时读取会出现错误，尤其是当 Excel 版本较低时，保存为 JSON 格式在读取时不会出错，在默认路径下会多一个 Red_dream_data.json 文件。

上面绘制的是整本书的词云图，接下来绘制每章节的词云图，程序如下。

```
In[22]:##编写一个函数
   def plotwordcould(wordlist,title,figsize=(12,8)):
       """
       该函数用来绘制一个列表的词云图
       wordlist：词组成的一个列表
       title：图的名称
       """
       ##统计词频
       from collections import Counter
       words = wordlist
       name = title
       wordcount = Counter()
       for word in words:
           if len(word) > 1 and word not in stopword['Stopwords']:
               wordcount[word] += 1
       Word = []
       number = []
       wordlen =[]
       dd = wordcount.most_common()
       for i,j in dd:
           Word.append(i)
           number.append(int(j))
           wordlen.append(len(i))
       word_stat = pd.DataFrame({'Word':Word,'number':number,"wordlen":wordlen})
       word_stat
       ##将词和词频组成字典数据
       worddict = {}
       for key,value in zip(word_stat.Word,word_stat.number):
           worddict[key] = value
```

```
    #生成词云图，这里使用 generate_from_frequencies()函数
    red_wc = WordCloud(font_path="C:/Windows/Fonts/simhei.ttf", #设置字体
                       margin=5, width=1800, height=1800,          #字体的清晰度
                       background_color="black",                   #背景颜色
                       max_words=800,                              #词云图显示的最大词数
                       max_font_size=400,                          #字号最大值
                       random_state=42,                            #随机状态种子数
                       ).generate_from_frequencies(frequencies=worddict)
    #绘制词云图
    plt.figure(figsize=figsize)
    plt.imshow(red_wc)
    plt.axis("off")
    plt.title(name,FontProperties=font,size = 12)
    plt.show()
```

上面定义的 plotwordcould()函数用于生成词云图。接下来可以通过 for 循环调用此函数绘制每章节的词云图，程序如下。

```
In[23]:##调用函数
    print("plot all red deram wordcould")
    t0 = time.time()
    for ii in np.arange(12):
        ii = ii * 10
        name = Red_df.Chapter[ii]+":"+ Red_df.Leftname[ii]+","+ Red_df.Rightname[ii]
        words = Red_df.cutword[ii]
        plotwordcould(words,name,figsize=(12,8))
    print("Plot all wordcolud use %.2fs"%(time.time()-t0))
```

针对每章节的内容，也可以分析出现次数较多的词都有哪些。

首先定义一个用来统计一个列表中人物出现频率的函数，然后使用每章节的分词后的结果调用函数，绘制直方图，程序如下。

```
In[24]:#针对每章节内容分析出现次数较多的词都有哪些
    def plotredmanfre(wordlist,title,figsize=(12,6)):
        """
        该函数用来统计一个列表中的人物出现的频率
        wordlist：词组成的一个列表
        title：图的名称
        """
        ##统计词频
        words = wordlist
        name = title
```

```
    wordcount = Counter()
    for word in words:
        if len(word) > 1 and word not in stopword['Stopwords']:
            wordcount[word] += 1
    Word = []
    number = []
    wordlen =[]
    dd = wordcount.most_common()
    for i,j in dd:
        Word.append(i)
        number.append(int(j))
        wordlen.append(len(i))
    word_stat = pd.DataFrame({'Word':Word,'number':number,"wordlen":wordlen})
    wordname = word_stat.loc[word_stat.Word.isin(word_stat.iloc[:,0]
                          .values)].reset_index(drop = True)

    ##直方图
    ##绘制直方图
    size = np.min([np.max([6,np.ceil(300 / (wordname.shape[0]+1))]),12])
    wordname.plot(kind="bar",x="Word",y="number",figsize=(10,8))
    plt.xticks(FontProperties = font,size = size)
    plt.xlabel("人名",FontProperties = font)
    plt.ylabel("频数",FontProperties = font)
    plt.title(name,FontProperties = font)
    plt.show()
```

调用函数为每章节出现次数较多的人物绘制直方图，程序如下。

```
In[25]:print("plot  所有章节的人物词频")
   t0 = time.time()
   for ii in np.arange(120):
       name = Red_df.Chapter[ii]+":"+Red_df.Leftname[ii]+","+Red_df.Rightname[ii]
       words = Red_df.cutword[ii]
       plotredmanfre(words,name,figsize=(30,6))
   print("Plot 所有章节的人物词频 use %.2fs"%(time.time()-t0))
```

9.3 文本聚类分析

聚类分析（Cluster analysis，也可称为群集分析）是对统计数据进行分析的一门技术，可以应用于许多领域，如机器学习、数据挖掘、模式识别、图像分析及生物信息。聚类是把相似的对象通过静态分类的方法分成不同的组别或更多的子集（Subset），使同一个子集中的成员对象都有相似的一些属性，常见的包括在坐标系中有更短的空间距离等。一般把数据聚类归纳为一种非监督式学习。

文本聚类分析是聚类分析中的一个具体的应用，本节主要使用《红楼梦》每章节的分词结果，对《红楼梦》的章节进行聚类分析。聚类适用的数据为文本的 TF-IDF 矩阵。

读取前面保存的数据文件 Red_dream_data.json。

```
In[26]:##读取数据
    import pandas as pd
    Red_df = pd.read_json(r"……\Red_dream_data.json")
```

9.3.1 构建分词 TF-IDF 矩阵

TF-IDF 指的是，如果某个词或短语在一篇文章中出现的频率高，并且在其他文章中很少出现，则认为此词或短语具有很好的分类区分能力，适合用来分类。简单地说，TF-IDF 可以反映语料库中某篇文档的某个词的重要性。TF-IDF 是一种统计方法，用于评估一个字词对一个文件集或一个语料库中的其中一份文件的重要程度。字词的重要性随着它在文件中出现的次数成正比增加，但同时会随着它在语料库中出现的频率成反比下降。

TF-IDF 主要用到了两个函数：CountVectorizer() 和 TfidfTransformer()。CountVectorizer()函数通过 fit_transform()函数将文本中的词语转换为词频矩阵，矩阵元素 weight[i][j]表示 j 词在第 i 个文本中的词频，即各个词语出现的次数；通过 get_feature_names()函数可以看到所有文本的关键字，通过 toarray()函数可以看到词频矩阵的结果。TfidfTransformer()函数中嵌套了 fit_transform()函数，fit_transform()函数的作用是计算 TF-IDF 值。得到相应的矩阵之后，就可以对章节进行聚类分析。使用 CountVectorizer()函数可以将使用空格分开的词整理为语料库，程序如下。

```
In[27]:#准备工作，将分词后的结果整理成 CountVectorizer()函数可以使用的形式
    #将分词结果使用空格连接为字符串，并组成列表，每段为列表中的一个元素
    from sklearn.feature_extraction.text import CountVectorizer, TfidfTransformer,
TfidfVectorizer

    articals = []
    for cutword in Red_df.cutword:
        articals.append(" ".join(cutword))
    ##构建语料库，并计算 TF - IDF 矩阵
    vectorizer = CountVectorizer()
```

```
transformer = TfidfVectorizer()
tfidf = transformer.fit_transform(articals)
##tfidf 以稀疏矩阵的形式存储
print(tfidf)
##将 tfidf 转化为数组的形式
dtm = tfidf.toarray()
dtm
```

输出结果如图 9-23 所示。

```
(0, 13581)	0.017272284534558903
(0, 12279)	0.009244768378776 33
(0, 17254)	0.01579222347216299
(0, 5840)	0.02371529368915677 5
(0, 23572)	0.012364122719322718
(0, 7767)	0.019456696280617077
(0, 1940)	0.0150158147764454
(0, 2984)	0.007060356632718158
(0, 13778)	0.01789289153494444
(0, 1773)	0.019456696280617077
(0, 22404)	0.013769018013828429
(0, 10465)	0.01789289153494444
(0, 24367)	0.014350732329696702
(0, 9811)	0.007394864173092401
(0, 8432)	0.0300316295528908
(0, 13595)	0.023715293689156775
(0, 13594)	0.009677419960461465
(0, 24429)	0.01789289153494444
(0, 21457)	0.023715293689156775
(0, 6330)	0.007755327598407957
(0, 16692)	0.016794803672791316
(0, 15864)	0.014671386957645506
(0, 15218)	0.014671386957645506
(0, 15217)	0.012786927584024069
(0, 15162)	0.01579222347216299

array([[0., 0., 0., ..., 0., 0., 0.],
       [0., 0., 0., ..., 0., 0., 0.],
       [0., 0., 0., ..., 0., 0., 0.],
       ...,
       [0., 0., 0., ..., 0., 0., 0.],
       [0., 0., 0., ..., 0., 0., 0.],
       [0., 0., 0., ..., 0., 0., 0.]])
```

图 9-23　构建分词的 TF-IDF 矩阵

9.3.2　*K*-Means 聚类

下面先介绍余弦相似和 *K*-Means 聚类的概念。

余弦相似：是指通过测量两个向量的夹角的余弦值来度量它们之间的相似性。当两个文本向量的夹角的余弦值等于 1 时，这两个文本完全重复；当两个文本向量的夹角的余弦值接近于 1 时，这两个文本相似；夹角的余弦值越小，这两个文本越不相关。

K-Means 聚类：对于给定的样本集 A，按照样本之间的距离大小，将样本集 A 划分为 K 个簇，即 $A_1,A_2,\cdots,A_K$。让这些簇内的点尽量紧密地连在一起，而尽可能增加簇间的距离。K-Means 算法是无监督的聚类算法，目的是使每个点都属于离它最近的均值（此即聚类中心）对应的簇 A_i 中。这里的聚类分析使用的是 nltk 库。

下面的程序将使用 K-Means 算法对数据进行聚类分析，然后得到每章节所属类别，并用直方图展示每个类有多少个章节。

```
In[28]:##使用夹角余弦距离进行 K-Means 聚类
    import nltk
    from nltk.cluster.kmeans import KMeansClusterer
    kmeans = KMeansClusterer(num_means=3,        #聚类数目
    distance=nltk.cluster.util.cosine_distance, #夹角余弦距离
    )
    kmeans.cluster(dtm)
    ##聚类得到的类别
    labpre = [kmeans.classify(i) for i in dtm]
    kmeanlab = Red_df[["ChapName","Chapter"]]
    kmeanlab["cosd_pre"] = labpre
    kmeanlab
```

输出结果如图 9-24 所示。

下面用直方图展示每个类包含多少个章节。

```
In[29]:##查看每个类有多少个分组
    import matplotlib.pyplot as plt
    count = kmeanlab.groupby("cosd_pre").count()
    ##将分类可视化
    count.plot(kind="barh",figsize=(15,10 ),color=("gray", "black"))
    for xx,yy,s in zip(count.index,count.ChapName,count.ChapName):
        plt.text(y =xx-0.1, x = yy+0.5,s=s)
    plt.ylabel("cluster label")
    plt.xlabel("number")
    plt.show()
```

输出结果如图 9-25 所示。

	ChapName	Chapter	cosd_pre
0	甄士隐梦幻识通灵,贾雨村风尘怀闺秀	第一回	2
1	贾夫人仙逝扬州城,冷子兴演说荣国府	第二回	2
2	贾雨村夤缘复旧职,林黛玉抛父进京都	第三回	1
3	薄命女偏逢薄命郎,葫芦僧乱判葫芦案	第四回	2
4	游幻境指迷十二钗,饮仙醪曲演红楼梦	第五回	1
...	...	...	...
115	得通灵幻境悟仙缘,送慈柩故乡全孝道	第一一六回	1
116	阻超凡佳人双护玉,欣聚党恶子独承家	第一一七回	1
117	记微嫌舅兄欺弱女,惊谜语妻妾谏痴人	第一一八回	1
118	中乡魁宝玉却尘缘,沐皇恩贾家延世泽	第一一九回	2
119	甄士隐详说太虚情,贾雨村归结红楼梦	第一二零回	2

120 rows × 3 columns

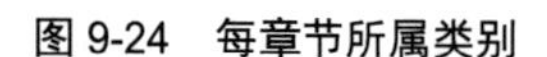

图 9-24　每章节所属类别

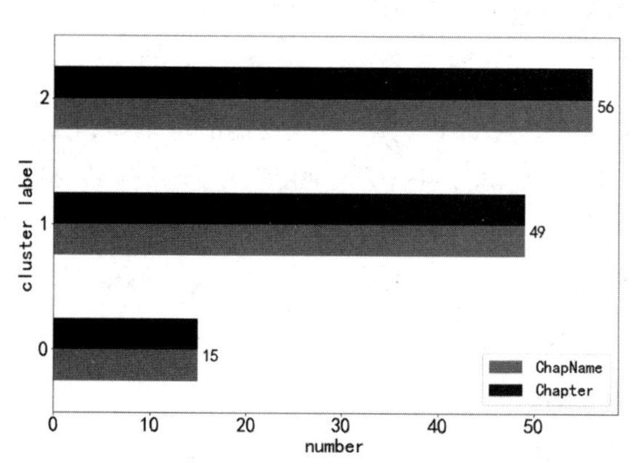

图 9-25　分类可视化

9.3.3　MDS 降维

接下来使用降维技术将 TF-IDF 矩阵降维，并将类别可视化，以方便查看。

多维标度（Multidimensional Scaling，MDS，也可称为多维尺度）也叫相似度结构分析（Similarity Structure Analysis），属于多重变量分析方法之一，是社会学、心理学、市场营销等统计实证分析的常用方法。MDS 在降低数据维度时尽可能保留样本之间的相对距离。

```
In[30]:##聚类结果可视化
    ##使用 MDS 对数据进行降维
    import numpy as np
    from sklearn.manifold import MDS
    mds = MDS(n_components=2,random_state=123)
    coord = mds.fit_transform(dtm)
    print(coord.shape)
    ##绘制降维后的结果
    plt.figure(figsize=(8,8))
    plt.scatter(coord[:,0],coord[:,1],c=kmeanlab.cosd_pre)
    for ii in np.arange(120):
        plt.text(coord[ii,0]+0.02,coord[ii,1],s = Red_df.Chapter2[ii])
    plt.xlabel("X")
    plt.ylabel("Y")
    plt.title("K-Means MDS")
    plt.show()
```

输出结果如图 9-26 所示。

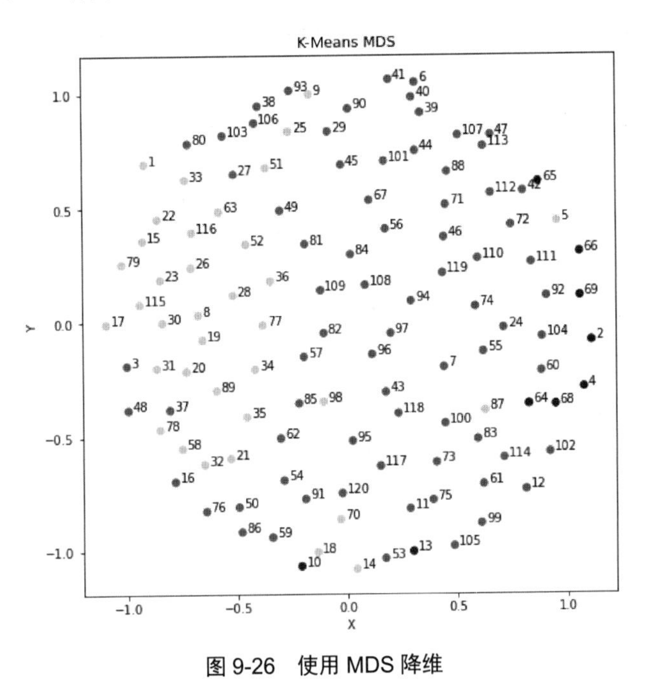

图 9-26 使用 MDS 降维

针对在 MDS 下每章节的相对分布情况，章节之间没有很明显的分界线（因为这是一本书，讲的是一个故事），但并不是说根据章节进行聚类分析是没有意义的，因为各章节都是不一样的，而且相互之间的联系也是不同的。

9.3.4 PCA 降维

一般来说获取的原始数据的维度都很高，如 1000 个特征，在这 1000 个特征中可能包含很多无用的信息或噪声，真正有用的特征可能只有 100 个，可以运用 PCA 方法将 1000 个特征降到 100 个特征。这样不仅可以去除无用的噪声，还可以减少很大的计算量。例如，如果要判断两张照片是不是同一时期的同一个人，每张照片提供的描述信息有编号、性别、年龄、体重、身高、脸型、发型。这组信息属于 7 维，但是要甄别是否为同一个人，7 维数据完全可以转化为 5 维，因为编号这个维度其实没有太大的用处，另外，假设体重也不是两极分化，单看照片体重是分辨不出来的，所以体重这个维度也可以忽略。当然，这个例子可能不太恰当，没有经过计算就直接删除了两个维度，更多的时候需要计算之后才能知道可以降多少维。

PCA 是一种常见的数据降维方法，其目的是在“信息”损失较小的前提下，将高维数据转换为低维数据，从而减小计算量。PCA 方法不仅可以用于高维数据集的探索与可视化，还可以用于数据压缩、数据预处理等。PCA 方法可以把可能具有线性相关性的高维变量变为线性无关的低维变量，称为主成分（Principal Components），新的低维数据集会尽可能保留原始数据的变量，可以在将高维数据集映射到低维空间的同时，尽可能保留更多的变量。

如果读者的《线性代数》学得比较好，则可以从这个角度进行理解。原始空间是三维的(x,y,z)，x、y、z 分别是原始空间的 3 个基，可以通过某种方法用新的坐标系(a,b,c)来表示原始数据，那么 a、b、c 就是新的基，它们组成新的特征空间。在新的特征空间中，可能所有的数据在 c 上的投影都接近于 0，即可以忽略，因此，可以直接用(a,b)来表示数据，这样数据就从三维的(x,y,z)降到了二维的(a,b)。

PCA 降维其实就是一个实对称矩阵对角化的过程，其主要性质是，保留了最大的方差方向，以及从变换特征回到原始特征的误差最小。

```
In[31]:##聚类结果可视化
    ##使用 PCA 方法对数据进行降维
    from sklearn.decomposition import PCA
    pca = PCA(n_components=2)
    pca.fit(dtm)
    print(pca.explained_variance_ratio_)
    ##对数据进行降维
    coord = pca.fit_transform(dtm)
    print(coord.shape)
    ##绘制降维后的结果
    plt.figure(figsize=(8,8))
    plt.scatter(coord[:,0],coord[:,1],c=kmeanlab.cosd_pre)
    for ii in np.arange(120):
        plt.text(coord[ii,0]+0.02,coord[ii,1],s = Red_df.Chapter2[ii])
    plt.xlabel("主成分 1",FontProperties = font)
    plt.ylabel("主成分 2",FontProperties = font)
    plt.title("K-Means PCA")
    plt.show()
```

输出结果如图 9-27 所示。由 PCA 降维的可视化结果可以看出，有些章节的内容和大部分的内容的距离很远。

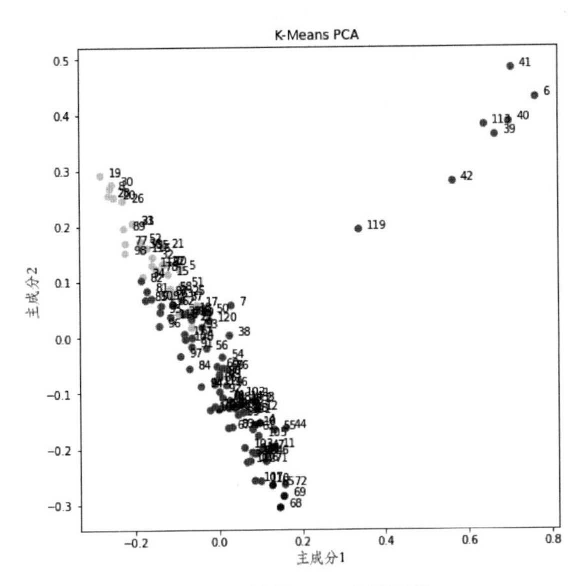

图 9-27　使用 PCA 方法降维

9.3.5　HC 聚类

HC 聚类是聚类算法的一种，通过计算不同类别数据点之间的相似度来创建一棵有层次的嵌套聚类树。在聚类树中，不同类别的原始数据点是树的最低层，树的顶层是一个聚类的根节点。创建聚类树有自下而上合并和自上而下分裂两种方法。下面实现系统聚类算法，并将聚类结果可视化，主要使用了 SciPy 库中的 cluster 模块。

```
In[32]:##层次聚类
    from scipy.cluster.hierarchy import dendrogram,ward
    from scipy.spatial.distance import pdist,squareform
    ##标签，每章节的标题
    labels = Red_df.Chapter.values
    cosin_matrix = squareform(pdist(dtm,'cosine'))  #计算每章节的距离矩阵
    ling = ward(cosin_matrix)                       ##根据距离聚类
    ##聚类结果可视化
    fig, ax = plt.subplots(figsize=(10, 15))        #设置大小
    ax = dendrogram(ling,orientation='right', labels=labels);
    plt.yticks(FontProperties = font,size = 8)
    plt.title("《红楼梦》各章节层次聚类",FontProperties = font)
    plt.tight_layout()                              #展示紧凑的绘图布局
    plt.show()
```

输出结果如图 9-28 所示。

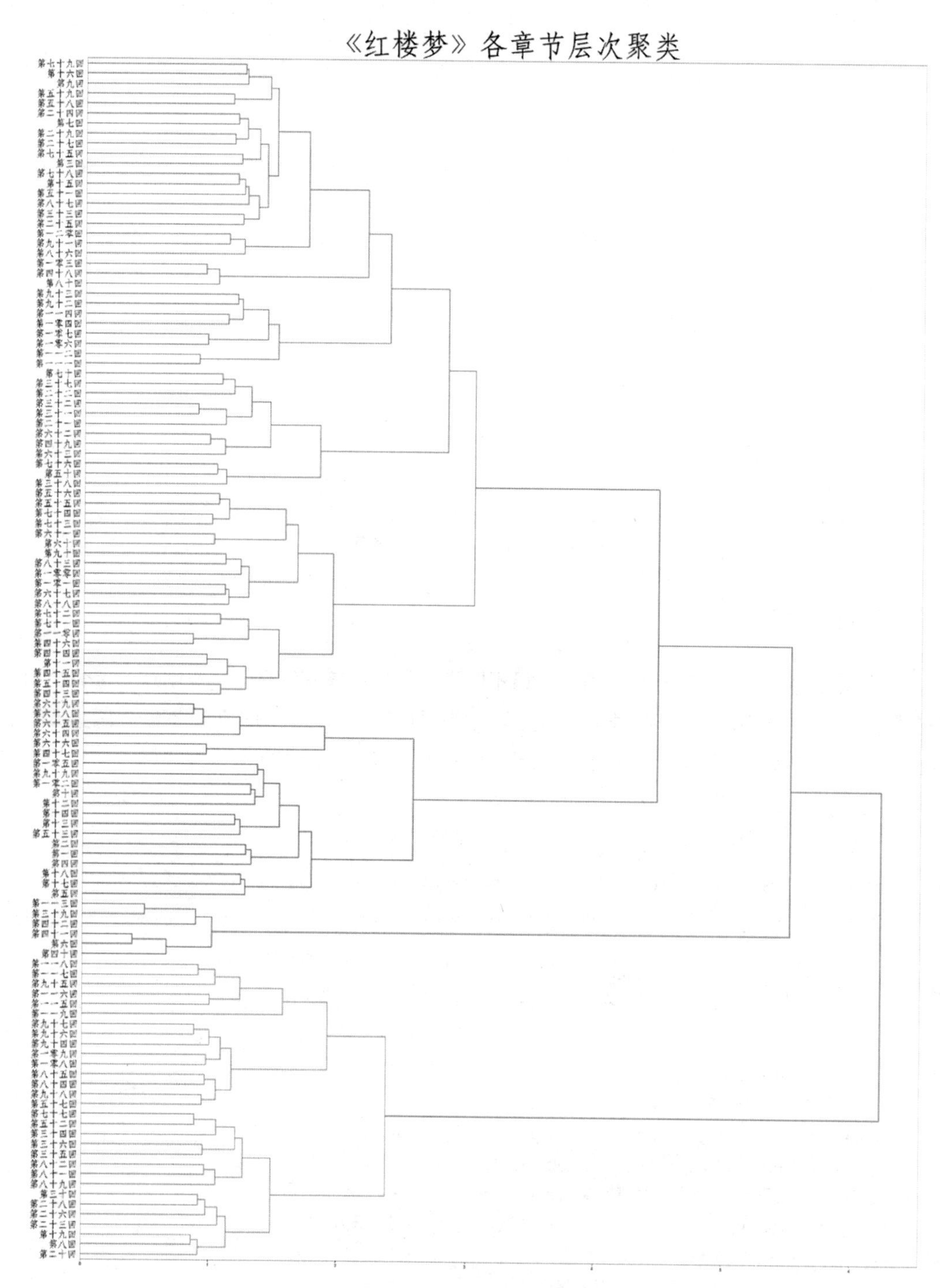

图 9-28　各个章节层次聚类

通过系统聚类树可以更加灵活地确定聚类的数目。聚类的数目整体上可以分为两类或三类。

9.3.6 *t*-SNE 高维数据可视化

t-SNE 是一种非线性降维算法，非常适用于将高维数据降为二维或三维，然后进行可视化。*t*-SNE 算法主要包括两个步骤。

（1）*t*-SNE 算法构建一个高维对象之间的概率分布，使相似的对象有更高的概率被选择，而不相似的对象有较低的概率被选择。

（2）*t*-SNE 算法在低维空间中构建这些点的概率分布，使这两个概率分布之间尽可能相似（这里使用 KL 散度来度量两个分布之间的相似性）。示例代码如下。

```
In[33]:#t-SNE 高维数据可视化
    from sklearn.feature_extraction.text import CountVectorizer, TfidfTransformer
    from sklearn.manifold import TSNE

    ##准备工作，将分词后的结果整理成 CountVectorizer()函数可以使用的形式
    ##将分词后的结果使用空格连接为字符串并组成列表，每段为其一个元素
    articals = []
    for cutword in Red_df.cutword:
        cutword = [s for s in cutword if len(s) < 5]
        cutword = " ".join(cutword)
        articals.append(cutword)
    ##max_features 参数根据词汇出现的频率排序，只取指定的数目
    vectorizer = CountVectorizer(max_features=10000)
    transformer = TfidfTransformer()
    tfidf = transformer.fit_transform(vectorizer.fit_transform(articals))
    ##降为三维
    X = tfidf.toarray()
    tsne=TSNE(n_components=3,metric='cosine',init='random',random_state=1233)
    X_tsne = tsne.fit_transform(X)
    ##可视化
    from mpl_toolkits.mplot3d import Axes3D
    fig = plt.figure(figsize=(8,6))
    ax = fig.add_subplot(1,1,1,projection = "3d")
    ax.scatter(X_tsne[:,0],X_tsne[:,1],X_tsne[:,2],c = "red")
    ax.view_init(30,45)
    plt.xlabel("章节段数",FontProperties = font)
    plt.ylabel("章节字数",FontProperties = font)
```

```
plt.title("《红楼梦》—t-SNE",FontProperties = font)
plt.show()
```

输出结果如图 9-29 所示。

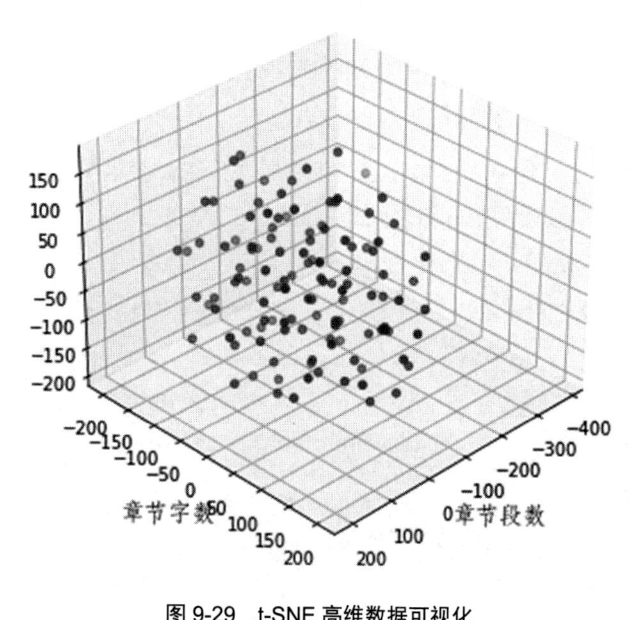

图 9-29 t-SNE 高维数据可视化

由图 9-29 可知，大部分章节的位置是出现在一起的，所以可以认为整本书讲的是同一个故事，章节之间的相似性是很高的，但是否可以认为前 80 回和后 40 回是同一个人写的呢？当然，这可能是大多数《红楼梦》研究者感兴趣的话题，如果要分析《红楼梦》前 80 回和后 40 回之间的差异性，就应该从前 80 回和后 40 回的用词与句式方面进行细致的分析。

9.4 LDA 主题模型

LDA（Latent Dirichlet Allocation）是一种文档生成模型。它认为一篇文章有多个主题，而每个主题又对应不同的词。构造一篇文章的过程如下：首先以一定的概率选择某个主题，然后在这个主题下以一定的概率选择某个词，这样就生成了这篇文章的第一个词。不断重复这个过程就可以生成整篇文章。当然，这里假定词与词之间是没有顺序的。

LDA 的使用是生成上述文档的逆过程，它将根据一篇已经得到的文章寻找这篇文章的主题，以及这些主题对应的词。

LDA 主题模型在机器学习和自然语言处理等领域是用来在一系列文档中发现抽象主题的一种统计模型。直观来讲，如果一篇文章有一个中心思想，那么一些特定词语会更频繁地出现。如果一篇文章是介绍狗的，那么“狗”和“骨头”等词出现的频率会比较高。如果一篇文章是介绍猫的，那么“猫”和“鱼”等词出现的频率会比较高。而有些词（如“这个”“和”）在这两篇文章中出现的频率可能大致相等。但真实的情况是，一篇文章通常包含多个主题，而且每个主题所占的比例各不相同。因此，如果一篇文章 10%和猫有关，90%和狗有关，那么和狗相关的关键字出现的次数大概是和猫相关的关键字出现的次数的 9 倍。

一个主题模型试图用数学框架来体现文档的这种特点。主题模型自动分析每个文档，统计文档中的词语，根据统计信息来断定当前文档包含哪些主题，以及每个主题所占的比例各为多少。

Python 中实现主题模型的方法有很多，接下来使用 Sklearn 库实现 LDA 主题模型。

```
In[34]:#LDA 主题模型
    from sklearn.feature_extraction.text import CountVectorizer
    from sklearn.decomposition import LatentDirichletAllocation
    #准备工作，将分词后的结果整理成 CountVectorizer()函数可以使用的形式
    #将所有分词后的结果使用空格连接为字符串，并组成列表，每段为列表中的一个元素
    articals = []
    for cutword in Red_df.cutword:
        cutword = [s for s in cutword if len(s) < 5]
        cutword = " ".join(cutword)
        articals.append(cutword)
    ##max_features 参数根据词汇出现的频率排序，只取指定的数目
    tf_vectorizer = CountVectorizer(max_features=10000)
    tf = tf_vectorizer.fit_transform(articals)
    ##查看结果
    print(tf_vectorizer.get_feature_names()[400:420])
    tf.toarray()[20:50,200:800]
```

输出结果如下。

```
['上屋', '上席', '上年', '上床', '上心', '上房', '上手', '上推', '上方', '上日', '上月', '上有',
'上朝', '上次', '上水', '上火', '上点', '上照', '上犹', '上班']
```

```
array([[0, 0, 0, ..., 0, 0, 0],
       [0, 1, 0, ..., 0, 0, 0],
       [0, 0, 0, ..., 0, 0, 0],
       ...,
       [0, 0, 0, ..., 0, 0, 0],
       [0, 0, 0, ..., 0, 0, 0],
       [0, 0, 0, ..., 0, 0, 0]], dtype=int64)
```

上面的程序是建立模型前的准备工作，主要是构建 TF-IDF 矩阵。

下面的程序首先建立包含 3 个主题的主题模型，然后将文本（每章节）进行归类。在结果元组中，第一个数组代表章节的索引，第二个数组代表所归类别的索引。从所归类别可以看出，所有的章节归类的最大可能性是相同的主题。

```
In[35]:##主题数目
    n_topics = 3
    lda = LatentDirichletAllocation(n_components=n_topics, max_iter=25,
                                    learning_method='online',
                                    learning_offset=50., random_state=0)
    ##模型应用于数据
    lda.fit(tf)
    ##得到各章节属于某个主题的可能性
    chapter_top = pd.DataFrame(lda.transform(tf), index=Red_df.Chapter, columns=np.arange
(n_topics)+1)
    chapter_top
    ##每行的和
    chapter_top.apply(sum,axis=1).values
    ##查看每列的最大值
    chapter_top.apply(max,axis=1).values
    ##找到大于相应值的索引
    np.where(chapter_top >= np.min(chapter_top.apply(max,axis=1).values))
```

输出结果如下。

```
(array([ 0,  1,  2,  3,  4,  5,  6,  7,  8,  9, 10, 11, 12,
        13, 14, 15, 16, 17, 18, 19, 20, 21, 22, 23, 24, 25,
        26, 27, 28, 29, 30, 31, 32, 33, 34, 35, 36, 37, 38,
        39, 40, 41, 42, 43, 44, 45, 46, 47, 48, 49, 50, 51,
        52, 53, 54, 55, 56, 57, 58, 59, 60, 61, 62, 63, 64,
        65, 66, 67, 68, 69, 70, 71, 72, 73, 74, 75, 76, 77,
```

```
        78,  79,  80,  81,  82,  83,  84,  85,  86,  87,  88,  89,  90,
        91,  92,  93,  94,  95,  96,  97,  98,  99, 100, 101, 102, 103,
       104, 105, 106, 107, 108, 109, 110, 111, 112, 113, 114, 115, 116,
       117, 118, 119], dtype=int64),
 array([2, 2, 0, 0, 1, 0, 0, 0, 0, 0, 0, 0, 0, 0, 0, 0, 0, 0, 0, 0, 0, 0,
       0, 0, 0, 0, 0, 0, 0, 0, 0, 0, 0, 0, 0, 0, 0, 0, 0, 0, 0, 0, 0, 0,
       0, 0, 0, 0, 0, 0, 0, 0, 0, 0, 0, 0, 0, 0, 0, 0, 0, 0, 0, 0, 0, 0,
       0, 0, 0, 0, 0, 0, 0, 0, 0, 0, 0, 0, 0, 0, 0, 0, 0, 0, 0, 0, 0, 0,
       0, 0, 0, 0, 0, 0, 0, 0, 0, 0, 0, 0, 0, 0, 0, 0, 0, 0, 0, 0, 0, 0,
       0, 0, 0, 0, 0, 0, 0, 0, 0, 0], dtype=int64))
```

下面将每个主题中最主要的关键词进行可视化展示。

首先提取每个主题中最主要的关键词，然后将这些词使用直方图绘制出来，如图 9-30 所示，横坐标在一定程度上体现了 3 个主题的重要程度（这和 120 回都可以划分为 3 个主题是相对应的）。

```
In[36]:##可视化主题，PCA 可视化 LDA
    from pylab import *
    mpl.rcParams['font.sans-serif'] = ['SimHei'] #指定默认字体
    mpl.rcParams['axes.unicode_minus'] = False
    #解决保存图像负号显示为方块的问题

    n_top_words = 40
    tf_feature_names = tf_vectorizer.get_feature_names()
    for topic_id,topic in enumerate(lda.components_):
        topword = pd.DataFrame(
            {"word":[tf_feature_names[i] for i in topic.argsort()[:-n_top_words - 1:-1]],
             "componets":topic[topic.argsort()[:-n_top_words - 1:-1]]})
        topword.sort_values(by = "componets").plot(kind = "barh",
                                                   x = "word",
                                                   y = "componets",
                                                   figsize=(6,8),
                                                   legend=False)
        plt.yticks(FontProperties = font,size = 10)
        plt.ylabel("")
        plt.legend("")
        plt.title("Topic %d" %(topic_id+1))
        plt.show()
```

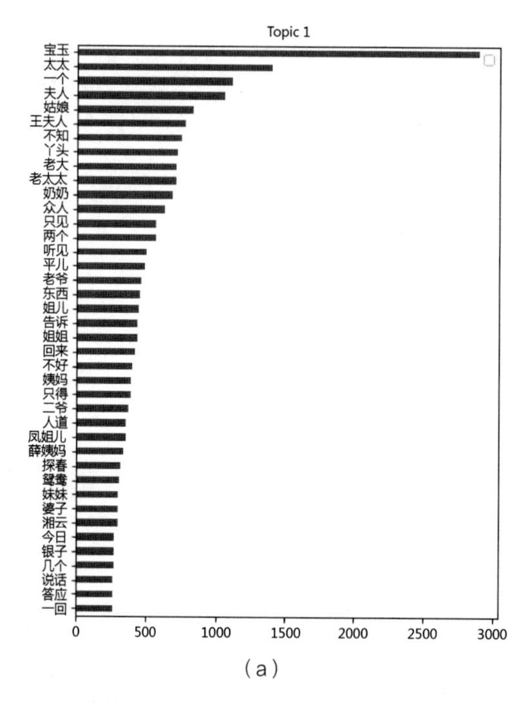

（a）

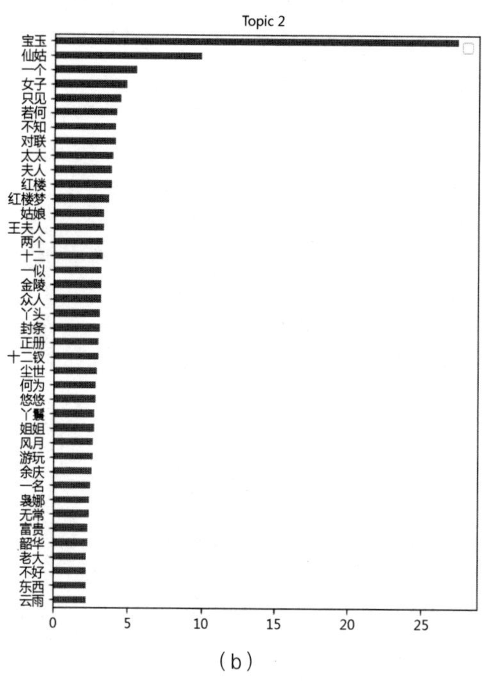

（b）

图 9-30　主题中关键词的直方图

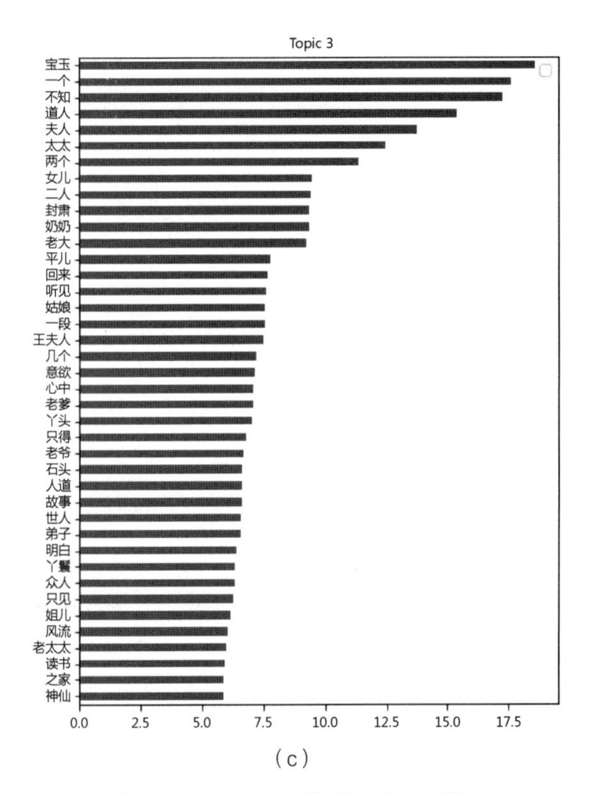

（c）

图 9-30 主题中关键词的直方图（续）

也可以定义一个函数灵活地输出每个主题一定数量的关键词。

```
In[37]:##查看每个主题的关键词
    def print_top_words(model, feature_names, n_top_words):
        for topic_id, topic in enumerate(model.components_):
            print('\nTopic Nr.%d:' % int(topic_id + 1))
            print(''.join([feature_names[i] + ' ' + str(round(topic[i], 2))
                  +' | ' for i in topic.argsort()[:-n_top_words - 1:-1]]))
    n_top_words = 10
    tf_feature_names = tf_vectorizer.get_feature_names()
    print_top_words(lda, tf_feature_names, n_top_words)
```

输出结果如下。

```
Topic Nr.1:
宝玉 2889.97 | 太太 1399.86 | 一个 1111.87 | 夫人 1056.04 | 姑娘 830.14 | 王夫人 780.23 | 不知
749.02 | 丫头 724.64 | 老太 714.91 | 老太太 713.78 |


Topic Nr.2:
```

```
宝玉 27.39 | 仙姑 9.95 | 一个 5.58 | 女子 4.89 | 只见 4.43 | 若何 4.17 | 不知 4.13 | 对联 4.1 | 太太 3.92 | 夫人 3.87 |

Topic Nr.3:
宝玉 18.59 | 一个 17.61 | 不知 17.24 | 道人 15.39 | 夫人 13.72 | 太太 12.45 | 两个 11.34 | 女儿 9.48 | 二人 9.41 | 封肃 9.38 |
```

9.5 人物社交网络分析

人物社交网络分析是用来查看节点、连接边之间的社会关系的一种分析方法。节点是社会网络中的每个参与者，连接边则表示参与者之间的关系。节点之间可以有很多种连接，用最简单的形式来说，社会网络是一张地图，可以标示出所有与节点相关的连接边。社交网络也可以用来衡量每个参与者的“人脉”。

接下来分析《红楼梦》中的人物关系。在本章中，两个人物之间的关系是由以下两种方式得到的。

第一，如果两个人名同时出现在同一段落，则其联系 + 1。

第二，如果两个人名同时出现在同一章节，则其联系 + 1。

首先读取需要的数据，并加载需要的库。

```
In[38]:#人物社交网络分析
    ##加载绘制社交网络的库
    import networkx as nx
    ##读取数据
    Red_df = pd.read_csv(r"……\红楼梦社交网络权重.csv")
    Red_df.head()
```

输出结果如图 9-31 所示。

	First	Second	chapweight	duanweight
0	宝玉	贾母	98.0	324.0
1	宝玉	凤姐	92.0	187.0
2	宝玉	袭人	88.0	336.0
3	宝玉	王夫人	103.0	296.0
4	宝玉	宝钗	96.0	295.0

图 9-31　读取数据

如图 9-31 所示，chapweight 为对应的人物出现在同一章节的次数，duanweight 为对应的人物出现在同一段落的次数。

读取数据之后就可以使用其中的一个权重（权重做了归一化处理）得到社交网络。

下面的程序首先定义了一个图像窗口，然后使用 G=nx.Graph()语句生成一个空的网络，使用 G.add_edge()方法添加网络的边，最后将节点之间按照连接权重的大小分成 3 种边，使用 3 种不同颜色的线表示。使用 pos=nx.spring_layout(G)语句来定义网络的节点布局算法，然后使用 nx.draw_networkx_nodes、nx.draw_networkx_edges、nx.draw_networkx_labels 绘制网络的节点、边和标签。

```
In[39]:#计算其中的一种权重
    Red_df["weight"] = Red_df.chapweight / 120
    Red_df2 = Red_df[Red_df.weight >0.025].reset_index(drop = True)
    plt.figure(figsize=(12,12))
    ##生成社交网络
    G=nx.Graph()
    ##添加边
    for ii in Red_df2.index:
        G.add_edge(Red_df2.First[ii],Red_df2.Second[ii],weight = Red_df2.weight[ii])
    ##定义 3 种边
    elarge=[(u,v) for (u,v,d) in G.edges(data=True) if d['weight'] >0.2]
    emidle = [(u,v) for (u,v,d) in G.edges(data=True) if (d['weight'] >0.1) & (d['weight'] <= 0.2)]
    esmall=[(u,v) for (u,v,d) in G.edges(data=True) if d['weight'] <=0.1]
    ##图的布局
    pos=nx.spring_layout(G) #positions for all nodes
    #节点
    nx.draw_networkx_nodes(G,pos,alpha=0.6,node_size=350)
    #边
    nx.draw_networkx_edges(G,pos,edgelist=elarge,width=2,alpha=0.9,edge_color='g')
    nx.draw_networkx_edges(G,pos,edgelist=emidle,width=1.5,alpha=0.6,edge_color='y')
    nx.draw_networkx_edges(G,pos,edgelist=esmall,width=1,alpha=0.3,edge_color='b',style='dashed')
    #标签
    nx.draw_networkx_labels(G,pos,font_size=10)
    plt.axis('off')
    plt.title("《红楼梦》社交网络")
    plt.show()
```

最后得到的社交网络如图 9-32 所示。

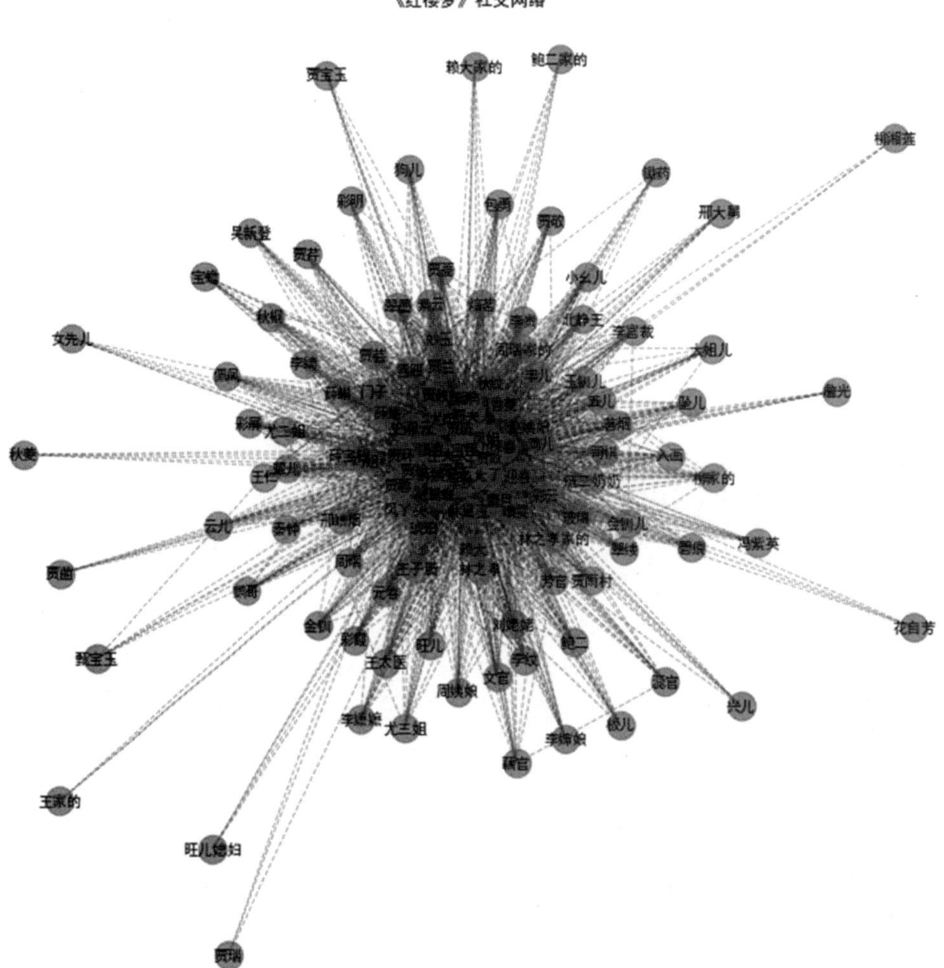

图 9-32　社交网络

得到社交网络之后就可以计算出每个节点（即人物）的度（入度和出度），度在一定程度上表示了该节点的重要程度，程序如下。

```
In[40]:##计算每个节点的度
    plt.figure(figsize=(30,15))
    Gdegree = nx.degree(G)
    Gdegree = dict(Gdegree)
    Gdegree = pd.DataFrame({"name":list(Gdegree.keys()),"degree":list(Gdegree.values())})
    Gdegree.sort_values(by="degree",ascending=False).plot(
```

```
              x = "name",
              y = "degree",
              kind="bar",
              figsize=(12,6),
              legend=False)
plt.xticks(FontProperties = font,size = 8)
plt.ylabel("degree")
plt.show()
```

输出结果如图 9-33 所示。

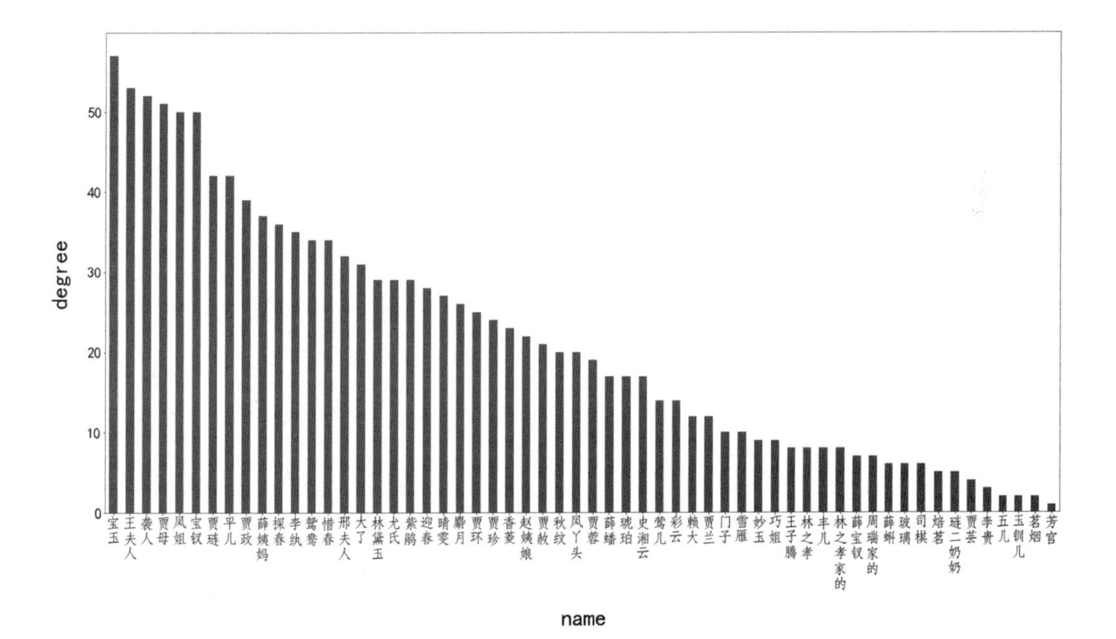

图 9-33 节点出度/入度直方图

如图 9-33 所示，网络中最重要的是宝玉、王夫人、贾母等人。接下来使用其他布局模型生成社交网络，程序和结果如下。

```
In[41]:plt.figure(figsize=(12,12))
    ##生成社交网络
    Red_df2 = Red_df[Red_df.weight >0.1].reset_index(drop = True)
    #为了控制图中圆圈上的点数（人），将权重从 0.025 提高到 0.1
    G=nx.Graph()

    ##添加边
    for ii in Red_df2.index:
```

```
    G.add_edge(Red_df2.First[ii],Red_df2.Second[ii],weight = Red_df2.weight[ii])
##定义两种边
elarge=[(u,v) for (u,v,d) in G.edges(data=True) if d['weight'] >0.3]
emidle = [(u,v) for (u,v,d) in G.edges(data=True) if (d['weight'] >0.2) & (d['weight'] <= 0.3)]
esmall=[(u,v) for (u,v,d) in G.edges(data=True) if d['weight'] <=0.2]

##图的布局
pos=nx.circular_layout(G) #positions for all nodes
#pos=nx.random_layout(G)

##计算节点的度
Gdegree = nx.degree(G)
Gdegree = dict(Gdegree)
Gdegree = pd.DataFrame({"name":list(Gdegree.keys()),"degree":list(Gdegree.values())})

#nodes，根据节点的入度和出度来设置节点的大小
nx.draw_networkx_nodes(G,pos,alpha=0.6,node_size=20 + Gdegree.degree * 20)
#nx.draw_networkx(G,pos,node_color='y',node_size=500,font_size=10,font_color='r')

#edges
nx.draw_networkx_edges(G,pos,edgelist=elarge, width=2,alpha=0.9,edge_color='g')
#alpha 是透明度，width 是连接线的宽度
nx.draw_networkx_edges(G,pos,edgelist=emidle,width=1.5,alpha=0.6,edge_color='y')
nx.draw_networkx_edges(G,pos,edgelist=esmall,width=1,alpha=0.3,edge_color='b',style='dashdot')

#labels
nx.draw_networkx_labels(G,pos,font_size=10,font_color='r')
#font_size=10，设置图中字号的大小
plt.axis('off')
plt.title("《红楼梦》社交网络")
#plt.savefig(r'……\图 9-34 circular_layout(G)节点图.png')#保存图像
plt.show() # display
```

布局模型为 pos=nx.circular_layout(G)，并且将节点的大小按照重要程度来设置，得到的节点图如图 9-34 所示。

还有很多其他的模型可以使用，如使用 pos=nx.random_layout(G)可以得到如图 9-35 所示的社交网络。

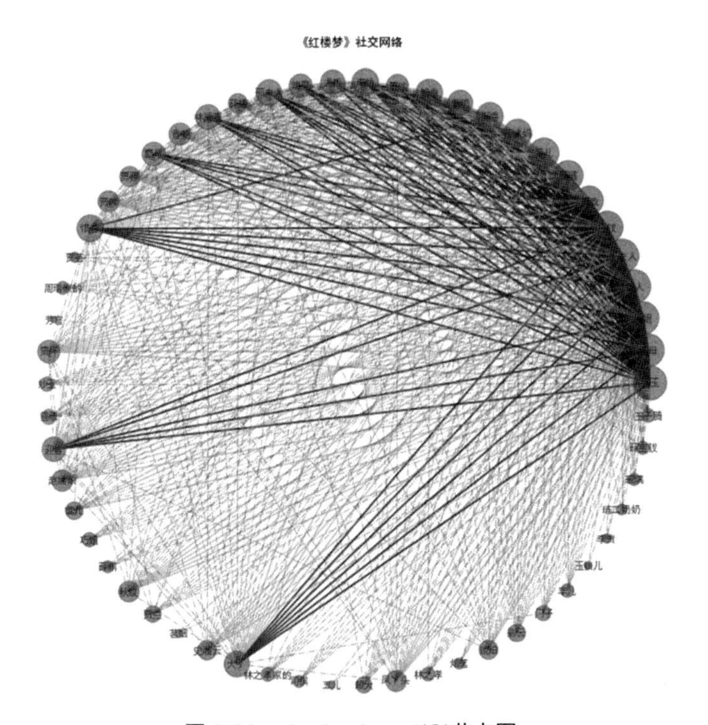

图 9-34 circular_layout(G)节点图

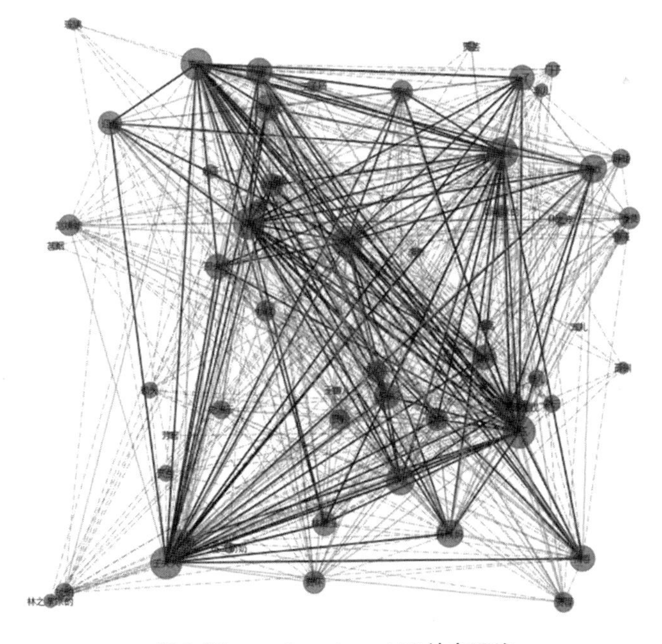

图 9-35 random_layout(G)社交网络

9.6 本章小结

本章主要对《红楼梦》文本进行分析，并向读者展示了对文本数据进行处理的方法。首先对数据的基本情况进行分析，介绍了中文分词、词云图等典型的文本分析方法。然后介绍了一些文本聚类的方法。最后介绍了 LDA 主题模型和社交网络分析方法。感兴趣的读者可以继续深入研究。

附录 A

抓取数据请求头查询

笔者计算机中的基本步骤如下。

（1）进入需要抓取数据的网页，单击鼠标右键，在弹出的快捷菜单中选择“检查”命令，进入如附图 A-1 所示的界面。

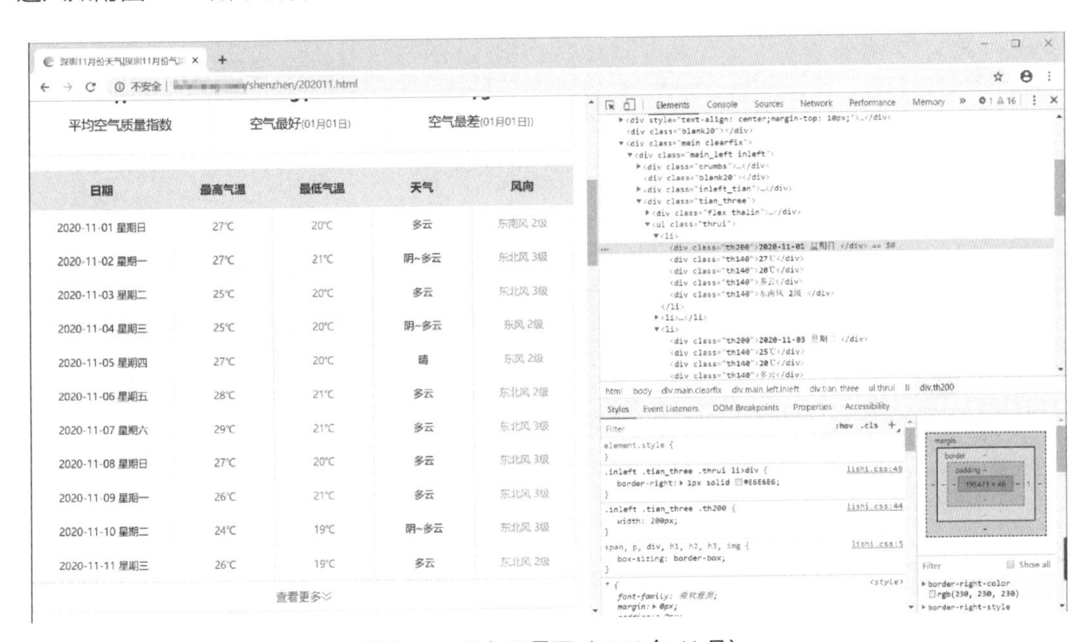

附图 A-1　天气网界面（2020 年 11 月）

（2）进入页面后，按照附图 A-2 中标注的顺序（A→B→C→D→E→F）依次操作。单击 A 处，重新加载网页数据；接着单击 B 处的 Network；之后单击 C 处的 All；再选取 D 处任意一项进行单击，在单击 E 处的 Headers 之后便可以发现 F 处关于请求头的信息（笔者计算机浏览器的请求头为 User-Agent: Mozilla/5.0 (Windows NT 10.0; Win64; x64) AppleWebKit/537.36 (KHTML, like Gecko) Chrome/78.0.3904.70 Safari/537.36）。

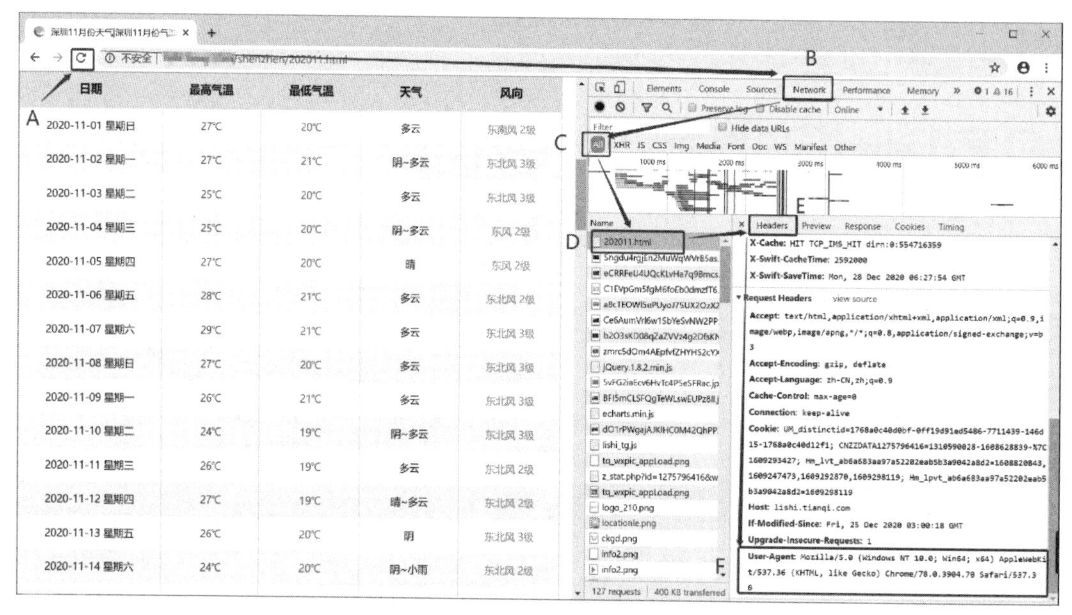

附图 A-2　获取请求头的流程

附录 B GraphViz 库的安装方法

下面介绍两种安装 Graphviz 库的方法。

方法一：使用 conda 软件包管理器，通过在 Anaconda Prompt 中输入“conda install python-graphviz”来安装 Graphviz 二进制文件和 Python 软件包（笔者使用的是这种方法）。

方法二：从网站下载页面下载相应资源，并安装在计算机的相应位置（笔者安装的路径为 C:/Program Files/Graphviz/bin/），安装后将相应路径添加在 Python 程序中，可以通过将如下语句添加到 Python 程序中，“os.environ["PATH"] += os.pathsep + 'C:/Program Files/Graphviz/bin/'”，同时使用“pip install graphviz”安装 Graphviz 库。

笔者下载的资源为 2.46.0 for Windows 10 (64-bit):stable_windows_10_cmake_Release_x64_graphviz-install-2.46.0-win64.exe，相应的资源如附图 B-1 所示。

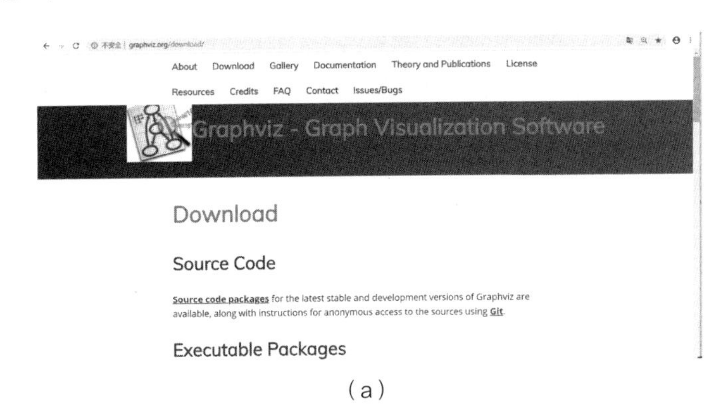

（a）

附图 B-1　下载 Graphviz 库相应的资源

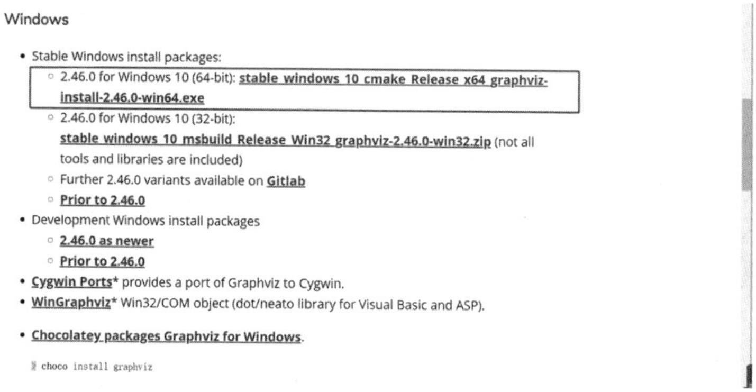

Windows

- Stable Windows install packages:
  - 2.46.0 for Windows 10 (64-bit): **stable_windows_10_cmake_Release_x64_graphviz-install-2.46.0-win64.exe**
  - 2.46.0 for Windows 10 (32-bit): **stable_windows_10_msbuild_Release_Win32_graphviz-2.46.0-win32.zip** (not all tools and libraries are included)
  - Further 2.46.0 variants available on **Gitlab**
  - **Prior to 2.46.0**
- Development Windows install packages
  - **2.46.0 as newer**
  - **Prior to 2.46.0**
- **Cygwin Ports*** provides a port of Graphviz to Cygwin.
- **WinGraphviz*** Win32/COM object (dot/neato library for Visual Basic and ASP).
- **Chocolatey packages Graphviz for Windows**.

```
choco install graphviz
```

（b）

附图 B-1　下载 Graphviz 库相应的资源（续）

附录 C

在 Windows 10 中安装 TensorFlow 的方法

按照 TensorFlow 中文官网的解释，可以通过在 Anaconda Prompt 中输入以下语句来安装 TensorFlow 2。

```
#更新为最新的 pip
pip install --upgrade pip

#当前针对 CPU 和 GPU 的稳定版本
    pip install tensorflow

#或者尝试预览版本（不稳定）
    pip install tf-nightly
```

TensorFlow 中文官网提醒，要安装 TensorFlow 2，需要先安装适用于 Visual Studio 2015、2017 和 2019 的 Microsoft Visual C++可再发行软件包（见附图 C-1）。在微软支持页面下载相应软件后（见附图 C-2）即可安装。

Visual C++安装界面如附图 C-3 所示。

安装 TensorFlow 2 也可以使用“pip install tensorflow”语句，其安装过程如附图 C-4 所示，但其下载速度相对较慢。也可以使用“pip install tf-nightly”语句进行尝试。

在安装过程中可能会遇到各种各样的问题，这需要读者多方查找原因，相信随着学习的深入，问题都会迎刃而解。

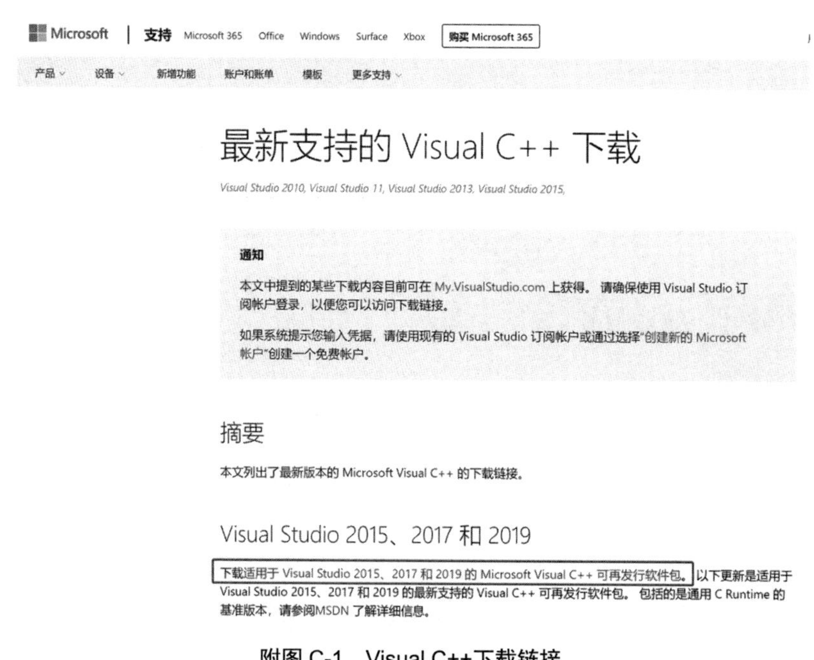

附图 C-1　Visual C++下载链接

附图 C-2　Visual C++下载界面图

附图 C-3　Visual C++安装界面

```
管理员: Anaconda Prompt (Anaconda) - pip install tensorflow
(base) C:\Users\刘宁>pip install tensorflow
Collecting tensorflow
  Downloading tensorflow-2.6.0-cp38-cp38-win_amd64.whl (423.2 MB)
     |████████████████████████████████| 423.2 MB 10 kB/s
Requirement already satisfied: gast==0.4.0 in d:\anaconda\lib\site-packages (from tensorflow) (0.4.0)
Collecting tensorboard~=2.6
  Downloading tensorboard-2.6.0-py3-none-any.whl (5.6 MB)
     |████████████████████████████████| 5.6 MB 6.8 MB/s
Requirement already satisfied: astunparse~=1.6.3 in d:\anaconda\lib\site-packages (from tensorflow) (1.6.3)
Requirement already satisfied: six~=1.15.0 in d:\anaconda\lib\site-packages (from tensorflow) (1.15.0)
Collecting keras~=2.6
  Downloading keras-2.6.0-py2.py3-none-any.whl (1.3 MB)
     |████████████████████████████████| 1.3 MB 6.4 MB/s
Requirement already satisfied: termcolor~=1.1.0 in d:\anaconda\lib\site-packages (from tensorflow) (1.1.0)
Requirement already satisfied: keras-preprocessing~=1.1.2 in d:\anaconda\lib\site-packages (from tensorflow) (1.1.2)
Requirement already satisfied: wheel~=0.35 in d:\anaconda\lib\site-packages (from tensorflow) (0.35.1)
Collecting clang~=5.0
  Downloading clang-5.0.tar.gz (30 kB)
Requirement already satisfied: absl-py~=0.10 in d:\anaconda\lib\site-packages (from tensorflow) (0.11.0)
Requirement already satisfied: h5py~=3.1.0 in d:\anaconda\lib\site-packages (from tensorflow) (3.1.0)
Requirement already satisfied: flatbuffers~=1.12.0 in d:\anaconda\lib\site-packages (from tensorflow) (1.12)
Requirement already satisfied: protobuf>=3.9.2 in d:\anaconda\lib\site-packages (from tensorflow) (3.15.0)
Collecting grpcio<2.0,>=1.37.0
  Downloading grpcio-1.41.0-cp38-cp38-win_amd64.whl (3.2 MB)
     |████████████████████████████████| 3.2 MB ...
Collecting tensorflow-estimator~=2.6
  Downloading tensorflow_estimator-2.6.0-py2.py3-none-any.whl (462 kB)
     |████████████████████████████████| 462 kB ...
Requirement already satisfied: opt-einsum~=3.3.0 in d:\anaconda\lib\site-packages (from tensorflow) (3.3.0)
Requirement already satisfied: typing-extensions~=3.7.4 in d:\anaconda\lib\site-packages (from tensorflow) (3.7.4.3)
Requirement already satisfied: google-pasta~=0.2 in d:\anaconda\lib\site-packages (from tensorflow) (0.2.0)
Requirement already satisfied: numpy~=1.19.2 in d:\anaconda\lib\site-packages (from tensorflow) (1.19.2)
```

附图 C-4　使用“pip install tensorflow”语句安装 TensorFlow 2

参考文献

[1] 余本国. 基于 Python 的大数据分析基础及实战[M]. 北京：中国水利水电出版社，2018.

[2] 余本国，孙玉林. Python 在机器学习中的应用[M]. 北京：中国水利水电出版社，2019.

[3]［美］Wes McKinney. 利用 Python 进行数据分析[M]. 徐敬一，译. 北京：机械工业出版社，2018.

[4]［意］Fabio Nelli. Python 数据分析实战[M]. 杜春晓，译. 2 版. 北京：人民邮电出版社，2019.

[5] 郭卡，戴亮. Python 数据爬取技术实战手册[M]. 北京：中国铁道出版社，2018.

[6]［美］Sebastian Raschka，Vahid Mirjalili. Python 机器学习（原书第 2 版）[M]. 陈斌，译. 北京：机械工业出版社，2018.

[7]［美］Chris Albon. Python 机器学习手册[M]. 韩慧昌，林然，徐江，译. 北京：电子工业出版社，2019.

[8]［美］Peter Harrington. 机器学习实战[M]. 李锐，等译. 北京：人民邮电出版社，2020.

[9]［印度］Dipanjan Sarkar. Python 文本分析[M]. 闫龙川，高德荃，李君婷，译. 北京：机械工业出版社，2018.

[10]［日］山下隆义. 图解深度学习[M]. 张弥，译. 北京：人民邮电出版社，2018.

[11]［美］Francois Chollet. Python 深度学习[M]. 张亮，译. 北京：人民邮电出版社，2019.

[12]［美］Francesco Ricci，Lior Rokach，Bracha Shapira. 推荐系统：技术、评估及高效算法（原书第 2 版）[M]. 李艳民，等译. 北京：机械工业出版社，2019.

[13] [奥地利] Dietmar Jannach，Markus Zanker，Alexander Felfernig. 推荐系统[M]. 蒋凡，译. 北京：人民邮电出版社，2019.

[14] 高阳团. 推荐系统开发实战[M]. 北京：电子工业出版社，2019.

[15] 黄美灵. 推荐系统算法实践[M]. 北京：电子工业出版社，2019.

致　谢

本书的出版要感谢刘伟编辑的辛苦付出。

跟刘编辑的相识就是一个电话，从第一本书《Python 机器学习算法与实践》（ISBN：978-7-121-41591-3）的出版合作，到该书在中国台湾的出版和发行，再到本书的出版，刘编辑的工作效率，以及为作者和读者负责任的态度，令我十分感动。

本书得到了海南省高等学校科学研究重点项目（Hnky2019ZD-21）的支持。